普通高等教育“十三五”规划教材

高分子化学学习指导与习题解答

主　编　李凤红　马少君
副主编　郭立颖

中国石化出版社

内 容 提 要

本书是《高分子化学》的配套教材，按照理工科高等院校通用的高分子化学教材内容和顺序编排，全书共分8章，每章有明确的知识要点、习题和名词(术语)、名词辨析题、大量的例题及答案。各章习题的数量和深度、范围和覆盖面均与教材相应章节对应，着重体现对高分子化学基本理论和概念的理解、消化和运用，其中某些思考题与实际高分子的生产工艺结合紧密，侧重高分子化学的基础理论在解决实际生产问题的应用。附录为考试套题、答案及评分标准。

本书可作为教授“高分子化学”课程的教师及理工科高等院校材料类、化工与制药类和轻工纺织类等相关专业学生的参考用书，也可作为本科生考研复习资料及科研、生产技术人员参考书。

图书在版编目(CIP)数据

高分子化学学习指导与习题解答 / 李风红，马少君主编.
—北京：中国石化出版社，2016.5(2020.8 重印)
普通高等教育“十三五”规划教材
ISBN 978-7-5114-4027-3

Ⅰ.①高… Ⅱ.①李… ②马… Ⅲ.①高分子化学-高等学校-教学参考资料 Ⅳ.①O63

中国版本图书馆 CIP 数据核字(2016)第 096007 号

中国石化出版社出版发行
地址：北京市东城区安定门外大街 58 号
邮编：100011 电话：(010)57512500
发行部电话：(010)57512575
http://www.sinopec-press.com
E-mail:press@sinopec.com
北京艾普海德印刷有限公司印刷
全国各地新华书店经销
*
787×1092 毫米 16 开本 10.5 印张 246 千字
2020 年 8 月第 1 版第 2 次印刷
定价：28.00 元

前　言

新材料产业作为七大战略新兴产业之一，是众多高技术产业发展的基础和先导，在优化产业结构、推进产业升级以及创造新的经济增长点等方面具有极高的战略价值，已渗透到每一个科学技术领域。随着新材料的不断发展，“高分子化学”课程内容越来越显示其重要性。在理工科院校的材料类、化工与制药类、轻工纺织类及相关交叉学科，“高分子化学”课程为学生必修的一门专业基础课。

为了帮助读者更好地理解和掌握“高分子化学”课程内容，本书编者从教学角度出发，融合了《高分子化学》教学内容的重要知识点和例题，作为《高分子化学》教材的配套学习辅导用书，同时也可以作为考研复习用书及生产技术人员参考书。

本书立足于在充分满足理工科院校所要求掌握的高分子化学的基本概念、各种类型聚合反应的机理、聚合方法、聚合物的化学反应及典型聚合物品种的制备方法基础上，为了加深读者对高分子化学的概念理解，还增加了“名词辨析题”。此外，为更好地理解高分子化学的聚合原理、掌握高分子化学理论在工业上应用的相关知识，在每章补充了典型的聚合方法所涉及到的工业化聚合品种和聚合工艺的实际应用思考题。本书的编写从教学角度出发，由浅入深，以便于读者理解。此外，为便于学生复习，还附有12套全真考试试题、答案及评分标准。

本书由李凤红、马少君主编，郭立颖副主编，李姝、樊友、相丽英、樊东蕾协助了部分习题整理、解题、打字工作。全书由李凤红和马少君校对和审稿。本书在编写过程中参考了国内众多优秀的《高分子化学》教材、学习指导书及习题集，在此一并表示感谢。

由于编者的水平有限，疏漏和错误之处在所难免，欢迎同行和读者指正。

目　录

第1章 绪　　论

1.1 知识要点

1. 掌握高分子基本概念：单体、高分子、结构单元、重复单元、单体单元、主链、侧链、端基、侧基、聚合度、分子量等。

2. 从不同角度对聚合物进行分类。

3. 掌握加成聚合与缩合聚合，连锁聚合与逐步聚合。

4. 能够从不同角度对聚合物进行分类。

5. 掌握常用聚合物的命名、来源、结构特征。

6. 掌握聚合物分子量及其分布的计算。

1.2 名词解释

高分子化合物(High Molecular Compound)：简称高分子。是由许多相同的、结构简单的单元(Unit)通过共价键(Covalent Bond)重复键接而成的分子量很大的化合物。分子量通常在 10^4 以上。

单体(Monomer)：合成聚合物所用的低分子的原料。如聚氯乙烯单体为氯乙烯。

重复单元(Repeating Unit)：在聚合物的大分子链上重复出现的、组成相同的最小基本单元。

单体单元(Monomer Unit)：结构单元与原料相比，除了电子结构变化外，其原子种类和各种原子的个数完全相同，这种结构单元又称为单体单元。

结构单元(Structural Unit)：单体在大分子链中形成的单元。

链节 (Chain Element)：即一个重复结构单元。

聚合度(Degree of Polymerization)：衡量聚合物分子大小的指标。以重复单元数为基准，即聚合物大分子链上所含重复单元数目的平均值，以 $\overline{DP}$ 表示；以结构单元数为基准，即聚合物大分子链上所含结构单元数目的平均值，以 $\overline{X_n}$ 表示。

分子量(Molecular Weight)：聚合物是由一组不同聚合度和不同结构形态的同系物的混合物所组成，因此分子量只是这些同系物分子量的平均值。

多分散性(Polydispersity)：聚合物是分子量不等的同系物的混合物，其分子量或聚合度是一平均值。这种分子量的不均一性称为分子量的多分散性。

分子量分布(Molecular Weight Distribution，MWD)：由于高聚物一般是由不同分子量的同系物组成的混合物，因此它的分子量具有一定的分布。分子量分布一般有分布指数和分子量分布曲线两种表示方法。

分布指数(Distribution Index) ：重均分子量与数均分子量的比值。即用来表征分子量分布的宽度或多分散性。

数均分子量 (Number-average Molecular Weight)：聚合物中用不同分子量的分子数目平

均的统计平均分子量，用 $\bar{M}_n$ 表示。N_i 表示相应分子所占的数量分数。

重均分子量(Weight-average Molecular Weight)：聚合物中用不同分子量的分子质量平均的统计平均分子量，用 $\bar{M}_w$ 表示。W_i 表示相应的分子所占的质量分数。

黏均分子量(Viscosity-average Molecular Weight)：用黏度法测得的聚合物的分子量，用 $\bar{M}_n$ 表示。

均聚物(Homopolymer)：由一种(真实的、隐含的或假设的)单体聚合而成的聚合物。

共聚物(Copolymer)：由两种或两种以上单体共聚而成的聚合物。

1.3 名词辨析

1. 结构单元与重复单元

答：结构单元 (Structure Unit)

→ 在大分子链中出现的以单体结构为基础的原子团，即构成大分子链的基本结构单元。结构单元的元素组成可以与单体的元素组成相同，也可以不同。

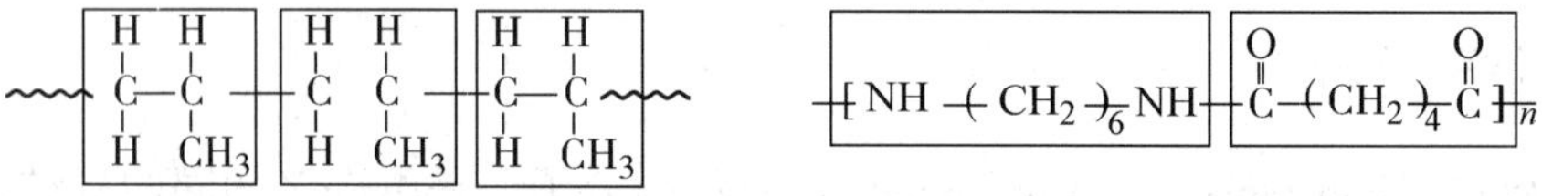

聚丙烯　　　　尼龙66

重复单元 (Repeating Unit)

→ 聚合物中化学组成和结构均可重复出现的最小基本单元，又可称链节。

聚氯乙烯的重复单元　$-CH_2CH(Cl)-$

尼龙66的重复单元　$-NH(CH_2)_6NHCO(CH_2)_4CO-$

2. 单体单元、单体

答：聚合物中具有与单体相同化学组成而不同电子结构的单元称为单体单元。

能形成高分子化合物中结构单元的低分子化合物称为单体。

例如：聚氯乙烯

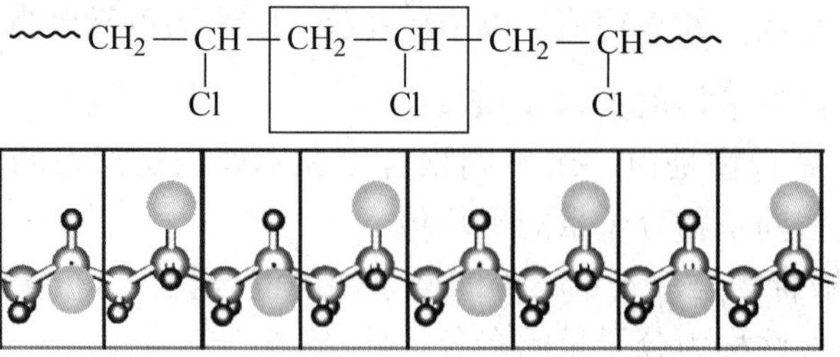

单体单元（Monomer Unit）→ $-CH_2CH(Cl)-$

单体（Monomer）→ $CH_2{=}CH(Cl)$

例如：聚苯乙烯

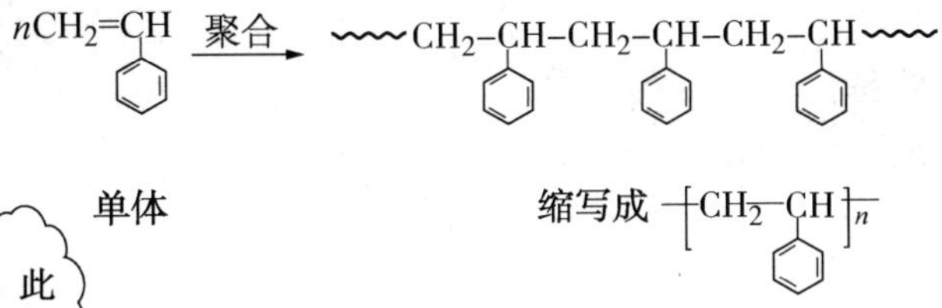

结构单位=单体单元=重复单元=链节

说明：n表示重复单元数，也称为链节数，在此等于聚合度。

另一种情况：尼龙 6

$$nH_2N\text{-}(CH_2)_5COOH \longrightarrow [NH\text{-}(CH_2)_5CO]_n + (n-1)H_2O$$

结构单元=重复单元=链节≠单体单元

3. 聚合物分子量(Molecular Weight of Polymer)、聚合度与结构单元、重复单元

答：聚合度是衡量高分子大小的一个指标。有两种表示法：

(1) 由一种结构单元组成的高分子

以结构单元数为基准，即聚合物大分子链上所含结构单元数目的平均值表示，记作$\overline{X}_n$；以重复单元数为基准，即聚合物大分子链上所含重复单元数目的平均值表示，记作$\overline{DP}$。

在这里，两种聚合度相等，都等于 n，即

$$\overline{X}_n = \overline{DP} = n$$

由聚合度可计算出聚合物的分子量

$$\overline{M} = \overline{X}_n \cdot M_0 = \overline{DP} \cdot M_0$$

式中，M 是聚合物的分子量；M_0是结构单元的分子量。

(2) 由两种结构单元组成的高分子

合成尼龙 66 则具有另一特征：

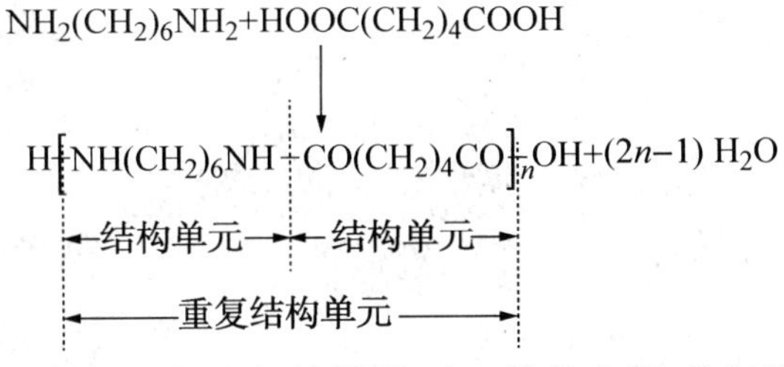

此时，两种结构单元构成一个重复结构单元。单体在形成高分子的过程中要失掉一些原子。结构单元 ≠ 重复单元 ≠ 单体单元，但重复单元=链节

$$\overline{X}_n = 2\,\overline{DP} = 2n$$

$$\overline{M} = \overline{X}_n \cdot M_0 = 2\,\overline{DP} \cdot M_0$$

注意：M_0 为两种结构单元的平均分子量。

(3) 碳链高分子、杂链高分子和元素有机高分子

碳链高分子：主链(链原子)完全由 C 原子组成。

杂链高分子：链原子除 C 外，还含 O、N、S 等杂原子。

元素有机高分子：链原子均为杂原子，侧链为有机基团。

1.4　问答题

1. 什么是高分子的主链、支链、侧基？

答：高分子可看作是由许多重复单元所组成的一条长链

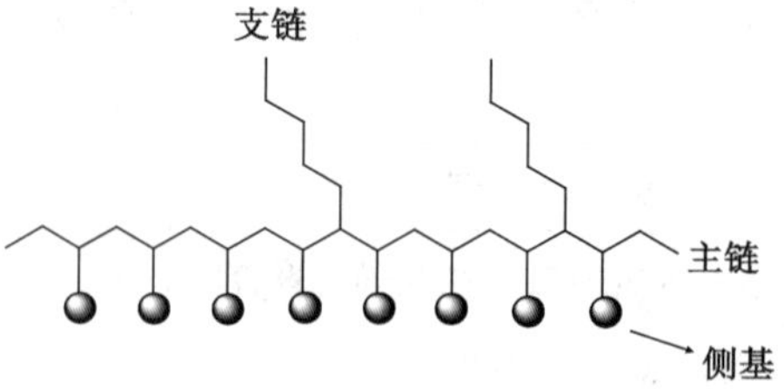

链原子：构成高分子主链骨架的单个原子。

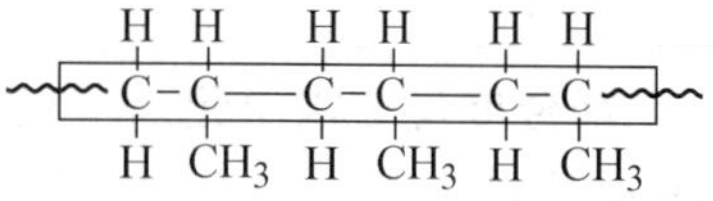

聚丙烯

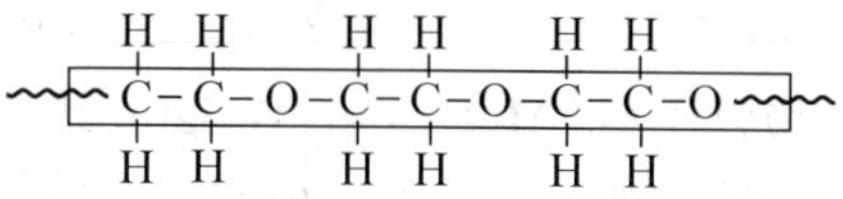

聚乙二醇

2. 什么是塑料、橡胶和纤维？举例说明。

答：塑料：以聚合物为基体材料，添加其他助剂(增塑剂、润滑剂、填料、抗氧剂等)，经加工形成的可进行塑性加工的高分子材料。

橡胶：多为聚二烯烃类化合物，添加其他配合剂(硫化剂、硫化促进剂、防老剂、增塑剂、填充剂等)，经加工制得的高分子材料。

纤维：以聚合物为基体材料加入适当助剂(溶剂、防静电剂、柔顺剂和染料等)配制成的可以进行纺丝加工的高分子材料。

塑料、橡胶及纤维产品见图 1-1。

图 1-1　日用塑料、橡胶及纤维产品

3. 什么是涂料、胶黏剂和功能高分子？

答：涂料：能涂覆于底材表面并形成坚韧连续涂膜(漆膜)的液体或固体高分子材料。旧称油漆、漆。主要用来对被涂表面起到装饰与保护作用。涂料通常是以树脂或油为主，并加或不加颜、填料，用有机溶剂或水调制而成的黏稠液体，也出现了以固体形态存在的涂料新品种如粉末涂料。各类涂料不论涂料品种的形态(液体或固体)如何，至少应由两种或三种基本成分组成，即分为主要成膜物质、次要成膜物质和辅助成膜物质。有些涂料还具有特定的功能，如耐高温、耐寒、防辐射等。

胶黏剂：指具有良好的黏合性能，可将两种相同或不相同的物体粘接在一起的聚合物材料。

功能高分子：指高分子主链和侧链上带有反应性功能基团，并具有可逆或不可逆的物理功能或化学活性的一类高分子。是具有特殊功能与用途、但用量不大的精细高分子材料。

4. 什么叫等规(全同立构)、间规(间同立构)和无规聚合物？试举例说明。

答：聚合物分子链由相同构型链节(R、S 或 l-构型、d-构型)连接而成的聚合物称为等规(或称全同立构)聚合物。聚合物分子链由 R、S 链节交替连接而成的聚合物称间规或称间同立构聚合物。聚合物分子链中 R 和 S 呈无规排列的聚合物称无规聚合物。

以聚丙烯为例：

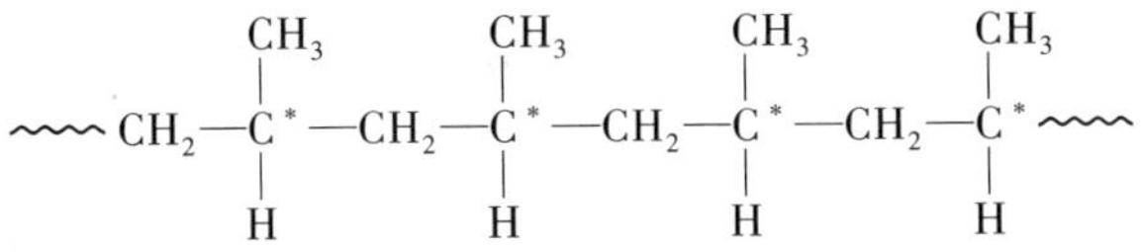

等规聚丙烯
(手性碳原子构型相同)

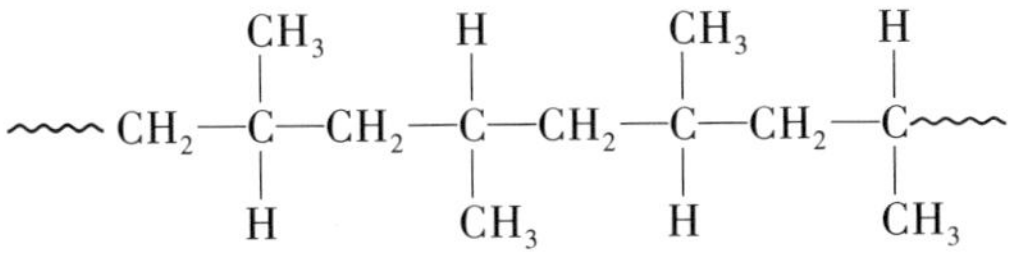

间规聚丙烯
(手性碳原子相间排列)

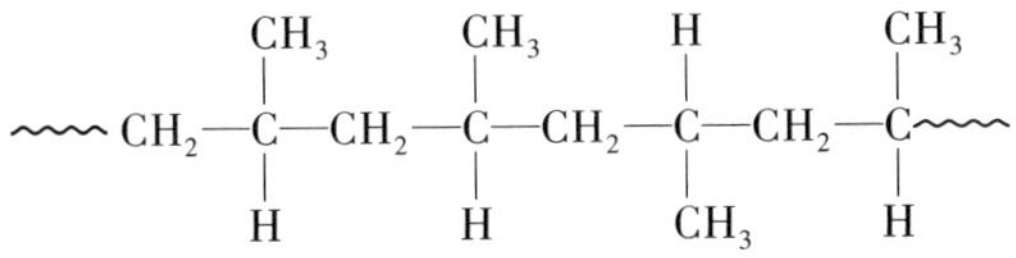

无规聚丙烯
(手性碳原子呈无规排列)

5. 聚合物的平均分子量有几种表示方法，写出其数学表达式。

答：(1) 数均分子量 $\overline{M}_n$

$$\overline{M}_n=\frac{\sum N_iM_i}{\sum N_i}=\frac{\sum W_i}{\sum W_i/M_i}=\sum \widetilde{N}_iM_i$$

(2) 重均分子量 $\overline{M}_w$

$$\overline{M}_w=\frac{\sum W_iM_i}{\sum W_i}=\frac{\sum N_iM_i^2}{\sum N_iM_i}=\sum \widetilde{W}_iM_i$$

以上两式中 N_i、W_i、M_i分别代表体系中 i 聚体的分子数、质量和分子量。ΣN_i、ΣW_i 和 ΣM_i 分别代表对分子量不等的所有分子，从 i 等于 1 到无穷的总和，$\widetilde{N}_i$ 和 $\widetilde{W}_i$ 分别代表 i 聚体的分子分数和质量分数。

(3) 黏均分子量 $\overline{M}_\eta$

$$\overline{M}_\eta=\left(\frac{\sum W_iM_i^\alpha}{\sum W_i}\right)^{1/\alpha}=\left(\frac{\sum N_iM_i^{\alpha+1}}{\sum N_iM_i}\right)^{1/\alpha}$$

式中，α 是高分子稀溶液特性黏度-分子量关系式中的指数，一般为 0.5~0.9。

6. 如何表示聚合物分子量的多分散性？试分析聚合物分子量多分散性存在的原因。

答：分子量多分散性可以用重均分子量和数均分子量的比值来表示。这一比值称为多分散指数，其符号为 HI，即 $HI=\frac{\overline{M}_w}{\overline{M}_n}$。分子量均一的聚合物其 HI 为 1。HI 越大则聚合物分子量的多分散程度越大。分子量多分散性更确切的表示方法可用分子量分布曲线表示。以分子量为横坐标，以所含各种分子的质量或数量百分数为纵坐标，即得分子量的质量或数量分布曲线。分子量分布的宽窄将直接影响聚合物的加工和物理性能。聚合物分子量多分散性产生的原因主要由聚合物形成过程的统计特性所决定。

7. 写出下列单体的聚合反应式，以及单体、聚合物名称。

答：

（1）$CH_2=CHF$

$$nCH_2=CHF \longrightarrow \left[CH_2-\underset{\displaystyle F}{\underset{|}{CH}} \right]_n$$

氟乙烯　　　　聚氟乙烯

（2）$CH_2=C(CH_3)_2$

$$nCH_2=C(CH_3)_2 \longrightarrow \left[CH_2-\overset{\displaystyle CH_3}{\overset{|}{\underset{\displaystyle CH_3}{\underset{|}{C}}}} \right]_n$$

异丁烯　　　　聚异丁烯

（3）$HO(CH_2)_5COOH$

$$nHO(CH_2)_5COOH \longrightarrow \left[O(CH_2)_5\underset{\displaystyle O}{\underset{\|}{C}} \right]_n + nH_2O$$

ω-羟基己酸　　　　聚己内酯

（4）$\overline{CH_2CH_2CH_2O}$（环状）

$$n\ \overline{CH_2CH_2CH_2O} \longrightarrow \left[CH_2CH_2CH_2O \right]_n$$

1,3-环氧丙烷　　　　聚氧杂环丙烷

（5）$NH_2(CH_2)_6NH_2+HOOC(CH_2)_4COOH$

$$nNH_2(CH_2)_6NH_2+nHOOC(CH_2)_4COOH \longrightarrow H\left[NH(CH_2)_6NHCO(CH_2)_4CO \right]_n OH+(2n-1)H_2O$$

己二胺　　　　己二酸　　　　聚己二酰己二胺

8. 如何用实验测定一未知单体的聚合反应是以逐步聚合还是连锁聚合机理进行的？

答：一般可以通过测定聚合物分子量或单体转化率与反应时间的关系来鉴别。随反应时间的延长，分子量逐渐增大的聚合反应属逐步聚合。聚合很短时间后分子量就不随反应时间延长而增大的聚合反应属连锁聚合。相反，单体转化率随聚合时间的延长而逐渐增大的聚合反应属连锁聚合。单体迅速转化，而转化率基本与聚合时间无关的聚合反应属逐步聚合。

9. 举例说明单体、单体单元、结构单元、重复单元等名词的含义，以及它们之间的相互关系和区别。

答：合成聚合物的原料称作单体，如加聚中的乙烯、氯乙烯、苯乙烯，缩聚中的己二胺和己二酸、乙二醇和对苯二甲酸等。

在聚合过程中，单体往往转变成结构单元的形式，进入大分子链，高分子由许多结构单元重复键接而成。在烯类加聚物中，单体单元、结构单元、重复单元相同，与单体的元素组成也相同，但电子结构却有变化。在缩聚物中，不采用单体单元术语，因为缩聚时部分原子缩合成低分子副产物析出，结构单元的元素组成不再与单体相同。如果用 2 种单体缩聚成缩聚物，则由 2 种结构单元构成重复单元。

10. 举例说明低聚物、齐聚物、聚合物、高聚物、高分子、大分子诸名词的的含义，以及它们之间的关系和区别。

答：多数合成的高分子是由许多结构单元重复键接而成，因此聚合物(Polymer)可以看作是高分子(Macromolecule)的同义词，也曾使用 Large or Big Molecule 的术语。

从另一角度考虑，大分子可以看作 1 条大分子链，而聚合物则是许多大分子的聚集体。

根据分子量或聚合度大小的不同，聚合物中又有低聚物和高聚物之分，但两者并无严格的界限，一般低聚物的分子量在几千以下，而高聚物的分子量总要在万以上。多数场合，聚合物就代表高聚物，不再标明“高”字。

齐聚物指聚合度只有几至几十的聚合物，属于低聚物的范畴。低聚物的含义更广泛一些。

11. 写出聚氯乙烯、聚苯乙烯、涤纶、尼龙 66、聚丁二烯和天然橡胶的结构式(重复单元)。选择其常用分子量，计算聚合度。

答：

聚合物	结构式(重复单元)
聚氯乙烯	$-[CH_2CHCl]_n-$
聚苯乙烯	$-[CH_2CH(C_6H_5)]_n-$
涤纶	$-[OCH_2CH_2O\cdot OCC_6H_4CO]_n-$
尼龙 66	$-[NH(CH_2)_6NH\cdot CO(CH_2)_4CO]_n-$
聚丁二烯	$-[CH_2CH{=}CHCH_2]_n-$
天然橡胶	$-[CH_2CH{=}C(CH_3)CH_2]_n-$

聚合物	分子量/万	结构单元分子量/万	$DP=n$	特征
塑料			800~2400	足够的聚合度，才能达到一定强度，弱极性要求较高聚合度
聚氯乙烯	5~15	62.5	960~2900	
聚苯乙烯	10~30	104	(962~2885)	
纤维				极性，低聚合度就有足够的强度
涤纶	1.8~2.3	60+132=192	94~120	
尼龙 66	1.2~1.8	114+112=226	53~80	
橡胶				非极性，高分子量才赋予高弹性和强度
顺聚丁二烯	25~30	54	4600~5600 (4630~5556)	
天然橡胶	20~40	68	2900~5900 (2941~5882)	

12. 举例说明和区别：缩聚、聚加成和逐步聚合，加聚、开环聚合和连锁聚合。

答：按单体-聚合物组成结构变化，可将聚合反应分成缩聚(Polycondensation)、加聚(Polyaddition)、开环聚合三大类；而按机理，可分成逐步聚合和连锁聚合两类。

(1) 缩聚、聚加成和逐步聚合

逐步聚合是无活性中心，单体中不同官能团之间相互反应而逐步增长，每步反应的速率和活化能大致相同。大部分缩聚属于逐步聚合机理，但两者不是同义词。聚加成反应属于非缩聚的逐步聚合。

缩聚是官能团单体间多次缩合反应的结果，除了缩聚物为主产物外，还有低分子副产物产生，缩聚物和单体的元素组成并不相同。

例如：

① 聚酯反应：二元醇与二元羧酸、二元酯、二元酰氯等之间反应

$$n\mathrm{HO{-}R{-}OH} + n\mathrm{HOOC{-}R'{-}COOH} \longrightarrow \mathrm{H{-}(ORO\text{-}OCR'CO)}_n\mathrm{{-}OH} + (2n-1)\mathrm{H_2O}$$

② 聚醚化反应：二元醇与二元醇反应

$$n\mathrm{HO{-}R{-}OH} + n\mathrm{HO{-}R'{-}OH} \longrightarrow \mathrm{H{-}(OR\text{-}OR')}_n\mathrm{{-}OH} + (2n-1)\mathrm{H_2O}$$

聚加成反应是含活泼氢功能基的亲核化合物与含亲电不饱和功能基的亲电化合物之间的聚合。例如：聚氨基甲酸酯，简称聚氨酯的合成。

$$n\mathrm{HO{-}R'{-}HO} + n\mathrm{O{=}C{=}N{-}R{-}N{=}C{=}O} \longrightarrow \left[\mathrm{O{-}R'{-}O{-}\overset{\overset{\displaystyle O}{\|}}{C}{-}NH{-}R{-}NH{-}\overset{\overset{\displaystyle O}{\|}}{C}}\right]_n$$

（2）加聚、开环聚合和连锁聚合

加聚是烯类单体加成聚合的结果，无副产物产生，加聚物与单体的元素组成相同。

连锁聚合由链转移、增长、终止等基元反应组成，其活化能和速率常数各不相同。

多数烯类单体的加聚反应属于连锁聚合机理。

环状单体 σ-键断裂后而聚合成线型聚合物的反应称作开环聚合。近年来，开环聚合有了较大的发展，可另列一类，与缩聚和加聚并列。开环聚合物与单体组成相同，无副产物产生，类似加聚；多数开环聚合物属于杂链聚合物，类似缩聚物。

13. 写出由下列单体合成相应聚合物的结构式，以及单体、聚合物的名称。

a. $\mathbf{CH_2{=}CHF}$　　**b.** $\mathbf{CH_2{=}C(CH_3)_2}$　　**c.** $\mathbf{HO(CH_2)_5COOH}$

d. $\mathbf{CH_2{-}CH_2}$
　$|\quad\ \ |$
　$\mathbf{CH_2{-}O}$　　**e.** $\mathbf{NH_2(CH_2)_6NH_2{+}HOOC(CH_2)_4COOH}$

答：

序号	单体	聚　合　物
a	$CH_2{=}CHF$　氟乙烯	$\lbrack CH_2{-}CHF \rbrack_n$　聚氟乙烯
b	$CH_2{=}C(CH_3)_2$　异丁烯	$\lbrack CH_2{-}C(CH_3)_2 \rbrack_n$　聚异丁烯
c	$HO(CH_2)_5COOH$　ω-羟基己酸	$\lbrack O(CH_2)_5CO \rbrack_n$　聚己内酯
d	$CH_2{-}CH_2$ / $CH_2{-}O$（四元环）　1，3-环氧丙烷	$\lbrack CH_2CH_2CH_2O \rbrack_n$　聚氧杂环丙烷
e	$NH_2(CH_2)_6NH_2$　己二胺　+ $HOOC(CH_2)_4COOH$　己二酸	$\lbrack NH(CH_2)_6NHCO(CH_2)_4CO \rbrack_n$　聚己二酰己二胺（尼龙66）

14. 按下列聚合物的结构式写出聚合物和单体名称。并说明属于加聚、缩聚还是开环聚合，连锁聚合还是逐步聚合？

a. $\mathbf{\lbrack CH_2{=}C(CH_3)_2 \rbrack_n}$　　**b.** $\mathbf{\lbrack NH(CH_2)_6NHCO(CH_2)_4CO \rbrack_n}$

c. $\mathbf{\lbrack NH(CH_2)_5CO \rbrack_n}$　　**d.** $\mathbf{\lbrack CH_2C(CH_3){=}CHCH_2 \rbrack_n}$

答：

序号	单体	聚合物	加聚、缩聚或开环聚合	连锁、逐步聚合
a	$CH_2{=}C(CH_3)_2$ 异丁烯	聚异丁烯	加聚	连锁
b	$NH_2(CH_2)_6NH_2$ 己二胺 $HOOC(CH_2)_4COOH$ 己二酸	聚己二酰 己二胺(尼龙 66)	缩聚	逐步
c	$NH(CH_2)_5CO$ 己内酰胺	聚己内酰胺(尼龙 6)	开环	逐步(水或酸作催化剂)或连锁(碱作催化剂)
d	$CH_2{=}C(CH_3)-CH{=}CH_2$ 异戊二烯	聚异戊二烯	加聚	连锁

15. 写出下列聚合物的单体分子式和常用的聚合反应式：聚丙烯腈、天然橡胶、丁苯橡胶、聚甲醛、聚苯醚、聚四氟乙烯、聚二甲基硅氧烷。

答：(1) 聚丙烯腈：单体丙烯腈 $CH_2{=}CHCN$

$$CH_2{=}CH-CN \longrightarrow \left[CH_2-\underset{\displaystyle CN}{\underset{|}{CH}} \right]_n$$

(2) 天然橡胶：单体异戊二烯 $CH_2{=}C(CH_3)-CH{=}CH_2$

$$nCH_2{=}\underset{\displaystyle CH_3}{\underset{|}{C}}-CH{=}CH_2 \longrightarrow \left[CH_2-\underset{\displaystyle CH_3}{\underset{|}{C}}{=}CH-CH_2 \right]_n$$

(3) 丁苯橡胶：单体丁二烯 $CH_2{=}CH-CH{=}CH_2$ 和苯乙烯 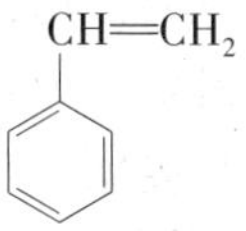

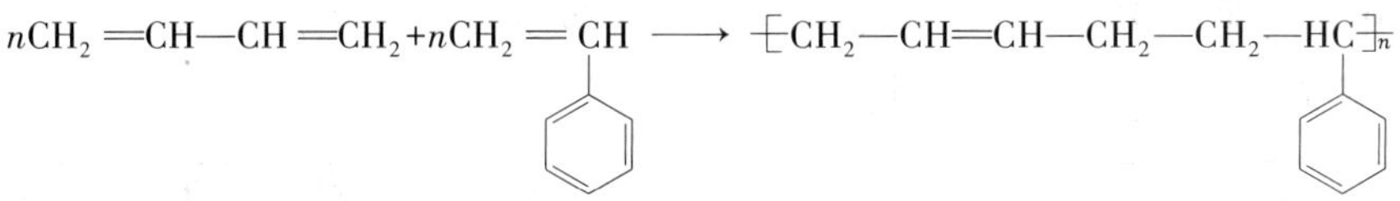

(4) 聚甲醛：单体甲醛 HCHO

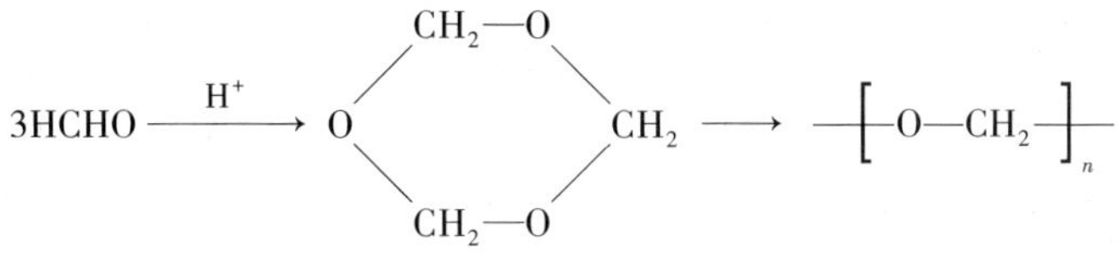

(5) 聚苯醚：单体 2,6-二甲基苯酚 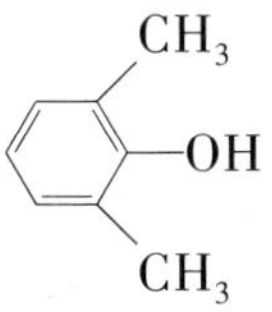

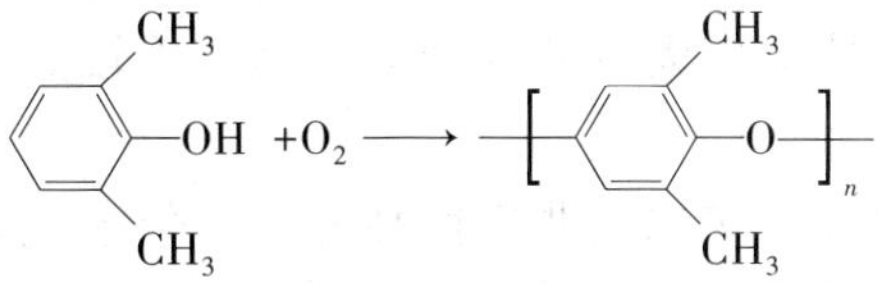

(6) 聚四氟乙烯：单体四氟乙烯 $CF_2{=}CF_2$

$$nCF_2{=}CF_2 \longrightarrow \left[CF_2-CF_2 \right]_n$$

(7) 聚二甲基硅氧烷：单体二甲基二氯硅烷 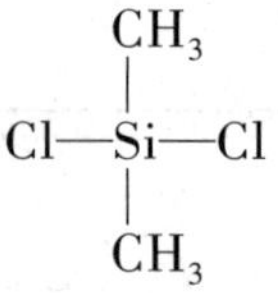

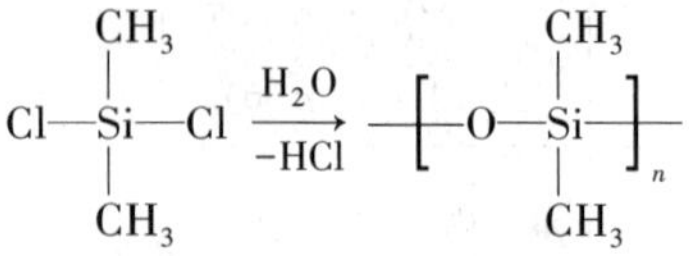

16. 举例说明和区别线型结构和体型结构、热塑性聚合物和热固性聚合物、非晶态聚合物和结晶聚合物。

答：大分子结构单元可键接成线型、支链和交联。线型和支链大分子依靠分子间力聚集成聚合物，聚合物受热时，克服了分子间力，塑化或熔融；冷却后，又凝聚成固态聚合物，可溶解于适当溶剂中。受热塑化和冷却固化可以反复可逆进行，这种热行为特称作热塑性。但大分子间力过大(强氢键)的线型聚合物，如纤维素，在热分解温度以下，不能塑化，也就不具备热塑性。

带有潜在官能团的线型或支链大分子受热后，在塑化的同时，由化学键交联成体型聚合物，冷却后固化，聚合物不能溶解于溶剂中，以后受热不能再塑化变形，这一热行为特称作热固性。但已经交联的聚合物不能再称作热固性。

聚氯乙烯，生橡胶，硝化纤维：线型聚合物，热塑性聚合物。

纤维素：线型聚合物，加热不能塑化，加热到一定程度产生热分解。

酚醛塑料模制品，为热固性聚合物，聚合物分子链间经过固化过程已经变为交联结构，即使再加热也不能塑化。

17. 举例说明橡胶、纤维、塑料的结构-性能特征和主要差别。

答：现列举纤维、橡胶、塑料几例及其聚合度、热转变温度(玻璃化温度 T_g，熔点 T_m)、分子特性、聚集态、机械性能等主要特征于下表。

聚合物		聚合度	T_g/℃	T_m/℃	分子特性	聚集态	机械性能
纤维	涤纶	90~120	69	258	极性	晶态	高强高模量
	尼龙 66	50~80	50	265	强极性	晶态	高强高模量
橡胶	顺丁橡胶	~5000	-108	-	非极性	高弹态	低强高弹性
	硅橡胶	5000~1 万	-123	-40	非极性	高弹态	低强高弹性
塑料	聚乙烯	1500~1 万	-125	130	非极性	晶态	中强低模量
	聚氯乙烯	600~1600	81	—	极性	玻璃态	中强中模量

纤维需要有较高的拉伸强度和高模量，并希望有较高的热转变温度，因此多选用带有极性基团(尤其是能够形成氢键)而结构简单的高分子，使聚集成晶态，有足够高的熔点，便于烫熨。强极性或氢键可以造成较大的分子间力，因此，较低的聚合度或分子量就足以产生较大的强度和模量。

橡胶的性能要求是高弹性，多选用非极性高分子，分子链柔顺，呈非晶型高弹态，特征是分子量或聚合度很高，玻璃化温度很低。

塑料性能要求介于纤维和橡胶之间，种类繁多，从接近纤维的硬塑料(如聚氯乙烯，也可拉成纤维)到接近橡胶的软塑料(如聚乙烯，玻璃化温度极低，类似橡胶)都有。低密度聚乙烯结构简单，结晶度高，才有较高的熔点(130℃)；较高的聚合度或分子量才能保证聚乙烯的强度。等规聚丙烯结晶度高，熔点高(175℃)，强度也高，已经进入工程塑料的范围。聚氯乙烯含有极性的氯原子，强度中等；但属于非晶型的玻璃态，玻璃化温度较低，使用范围受到限制。

18. 什么叫玻璃化温度？橡胶和塑料的玻璃化温度有何区别？聚合物的熔点有什么特征？

答：玻璃化温度及熔点是最重要的热转变温度。

玻璃化温度是聚合物从玻璃态到高弹态的热转变温度，又称玻璃化转变温度。受外力作用，玻璃态时的形变较小，而高弹态时的形变较大，其转折点就是玻璃化温度，可用膨胀计或热机械曲线仪进行测定。玻璃化温度是非晶态塑料(如聚氯乙烯、聚苯乙烯等)的使用上限温度，是橡胶(如顺丁橡胶、天然橡胶等)的使用下限温度。引入极性基团、位阻较大的芳杂环和交联是提高玻璃化温度的三大途径。

熔点是晶态转变成熔体的热转变温度。高分子结构复杂，一般聚合物很难结晶完全，因此往往有一熔融范围。熔点是晶态聚合物的使用上限温度。规整的微结构、适当极性基团的引入都有利于结晶，如低密度聚乙烯、等规聚丙烯、聚四氟乙烯、聚己内酰胺66等。

在聚合物合成阶段，除平均分子量和分布外，玻璃化温度和熔点往往是需要表征的重要参数。

1.5 计算题

1. 求下列混合物的数均分子量、重均分子量和分子量分布指数。

a. 组分A：质量 = 10g，分子量 = 30000；b. 组分B：质量 = 5g，分子量 = 70000；

c. 组分C：质量 = 1g，分子量 = 100 000

解：数均分子量 $\overline{M}_n$

$$\overline{M}_n = \frac{m}{\sum n_i} = \frac{\sum n_i M_i}{\sum n_i} = \frac{\sum m_i}{\sum (m_i/M_i)} = \frac{10+5+1}{10/30000 + 5/70000 + 1/100000} = 38576$$

重均分子量 $\overline{M}_w$

$$\overline{M}_w = \frac{\sum m_i M_i}{\sum m_i} = \sum w_i M_i = \frac{10 \times 30000 + 5 \times 70000 + 1 \times 100000}{10+5+1} = 46875$$

分子量分布指数 $\overline{M}_w/\overline{M}_n = 46875/38576 = 1.22$

2. 等质量的聚合物A和聚合物B共混，计算共混物的 $\overline{M}_n$ 和 $\overline{M}_w$。

聚合物A：$\overline{M}_n = 35000$，$\overline{M}_w = 90000$；

聚合物B：$\overline{M}_n = 15000$，$\overline{M}_w = 300000$。

解：

$$\overline{M}_n = \frac{\sum m_i}{\sum n_i} = \frac{2m}{\dfrac{m}{\overline{M}_{nA}} + \dfrac{m}{\overline{M}_{nB}}} = 21000$$

$$\overline{M}_w = \frac{\sum m_i M_i}{\sum m_i} = \frac{m \times \overline{M}_{wA} + m \times \overline{M}_{wB}}{2m} = \frac{m \times 90000 + m \times 300000}{2m} = 195000$$

第 2 章　缩聚和逐步聚合

2.1　知识要点

1. 掌握逐步聚合反应类型、反应的特点，缩聚反应单体与反应类型的关系，缩聚反应的副反应；掌握反应程度、官能度、线型缩聚、体型缩聚 、官能团等活性、凝胶现象、凝胶点等基本概念。

2. 熟悉重要线型逐步聚合物的聚合反应方程，无规预聚物和结构预聚物，体型缩聚中的凝胶点的预测；利用 Carothers 方程计算体型缩聚产物的平均聚合度及凝胶点；线型缩聚反应的机理与动力学，线型缩聚中影响聚合度的因素及控制聚合度的方法；熟悉反应性官能团等摩尔配比的线型缩聚产物的平均聚合度、反应程度及平衡常数的关系，缩聚反应动力学；线型缩聚物分子量的控制与计算；体型缩聚单体的官能团与官能度、平均官能度的计算、体型缩聚的特点。

3. 了解逐步聚合反应的实施方法，了解几种重要线型缩聚产物的合成方法、典型产品及其用途。

2.2　名词解释

逐步聚合(Step Polymerization)：无活性中心，单体官能团之间相互反应而逐步增长。绝大多数缩聚反应都属于逐步聚合。

缩聚反应(Condensation Polymerization)：即缩合聚合反应，单体经多次缩合而聚合成大分子的反应。该反应常伴随着小分子的生成。

线型缩聚(Linear Polycodensation)：在聚合反应过程中，如用 2-2 或 2 官能度体系的单体作原料，随着聚合度逐步增加，最后形成高分子的聚合反应。线型缩聚形成的聚合物为线型缩聚物，如涤纶、尼龙等。

体型缩聚(Tri-dimensional Poly-condensation)：参加反应的单体，至少有一种单体含有两个以上的官能团，反应中形成的大分子向三个方向增长，得到体型结构的聚合物的这类反应。

官能度(Functionality)：一分子聚合反应原料中能参与反应的官能团数称为官能度。

平均官能度(Aver-functionality)：单体混合物中每一个分子平均带有的官能团数。即单体所带有的全部官能团数除以单体总数。

反应程度(Extent of Reaction)：参加反应的官能团数占起始官能团数的比率。

转化率(Conversion)：参加反应的反应物(单体)与起始反应物(单体)的物质的量的比值即为转化率。

官能团等活性：不同链长的端基官能团，具有相同的反应能力和参加反应的机会，即官能团的活性与分子的大小无关。

凝胶化现象(Gelation Phenomena)、**凝胶点**(Gel Point)：体型缩聚反应进行到一定程度时，体系黏度将急剧增大，迅速转变成不溶、不熔、具有交联网状结构的弹性凝胶，即出现凝胶化现象。此时的反应程度叫凝胶点。

结构预聚物(Structural Pre-polymer)：具有特定的活性端基或侧基的预聚物称为结构预聚物。结构预聚物往往是线型低聚物，它本身不能进一步聚合或交联。

2.3 名词辨析

1. 逐步聚合与连锁聚合

答：按反应机理分类，聚合反应分为逐步聚合与连锁聚合(又称链式聚合)。

逐步聚合：低分子单体转变成高分子的过程中反应是逐步进行的。无活性中心，单体中不同官能团间相互反应而逐步增长。大部分缩聚反应是典型的逐步聚合反应。

连锁聚合：活性中心引发单体聚合，迅速连锁增长。

活性中心不同：
- 自由基聚合
- 阳离子聚合
- 阴离子聚合
- 配位聚合

2. 均缩聚、混缩聚、共缩聚

答：由一种单体进行的缩聚反应称为均缩聚。例如：ω-氨基己酸的缩合反应；2 官能度体系(aRb)。

由两种皆不能独自缩聚的单体进行的缩聚反应称为混缩聚。例如：2-2 官能度体系(aAa+bBb)。

由两种或两种以上单体进行的能形成两种或两种以上重复单元的缩聚反应称为共缩聚。例如：aAa+bBb+aA′a(改性)在制备无规和嵌段共聚物方面获得应用。

3. 平衡缩聚和非平衡缩聚

答：线型缩聚按反应热力学的特征分为平衡缩聚和非平衡缩聚。

平衡缩聚通常指平衡常数 K 小于 10^3 的缩聚反应，如聚酯反应 $K=4$，聚酰胺反应$K=400$。

非平衡缩聚通常则指平衡常数大于 10^3 的缩聚反应或根本不可逆的缩聚反应，需要采用高活性单体和相应措施来实现。

4. 反应程度和转化率

答：反应程度指已经反应的官能团数与起始官能团数之比，用 P 表示。转化率指参加反应的单体分子数与起始单体分子数之比。

例如：一种缩聚反应，单体间双双反应很快全部变成二聚体，就单体转化率而言，转化率达 100%；而官能团的反应程度仅 50%。

5. 平均官能度与当量系数

答：平均官能度指反应体系中平均每一分子上带有的能参加反应的官能团(活性中心)的数目。当量系数 r 指起始两种官能团的摩尔比，$r\leqslant 1$。

6. 熔融缩聚、溶液缩聚与界面缩聚

答：(1)熔融缩聚(Melt Polycondensation)

反应温度高于单体和缩聚物的熔点，体系处于熔融状态下进行的反应。聚酯、聚酰胺等通常都用此法生产。

关键：①小分子的排除及分子量的提高。配方简单，只有单体和少量催化剂，产物纯净，相当于本体聚合；②反应温度高，速率快，有利于小分子排出；③生产设备利用率高，便于连续化生产。

（2）界面缩聚(Interfacial Polycondensation)

单体分别溶解于两不互溶的溶剂中，反应在两相界面上进行的缩聚。工业上聚碳酸酯的聚合采用界面缩聚。

特点：①属于非均相体系，为不可逆聚合，要求单体活性高；②反应温度低，反应速率快；③溶剂的用量较多，处理和回收困难；④产物分子量高，原料配比不要求完全等物质的量；⑤大部分反应在有机溶剂一侧进行，要求所选的溶剂可使聚合物沉淀析出。

（3）溶液缩聚(Solution Polycondensation)

单体加适当催化剂在溶剂(包括水)中呈溶液状态进行的缩聚。聚砜和聚苯醚的合成或尼龙66合成前期均采用溶液聚合。

特点：①温度较低，副反应较少，但要求单体活性较高；②溶剂除去困难，适于产物直接使用的场合；③成本高，后处理多(分离、精制、溶剂回收等)。

2.4 问答题

1. 逐步聚合和缩聚的区别是什么？

答：缩(合)聚(合)反应和某些非缩聚(类似加聚的)反应属于逐步聚合。

绝大多数缩聚反应都是典型的逐步聚合反应，但两者不是同义词。逐步聚合反应中还有非缩聚型的，例如聚氨酯的合成。这类反应按反应机理分类均属逐步聚合反应，是逐步加成反应。

逐步聚合反应中无活性中心，通过单体中不同官能团之间相互反应而逐步增长，每步反应的速率和活化能大致相同。缩聚是指带有两个或两个以上官能团的单体间连续、重复进行的缩合反应，缩聚物为主产物，同时还有低分子副产物产生，缩聚物和单体的元素组成并不相同。逐步聚合和缩聚归属于不同的分类。按单体-聚合物组成结构变化来看聚合反应可以分为缩聚、加聚和开环三大类。按聚合机理聚合反应可以分成逐步聚合和连锁聚合两类。

2. 简述缩合和缩聚、线型缩聚和体型缩聚、自缩聚和共缩聚的关系。

答：(1)缩合和缩聚

缩合反应是指两个或两个以上有机分子相互作用后以共价键结合成一个分子并常伴有失去小分子(如水、氯化氢、醇等)的反应。

缩聚反应是缩合聚合的简称，是指带有两个或两个以上官能团的单体间连续、重复进行的缩合反应，主产物为大分子的同时还有低分子副产物产生。1-1、1-2、1-3等体系中的一原料是单官能度，因此各个体系只能进行缩合反应不能进行缩聚反应，缩合的结果只能形成低分子化合物。乙酸与乙醇的酯化是典型的缩合反应。2-2、2-3等体系能进行缩聚反应生成高分子。

（2）线型缩聚和体型缩聚

根据生成的聚合物的结构进行分类可以将缩聚反应分为线型缩聚和体型缩聚。线型缩聚是指参加反应的单体含有两个官能团型成的大分子向两个方向增长得到线型缩聚物的反应，如合成涤纶、尼龙等反应。线型缩聚的首要条件是需要2-2或2官能度体系作原料。体型缩聚是指参加反应的单体至少有一种含两个以上官能团，并且体系的平均官能度大于2，在一定条件下能够生成三维交联结构聚合物的缩聚反应。如采用2-3官能度体系(邻苯二甲酸酐和甘油)或 2-4 官能度体系(邻苯二甲酸酐和季戊四醇)聚合，除了按线型方向缩聚外，侧基也能缩聚先形成支链进一步形成体型结构。

(3) 自缩聚、混缩聚和共缩聚

根据参加反应的单体种类进行分类可以将缩聚反应分为自缩聚、混缩聚和共缩聚。

自缩聚(均缩聚)通常为 aAb 型的单体进行的缩聚反应，其中 a 和 b 是可以反应的官能团。如羟基酸或氨基酸的缩聚。

混缩聚通常为 aaa 和 bbb 的单体之间进行的缩聚反应，其中 a 和 b 是可以反应的官能团。如己二酸和己二胺合成尼龙 66 的反应。

共缩聚通常将 aAc 型的单体(a 和 c 是不能反应的官能团，a 和 c 可以相同)加入到其他单体所进行的自缩聚或混缩聚反应中进行的聚合反应。共缩聚反应通常用于聚合物的改性。例如，以少量丁二醇、乙二醇与对苯二甲酸共缩聚，可以降低涤纶树脂的结晶度和熔点，增加柔性，改善熔纺性能。

3. 列举逐步聚合的反应基团类型。

答：逐步聚合的反应基团类型：羧基；羟基；氨基；酰氯基；异氰酸酯基；环氧基；酚羟基。

羧基可以与羟基、氨基反应；羟基可以与酰氯基、异氰酸酯基、环氧基反应；氨基可以与羧基、酰氯基和异氰酸酯基反应。

4. 己二酸与下列化合物反应，哪些能形成聚合物?

a. 乙醇；b. 乙二醇；c. 甘油；d. 苯胺；e. 己二胺

答：己二酸可以与乙二醇、甘油、己二胺反应形成聚合物。

5. 写出并描述下列缩聚反应所形成的聚酯结构，反应(2)，(4)聚酯结构与反应物配比有无关系?

答：(1) HO—RCOOH

以$\left[\text{ORCO}\right]_n$为重复单元的线型聚酯。

(2) HOOCRCOOH+HOR′OH

等摩尔比时得$\left[\text{OCRCOOR}'\text{O}\right]$为重复单元的线型聚酯。所得的数均聚合度 $\overline{X}_n$ 与两官能团摩尔比 $r(r \leqslant 1)$ 和反应程度 P 之间关系有：

$$\overline{X}_n = \frac{1+r}{1+r-2rP}$$

(3) HOOCRCOOH+R″$(OH)_3$

两基团等摩尔比时可形成体型网状结构 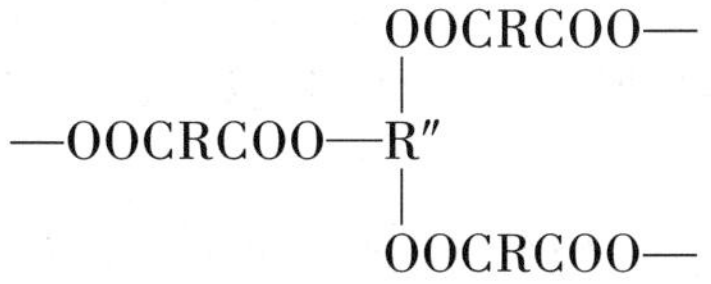 ，当羧基远大于羟基时，得到羧端基的低聚物；当羧基远小于羟基时，得到羟端基的低聚物。

(4) HOOCRCOOH+ HOR′OH+R″$(OH)_3$

两基团等摩尔比时可形成体型网状结构

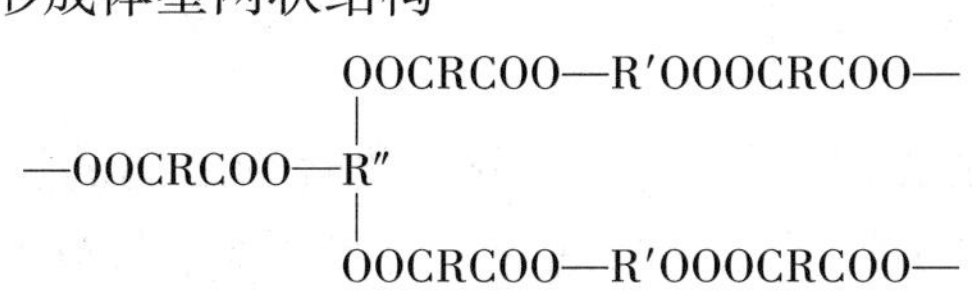

当羧基远大于羟基时，得到羧端基的低聚物，当羧基远小于羟基时，得到羟端基的低聚物。

6. 下列多对单体进行线型缩聚：己二酸和己二醇，己二酸和己二胺，己二醇和对苯二甲酸，乙二醇和对苯二甲酸，己二胺和对苯二甲酸，简明指出并比较缩聚物的性能特征。

答：己二酸和己二醇的缩聚物比己二酸和己二胺的缩聚物的熔点低，强度小，其原因是前者缩聚物之间没有氢键；己二酸和己二醇的缩聚物比己二醇和对苯二甲酸缩聚物的熔点低，强度小，其原因是后者分子链中引入了苯环；己二酸和己二醇的缩聚物比乙二醇和对苯二甲酸缩聚物的熔点低，强度小，其原因是后者分子链中引入了苯环，而且后者的乙二醇比己二醇的碳原子数小；己二醇和对苯二甲酸的缩聚物比己二胺和对苯二甲酸缩聚物的熔点低，强度小，其原因是后者分子链中有酰胺键，分子链间有氢键。

7. 如何理解逐步聚合反应的机理为逐步和可逆？

答：(1) 线型缩聚的逐步性

缩聚反应中持续的缩合反应的进行使产物的聚合度不断增大。通常，缩合反应的发生使得体系有低分子物质析出(如水)。现以 aAa 和 bBb 表示 2-2 单体体系中的单体，官能团 a 和 b 可相互发生缩合反应，以 aABb 表示二聚体(即聚合一次，每个高分子链上含有两个结构单元)、aABAa 或 bBABb 表示三聚体……，等，再以 ab 表示低分子副产物。

$$\text{aAa+bBb} \rightleftharpoons \text{aABb+ab}$$

$$\text{aABb+aAa(bBb)} \rightleftharpoons \text{aABAa(bBABb)+ab}$$

$$\text{a(AB)b+a(AB)b} \rightleftharpoons \text{a(ABAB)b+ab}$$

$$n\text{-聚体}+m\text{-聚体} \rightleftharpoons (n+m)\text{-聚体+水}$$

以二元酸和二元醇的缩聚为例：两者第一步缩聚形成二聚体羟基酸。二聚体羟基酸的端羟基或端羧基可以与二元酸或二元醇反应形成三聚体。二聚体也可以自缩聚形成四聚体。含羟基的任何聚体和含羧基的任何聚体都可以相互缩聚。如此逐步进行下去，分子量逐渐增加，最后得到高分子量聚酯。

(2) 线型缩聚的可逆平衡性

缩聚反应是可逆反应，也就是说它还具有可逆性。从而就有：

$$\text{—OH} + \text{—COOH} \underset{k_{-1}}{\overset{k_1}{\rightleftharpoons}} \text{—OCO—}$$

反应的平衡常数为：

$$K = \frac{k_1}{k_{-1}} = \frac{[\text{—OCO}][\text{H}_2\text{O}]}{[\text{—OH}][\text{—COOH}]}$$

8. 简述缩聚中的消去、化学降解、链交换等副反应对缩聚有哪些影响，说明其有无可利用之处。

答：缩聚通常在较高的温度下进行，往往伴有基团消去、化学降解、链交换等副反应。

① 基团消去反应是指单体中的官能团的脱除，从而导致单体及其缩聚的中间产物丧失反应能力。如温度高于 300℃时二元酸受热脱去羧酸，二元胺在高温下进行分子间或分子内的脱胺反应等。消去反应通常会引起原料基团数比的变化，从而影响到产物的分子量和性能，这类副反应必须避免。

② 化学降解反应是指缩聚物分子链与小分子化合物之间的反应。在聚酯和聚酰胺的合成反应中，聚合物分子链中的酯基和酰胺键容易与水、醇、羧酸和胺等化合物反应，使聚合

物产生水解、醇解、酸解和胺解等降解反应。化学降解的结果使聚合物分子量降低，聚合时应设法避免。一般合成缩聚物的单体往往是缩聚物的降解剂，因此为了减弱化学降解等副反应的影响，必须考虑原料单体的纯度，尽可能降低有害物质。应用化学降解的原理可使废聚合物降解成单体或低聚物，易于回收利用。例如，废聚酯与过量乙二醇共热，可以醇解成对苯二甲酸乙二醇酯齐聚物；废酚醛树脂与过量苯酚共热，可以酚解成低分子酚醛。

③ 链交换反应是发生在两个大分子链之间的副反应，同种线型缩聚物受热时，通过链交换反应，将使分子量分布变窄。两种不同缩聚物共热，通过链交换反应可形成嵌段共聚物，如聚酯与聚酰胺共热形成聚酯-聚酰胺嵌段共聚物。

9. 简单评述官能团的等活性概念(分子大小对反应活性的影响)的适用性和局限性。

答：官能团等活性概念是 Flory 在 20 世纪 30 年代提出的，其要点包括：单官能团化合物的分子链达到一定长度后，其官能团的反应活性与分子链的长度无关。适用条件为：①聚合体系为真溶液；②官能团的邻近基团及空间环境相同；③体系黏度不妨碍缩聚反应生成的小分子的排除；④在低转化率下适用。

10. 缩聚反应平衡常数主要由何因素决定？试讨论在不同平衡常数范围内影响缩聚物分子量的主要因素。

答：缩聚平衡常数主要由缩聚反应类型和反应温度决定。

缩聚平衡常数 K，按其大小可分三类：

① 平衡常数小，在 10 以下的，低分子物在体系中残存量是影响分子量的主要因素。如聚酯化反应，$K=4$，低分子副产物水的存在限制了分子量的提高。要得到分子量高的聚合物，须在高度减压条件下脱除小分子，减少小分子的残留量。

② 平衡常数大小居中，如为 $10\sim10^3$ 数量级的反应。低分子物残存量有一定影响，但影响分子量的主要因素还有原料非等摩尔比和人为地将反应程度控制在某一范围。如聚酰胺化反应，$K=300\sim400$，水对分子量有所影响。聚合早期，可在水介质中进行；聚合后期，须在一定的减压条件下脱水，提高反应程度。

③ 平衡常数在 1000 以上的缩聚反应。影响分子量的主要因素是原料的非等摩尔比和人为地控制的反应程度。允许小分子的残留量较大，如合成酚醛树脂。

11. 为什么在缩聚反应中不用转化率而用反应程度描述反应过程？

答：因缩聚反应本质是官能团之间的反应，只有官能团之间充分反应才能生成大分子，故用反应程度描述其反应过程。聚合反应进行的程度可用转化率 C 来表示。转化率定义为反应掉的单体量占单体初始量的百分比。反应程度 P 定义为参加了反应的基团数与起始基团数的比值。从线型缩聚的机理可看出在缩聚早期，单体的转化率就很高，在整个聚合过程中实际参加反应的是官能团而不是整个分子，因此转化率并无实际意义，改用基团的反应程度来表述反应的深度更确切。

12. 如何理解缩聚反应的官能度体系？

答：缩聚反应包括线型缩聚反应和体型缩聚反应。线型缩聚的必要条件是需要一种或两种双官能度单体。例如乙二醇与己二酸均为双官能度单体，记为 2-2 官能度体系，缩聚反应如下：

$$nHO—(CH_2)_2—OH + nHOOC—(CH_2)_4—COOH$$
$$\longrightarrow H—[O—(CH_2)_2—COO—(CH_2)_4—CO]_n—OH+(2n-1)H_2O$$

又如 ω-氨基羧酸官能度为 2，它的特点是一种单体的两端含有可相互缩合的不同种官能团，记为2官能度体系，只此一种单体即可进行缩聚反应：

$$nH_2N—R—COOH \longrightarrow H—[HN—R—CO]_n—OH+(n-1)H_2O$$

相应地，如体系中使用一个双官能团单体和一种三官能团单体或一种四官能团单体进行缩聚，就分别记作“2-3”或“2-4”体系，它们中含有多官能团单体，除了初期能生成线型缩聚物外，侧基也能缩合并生成支链，进一步形成体型结构，这称作体型缩聚反应。如邻苯二甲酸酐和甘油是2-3型官能度体系，在羧基和羟基用量合适的情况下可先生成线型预聚物、再支化，最后交联得体型聚合物。

13. 线型缩聚反应单体的类型是什么？以 ω-羟基酸为例介绍单体成环倾向对线型缩聚的影响？

答：(1)线型缩聚反应单体必须是2-2、2官能度体系。

(2)单体形成5元环、6元环最稳定，不易形成线型聚合物；3元环、4元环及8~11元环，不稳定，很难成环，易形成线型聚合物；7元环有一定的稳定性，形成线型聚合物为主；12元环以上，成环倾向与7元环相近。

环的稳定性次序：

3，4，8~11 < 7，12 < 5，6

(3) 当 ω-羟基酸的 $n>5$ 时，才能形成线型缩聚物。

如：$HO(CH_2)_nCOOH$(ω-羟基酸)的聚合。当 $n=3$ 或4时，形成5元环、6元环。

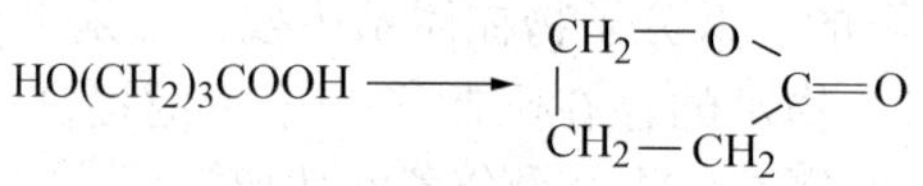

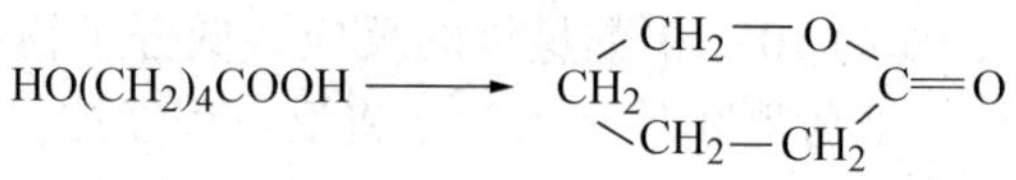

14. 影响线型缩聚物聚合度的因素有哪些？线型缩聚物的聚合度是如何控制的？

答：(1) 影响线型缩聚物聚合度的因素

反应程度 P、平衡常数 K、单体基团数比 r，此外还有反应条件。反应程度和平衡条件是影响线型缩聚物聚合度的重要因素，但不能用作控制分子量的手段，因为缩聚物的分子两端仍保留着可继续反应的官能团，单体基团数比 r 成为控制因素。在实际生产中，平衡条件受设备等条件的控制。一般也总是希望反应程度趋向于1。

① 反应程度 P　缩聚物的聚合度随反应程度的增加而增加。

② 平衡常数 K　对于可逆缩聚反应，平衡常数对反应程度产生影响，进一步影响聚合度。密闭体系中聚合度与平衡常数有下列定量关系：$\bar{X}_n=1/(1-P)=\sqrt{K}+1$，敞开体系中聚合度、残留小分子及平衡常数之间有下列定量关系：$\bar{X}_n=\sqrt{K/(Pn_w)}\approx\sqrt{K/n_w}$

③ 基团的摩尔比　反应基团的摩尔比影响反应程度，进一步影响聚合度。

④ 反应条件　如反应温度、反应器内压力、催化剂、单体纯度和浓度、搅拌、惰性气体等。

(2) 线型缩聚物的聚合度控制

两单体非等化学计量，通过控制原料单体的摩尔比来控制聚合度，可按下式进行计算：

$$\bar{X}_n=\frac{1+r}{1+r-2rP},\ r=\frac{N_a}{N_b}<1$$

式中，N_a、N_b 为 a、b 的起始基团数；$\bar{X}_n$ 为数均聚合度；r 为基团数比；P 为反应程度。

聚合度控制方法：端基封锁。

方法一：控制原料摩尔比

单体 aAa 和 bBb 反应，其中 bBb 稍过量，其配料比用 $r=N_a/N_b(\leqslant 1)$，N_a、N_b 分别为单体 A 和单体 B 的基团数。

方法二：加入单官能团化合物

aAa、bBb 等当量比，另加少量单官能团物质 Cb，N_c 为单官能团物质 Cb 的分子数。

$$r = N_a/(N_a + 2N_c)$$

讨论：

① 三种情况都说明，X_n 与 P、r(或 q)密切相关。

② 官能团的极少过量，对产物分子量就有显著影响。

③ 在线型缩聚中，要得到高分子量，必须保持严格的等当量比。

15. 获得高分子量缩聚物的基本条件有哪些？

答：① 单体需要严格的等物质的量的官能团配比。

② 单体纯净，不含单官能团端基封锁剂。

③ 高反应程度。

④ 后期减压排除小分子。

⑤ 通入惰性气体减少副反应发生，适度搅拌。

16. 在尼龙 6 和尼龙 66 生产中为什么要加入乙酸或己二酸作为分子量控制剂？

答：尼龙 6 和尼龙 66 缩聚反应平衡常数较大，反应程度可达 1。同时实际生产尼龙 66 是通过 66 盐的缩聚，因此尼龙 6 和尼龙 66 的缩聚反应在实际生产时不存在非等物质量的问题。这两个缩聚反应均可用加入乙酸或己二酸的端基封锁方法控制分子量。用这种方法控制分子量的优点是分子端基不再有进一步相互反应的能力，产物在以后加工过程中分子量不会进一步增大。

17. 简述尼龙 66 制备过程中分子量的控制方法？写出乙酸封端的己二酸和己二胺缩聚反应方程式。

答：分子量的控制方法：

① 在溶液中进行预缩聚，己二酸和己二胺中和成尼龙 66 盐，保证两单体的等摩尔比。

② 预缩聚中，反应程度 $P=0.8\sim0.9$，反应温度 $T=270\sim275$℃；后缩聚采用熔融缩聚，达到反应后期往往要在高温高真空(反应压力 $P=2700$Pa)减压排水，使反应向正方向移动，提高产物分子量。

③ 熔融缩聚中，单官能团单体(例如乙酸封端)或过量己二酸控制分子量。

反应方程式：

$$n\mathrm{HOOC(CH_2)_4COOH} + n\mathrm{NH_2(CH_2)_6NH_2} \longrightarrow$$

$$\mathrm{HO{-}[OC(CH_2)_4COHN(CH_2)_6NH]_{\mathit{n}}{-}H} + (2n-1)\mathrm{H_2O}$$

$$+\mathrm{CH_3COOH} \longrightarrow \mathrm{HO{-}[OC(CH_2)_4COHN(CH_2)_6NH]_{\mathit{n}}{-}CO{-}CH_3} + 2n\mathrm{H_2O}$$

18. 实际生产中如何进行聚对苯二甲酸乙二醇酯(PET，简称聚酯)的合成反应？其工艺参数如何控制？写出直接酯化法合成聚酯的反应方程式。聚酯的特点及应用有哪些？

答：(1)实际生产 PET 的工艺流程(图 2-1 所示)

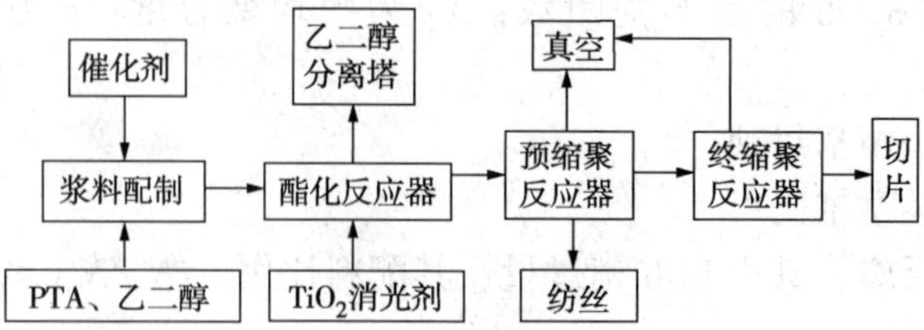

图 2-1 聚合装置工艺流程图

实际生产中采用乙二醇(EG)和精对苯二甲酸(PTA)为原料，通过熔融缩聚方法，在催化剂三氧化二锑(Sb_2O_3)作用下，通过酯化、预缩聚、终缩聚完成。

(2)合成过程

① 在酯化反应器中进行酯化反应，酯化率达到95%

$HO—(CH_2)_2—OH + HOOC—C_6H_4—COOH \rightarrow H—[O—(CH_2)_2—OCO—C_6H_4—CO]—OH+H_2O$

② 在预缩聚反应器中进行预缩聚：反应温度 $T=274\sim275℃$；真空度 $p=1\sim10kPa$，聚合度 $\overline{X}_n=1\sim16$。

$$HO—(CH_2)_2—OH + H—[O—(CH_2)_2—OCO—C_6H_4—CO]—OH \longrightarrow H—[O—(CH_2)_2—OCO—C_6H_4—CO]_n—O—(CH_2)_2OH \qquad n=1\sim16$$

③ 在终缩聚反应器中进行终缩聚：反应温度 $T=280\sim285℃$；真空度 $p=60\sim130Pa$。聚合度 $\overline{X}_n=100\sim200$。

预聚物彼此间继续反应，脱掉乙二醇分子，最终形成聚合度 $\overline{X}_n=100\sim200$ 的高分子量聚酯。

$$2H\mathord{+}O—(CH_2)_2—OCO—C_6H_4—CO\mathord{+}_nO—CH_2OH \xrightarrow{—HOCH_2CH_2OH} H\mathord{+}O—(CH_2)_2—OCO—C_6H_4—CO\mathord{+}_n—O—CH_2OH+2nH_2O \qquad n=100\sim200$$

(3) 特点及应用

聚酯的优点及应用：具有熔点高、强度好、耐溶剂、耐腐蚀、耐磨、手感好等优点。

可用于生产纤维、胶卷、磁带、录像带、饮料瓶，也可作为工程塑料。

19. 在聚酯生产中采用什么措施控制分子量？如何提高聚酯的分子量？并说明如何避免聚酯的合成反应中的副反应发生。

答：(1)采用原料非等摩尔比即乙二醇过量的方法来控制分子量

聚酯合成反应平衡常数 $K=4$，较小，残余小分子分数 n_w 是影响分子量的主要因素，因此只能通过控制乙二醇残压来控制 p(体系内压力)以达到控制分子量的目的。当达到预定分子量时，体系达到一定黏度，因此可通过搅拌马达电流变化判断终点。

(2) 后期采用高温高真空提高分子量

(3) 副反应

由于二元羧酸与二元醇进行酯化和缩聚反应时，可能产生一些副反应，对于 PTA 和 EG，其副反应主要是醚键的生成。例如：两个乙二醇分子脱去一个水分子生成二甘醇，反应式如下：

$$2HO—(CH_2)_2—OH \rightleftharpoons HO—(CH_2)_2—O—(CH_2)_2—OH$$

在温度 200℃以下时，二甘醇生成量是很少的，其速度随温度上升而急剧加快，醚键还可以嵌入大分子中，影响聚酯的熔点和耐热氧化性能。

除此之外，还有酯基的水解、聚合物的热降解和氧化降解等副反应。副反应高则产品质量下降，主要表现在羧端基含量增高并造成产品色泽发黄。

20. 在平衡缩聚条件下，聚合度与平衡常数、副产物残留量之间有何关系？聚酯化反应280℃时的平衡常数 $K=4.9$，聚酰胺化反应 260℃时平衡常数 $K=305$，若合成聚合物的数均聚合度均为 100，则要求体系中各自残留的水的含量为多少？

答：

（1）聚合度与平衡常数、残留量的关系

根据
$$\bar{X}_n=\sqrt{\frac{KC_0}{Pn_w}}$$

式中，C_0 为单体初始浓度。缩聚反应中水含量对数均分子量影响很大，特别是当平衡常数较小时，水含量对聚合度影响非常严重。要想获得较高的聚合度，例如 200 左右，就必须使残存的小分子副产物极低。而对于平衡常数较大的缩聚反应，要达到同样的聚合度，小分子副产物含量可适当高一些，亦即，对小分子副产物的排除可适当放宽。

（2）根据 $\bar{X}_n=\sqrt{\frac{K}{Pn_w}}$

$\bar{X}_n=100$，将 $K=4.9$、$K=305$ 分别代入方程，当 $P=1$ 时，解得：

$$n_w=4.9\times10^{-4}\text{mol/L},\ n_w=3.5\times10^{-2}\text{mol/L}$$

21. 逐步聚合的实施方法有哪几种？其各自有什么特点？

答：逐步聚合的实施四种方法：熔融缩聚、溶液缩聚、界面缩聚、固相缩聚。

（1）熔融缩聚

是单体和聚合产物均处于熔融状态下的聚合反应，反应原料中只有单体和少量催化剂。

优点：产物纯净，分离简单；通常采用釜式聚合，生产设备简单，是工业上和实验室常用的方法。熔融缩聚在工艺上有以下特点：反应温度高；一般在 200～300 ℃之间，比生成的聚合物的熔点高 10～20℃。一般不适合生产高熔点的聚合物。反应时间长，一般都在几个小时以上；延长反应时间有利于提高缩聚物的分子量。为避免高温时缩聚产物的氧化降解，常需在惰性气体（N_2、CO_2）中进行。为获得高分子量产物，聚合后期一般需要减压，甚至在高真空下进行。反应完成后，聚合物以黏流状态从釜底流出，快速牵伸成条、冷却、切粒。如聚酯合成。

（2）溶液缩聚

是单体在溶剂中进行的一种聚合反应，溶剂可以是纯溶剂，也可以是混合溶剂。

溶液缩聚是工业生产的重要方法，其规模仅次于熔融缩聚。用于一些耐高温高分子的合成，如聚砜、聚酰亚胺、聚苯醚。

溶液缩聚的特点：聚合温度低，常需活性高的单体，如二元酰氯、二异氰酸酯。反应缓和平稳，有利于热交换，避免了局部过热，副产物能与溶剂形成恒沸物被带走。反应不需要高真空，生产设备简单。制得的聚合物溶液，可直接用作清漆、胶黏剂等；溶剂的使用，增加了回收工序及成本。

（3）界面缩聚

是将两种单体溶于两种互不相溶的溶剂中，混合后在两相界面处进行的缩聚反应。

如光气法合成聚碳酸酯（PC）。

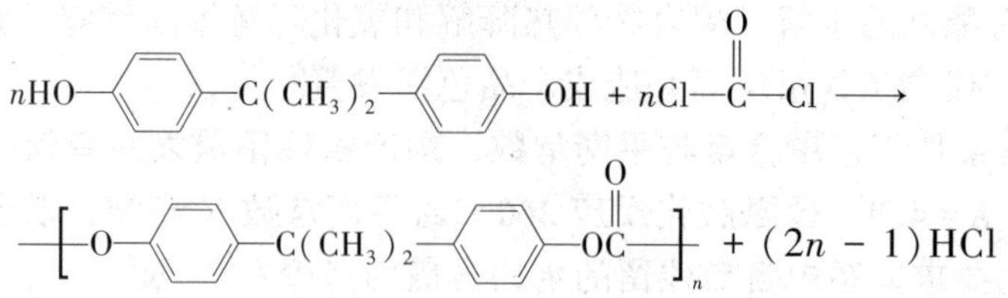

界面缩聚的特点如下：

① 单体活性高，反应快，可在室温下进行，反应速率常数高达 $10^4 \sim 10^5 L/mol \cdot s$。

② 产物分子量可通过选择有机溶剂来控制，大部分反应是在界面的有机溶剂一侧进行。

③ 对单体纯度和当量比要求不严格，反应主要与界面处的单体浓度有关。

④ 原料酰氯较贵，溶剂回收麻烦，应用受限。

(4) 固相缩聚

在玻璃化温度以上，熔点以下的固态进行的缩聚。例如，纤维用的聚酯用作工程塑料时，分子量偏低，强度不够，可在220℃继续固相缩聚，进一步提高分子量。另外，聚己内酰胺也可以采用固相缩聚来提高分子量。

22. 体型缩聚有哪些基本条件？

答：2-2 或 2 官能度的单体体系进行缩聚是只能形成线型聚合物。当其中一种或多种单体具有 3 或 3 以上实际能参与反应的官能团时，反应的结果便是先形成支链，而后进一步反应则交联形成体型聚合物，即三维交联网络结构。需指出的是体型聚合物只能被溶剂溶胀而不能被溶解，也不能受热熔融。

23. 什么是体型缩聚的凝胶化现象和凝胶点？如何避免？

答：在整个体型缩聚过程中，聚合反应进行到某一反应程度时，开始交联，黏度突然骤增，气泡也难以上升，出现了"凝胶"，这时的反应程度 P_c 称作凝胶点。因此凝胶点的定义就是开始出现凝胶的临界反应程度。出现凝胶点时，体系中存在不能溶解的凝胶，是许多线型和支化分子键合交织在一起，聚合度近乎无限大，但在交联网络之间也存在很多溶胶，可以用溶剂浸出来。溶胶可以进一步交联成凝胶。

控制反应程度小于凝胶点，即 $P<P_c$，就能够控制凝胶化现象产生。

24. 体型缩聚物(热固性聚合物)的生产工艺包括哪两个阶段？

答：在工艺上，体型缩聚反应往往分成预聚和成型两个阶段：

① 预聚阶段：$P \leq P_c$。即第一阶段的聚合，反应程度很小，聚合度也很小，生成的聚合物叫预聚物。它是线型或支链型低聚物，聚合度约为 70～700，预聚物有良好的溶解性和熔融性；第二阶段聚合，反应程度接近"凝胶点"，此时聚合物的溶解性能变差，但能熔融，可以加工成型；根据预聚物的结构，可分为无规预聚物和结构预聚物。

② 成型阶段(固化交联)：将预聚物从反应釜中移出，在成型设备中进行成型。此时，$P>P_c$，随凝胶化作用继续进行，溶胶逐渐减少，凝胶逐渐增加，最终生成尺寸稳定、耐热性好的热固型聚合物。

热固性聚合物由于其具有网络结构，因此具有良好的耐热性、耐水性、耐化学药品性，常用作绝缘材料、定型材料、胶黏剂以及表面涂料。

25. 无规预聚物和结构预聚物的区别是什么？

答：(1) 无规预聚物

这类预聚物由单体直接合成，通过控制聚合温度控制反应阶段。

由双功能基单体与功能度大于2的单体进行聚合时的预聚物，即在反应程度低于凝胶点，残留基团可进一步发生反应的预聚物，称为无规预聚物。无规预聚物中未反应功能基在分子链上无规分布。无规预聚物的固化通常通过加热来实现。

无规预聚物通常分为三个阶段：A阶段为可溶可熔的低聚物；B阶段为支化程度较高的可溶可熔聚合物；C阶段为不溶不熔的体型聚合物。

其中A、B两个阶段为预聚物。这类预聚物结构复杂，因此称为“无规预聚物”。碱催化酚醛树脂、脲醛树脂、醇酸树脂等均属此类。无规预聚物的A、B阶段处于凝胶点之前。C阶段处于凝胶点以后。

（2）结构预聚物

这类聚合物是线型低聚物，分子量从几百至几千不等。有比较明确的结构和特殊设计的官能团，合成时应用线型缩聚或自由基聚合原理控制分子量。

确定结构预聚物的交联固化反应通常与合成预聚物的反应不同，不能单靠加热来完成。需要加入专门的催化剂或其他反应物来进行，这些加入的催化剂或其他反应物通常称作固化剂。例如环氧树脂合成。

26. 体型缩聚时有哪些基本条件？平均官能度如何计算？体型缩聚的凝胶点如何预测？

答：（1）体型缩聚的基本条件

至少有一单体含两个以上官能团，并且体系的平均官能度大于2。

（2）平均官能度的计算

① 反应的官能团物质的量相等，单体混合物的平均官能度定义为每一分子平均带有的基团数。

$$\bar{f} = \frac{\Sigma f_i N_i}{\Sigma N_i} = \frac{f_a N_a + f_b N_b + \cdots}{N_a + N_b + \cdots}$$

式中，f_i、N_i 分别为第 i 种单体的官能度和分子数。

② 反应的官能团物质的量不等，平均官能度应以非过量基团数的2倍除以分子总数来求取。

$$\bar{f} = \frac{(2\times\text{不过量单体的官能团总数})}{\text{参加反应单体的总物质的量}}$$

（3）通常采用Carothers法预测凝胶点

在二元醇和二元酸反应中只得线型聚合物，因此支化和交联的程度完全由多官能团单体与双官能团单体的比例来决定。正是因为如此，以下的预测凝胶点的方法由多官能团单体所占有的比例来计算。Carothers认为缩聚反应程度达到凝胶点时，其产物的数均聚合度为无穷大。

① 两官能团等当量比（$N_a f_a = 6$）。

例如，求2mol甘油（$f=3$）和3 mol苯酐（$f=2$）的平均官能度

$$\bar{f} = \frac{3\times2 + 2\times3}{2+3} = \frac{12}{5} = 2.4$$

凝胶点与平均官能度的关系：

$$p = 2/\bar{f}$$

② 两官能团不等当量。对于两单体官能团不等当量，平均官能度的计算方法是：用非过量组分的官能团数的二倍除以体系中的分子总数。

对于上述情况，$\bar{f}=(3\times2)/6=1$。这样低的平均官能度，表明体系只生成低分子物，不会凝胶化，这种平均官能度计算方法也适用于两种以上单体非等物质的量的情况。

对于 A、B、C 三种单体组成的体系：分子数分别为 N_a、N_b、N_c。官能度分别为 f_a、f_b、f_c，单体 A 和 C 含有相同的官能团(a)，且 a 官能团总数少于 b 官能团总数(官能团 b 过量)。

单体平均官能度按下式计算：

$$\bar{f}=\frac{2(N_a f_a + N_a f_c)}{N_a + N_b + N_c}$$

例：根据醇酸树脂配方计算 P_c

配方 1	官能度	原料/mol	基团/mol	配方 2	官能度	原料/mol	基团/mol
亚麻仁油酸	1	1.2	1.2	亚麻仁油酸	1	0.8	0.8
邻苯二甲酸酐	2	1.5	3.0	邻苯二甲酸酐	2	1.8	3.6
甘油	3	1.0	3.0	甘油	3	1.2	3.6
1,2-丙二醇	2	0.7	1.4	1,2-丙二醇	2	0.4	0.8
合计		4.4	8.6	合计		4.2	8.8

羧基官能团数少于羟基，以羧基计算平均官能度

配方 1

$$\bar{f}=\frac{2(1.2\times1+1.5\times2)}{1.2+1.5+1.0+0.7}=1.909 \qquad \bar{f}\text{ 小于 2，不会产生凝胶}$$

配方 2

$$\bar{f}=\frac{2(0.8\times1+1.8\times2)}{0.8+1.8+1.2+0.4}=2.095 \qquad P_c=\frac{2}{2.095}=0.955$$

27. 体型缩聚的重要缩聚物有哪些？并写出各自的用途。

答：体型缩聚的重要缩聚物主要有不饱和聚酯、聚氨酯、酚醛树脂、环氧树脂。

(1) 不饱和聚酯

通常指由不饱和二元酸二元醇、或者饱和二元酸不饱和二元醇缩聚而成的具有酯键和不饱和双键的线型高分子化合物。如顺丁烯二酸酐(马来酸酐)、邻苯二甲酸酐和乙二醇的缩聚产物。马来酸酐的作用是在不饱和聚酯中引入双键，增加马来酸酐的用量可提高不饱和聚酯的不饱和度，从而提高不饱和聚酯的交联密度；增加邻苯二甲酸酐的用量可提高成型后材料的刚性。苯乙烯固化是利用自由基引发苯乙烯聚合并与不饱和聚酯线型分子中双键共聚最终形成体型结构。

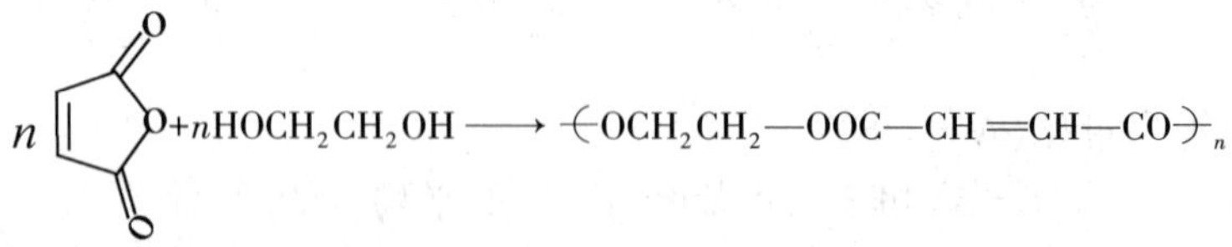

通常，聚酯化缩聚反应是在 190~220℃进行，直至达到预期的酸值(或黏度)，在聚酯化缩聚反应结束后，趁热加入一定量的乙烯基单体，配成黏稠的液体，这样的聚合物溶液称之为不饱和聚酯树脂。不饱和聚酯的交联固化一般通过加入的烯类单体如苯乙烯、甲基丙烯酸甲酯等进行自由基共聚合反应来实现。各种不饱和聚酯未固化时是从低黏度到高黏度的液体，加入各种添加剂后加热固化，固化后即成刚性或弹性的塑料。

不饱和聚酯的主要用途是用玻璃纤维增强制成玻璃钢，是增强塑料中的主要品种之一。它具有优良的抗拉强度和冲击韧性，相对密度小，热及电绝缘性能好，还有良好的透光、耐候、耐酸和隔音等特性，价格又比环氧树脂玻璃钢便宜得多，因此广泛用于制造雷达天线罩、飞机零部件、汽车外壳、小型船艇、透明瓦楞板等建筑材料、卫生盥洗器皿以及化工设备和管道等。

（2）聚氨酯

① 预聚物(含异氰酸端基)。聚氨酯的制备一般分为两步：是先由端羟基聚醚或端羟基聚酯与过量的二元或多异氰酸酯进行重键加成聚合制得异氰酸端基聚氨酯预聚物，然后通过二元醇、二元胺或肼进行扩链反应。预聚物可作为胶黏剂、软聚氨酯泡沫塑料使用。

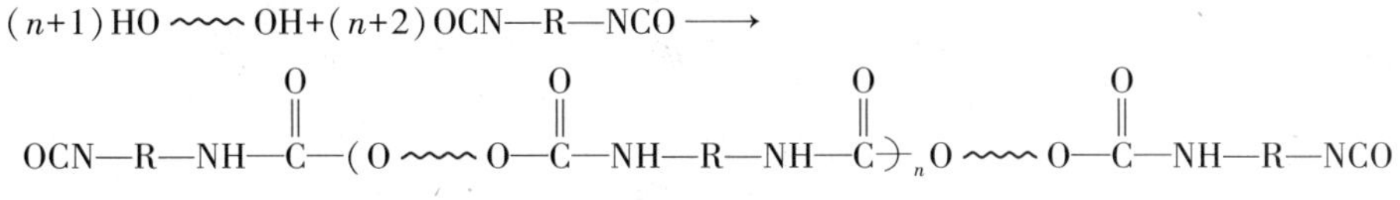

② 成型(交联)。也可将聚氨酯预聚物与多元醇、多元胺进行交联反应制备体型结构产物。

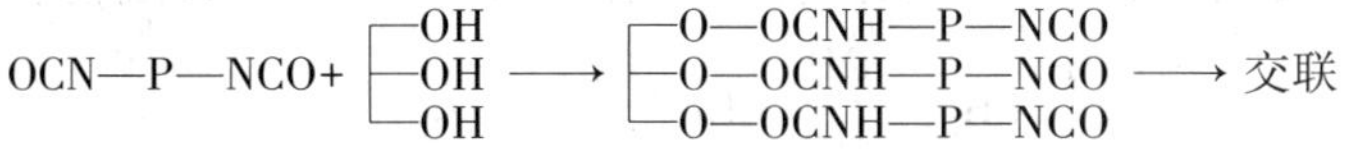

聚氨酯用作弹性体时需要交联，在加压加热条件下，异氰酸酯特征基团与异氰酸端基进行反应，产生交联。用肼扩链的聚氨酯预聚物中的脲基也可与异氰酸端基进行反应，形成交联结构产物。交联后的聚氨酯可用作硬泡沫塑料、聚氨酯弹性体和纤维(氨纶)使用。

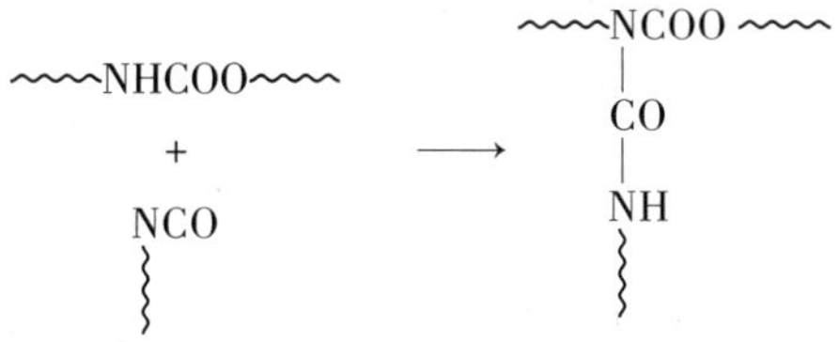

（3）酚醛树脂

该树脂是最早研制成功并应用的合成材料，主要用作模制品、层压板胶黏剂和涂料，是由苯酚和甲醛缩聚而成。酚醛树脂是一种合成塑料，无色或黄褐色透明固体，因电气设备使用较多，也俗称电木。目前在热固性聚合物中仍占有一定地位，主要用作模制品、层压板、胶黏剂和涂料等。根据使用催化剂的不同，合成的酚醛树脂分为两类：

① 碱催化过量甲醛形成酚醛无规预聚物，成型时只需要加热到凝胶点以后可直接交联固化形成热固性聚合物。

氨、碳酸钠或氢氧化钠等均可用作酚醛缩聚的碱催化剂。在甲醛过量的条件下，例如苯酚二甲醛摩尔比6∶7或两活性基团数比为9∶7时，早期先缩聚成具有反应活性的羟甲基酚醇混合物，如下列诸式：

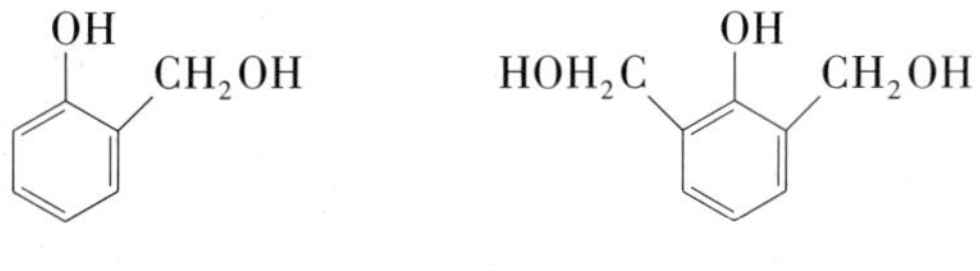

羟甲基酚醇混合物经过缩合，形成热固性酚醛树脂。

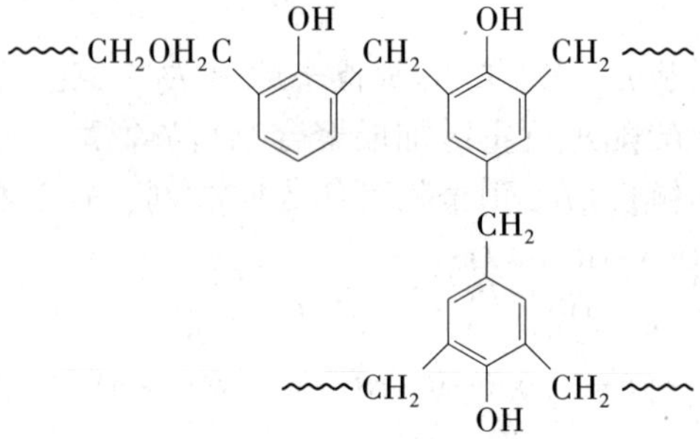

② 酸催化过量苯酚合成热塑性酚醛预聚物，属于结构预聚物，单凭加热不能固化，在成型时需要加六亚甲基四胺交联剂加热固化。

在苯酚过量的条件下，早期先形成羟甲基酚，进一步形成亚甲基桥，因为分子中没有羟甲基存在，即使加热，也无交联固化的危险，因此可称为热塑性酚醛树脂。

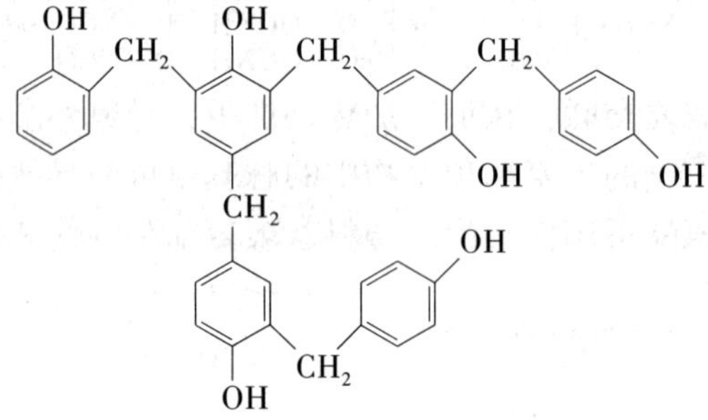

(4)环氧树脂

环氧树脂是含有环氧基团的树脂的统称，种类很多。主链上含醚键和仲羟基，端基为环氧基的预聚体。环氧值是指100g环氧树脂中所含有的环氧基物质的量(摩尔数)。由环氧氯丙烷或双酚A在碱催化下聚合所得。环氧树脂分子中活泼的环氧端基和羟侧基都可以成为交联的基团。耐腐蚀，耐溶剂，被广泛地用作胶黏剂、涂料等。环氧树脂粘接力强，配制的胶黏剂对多种材料具有良好的粘接性能，常称“万能胶”。

① 双酚A与过量的环氧氯丙烷的缩聚反应：

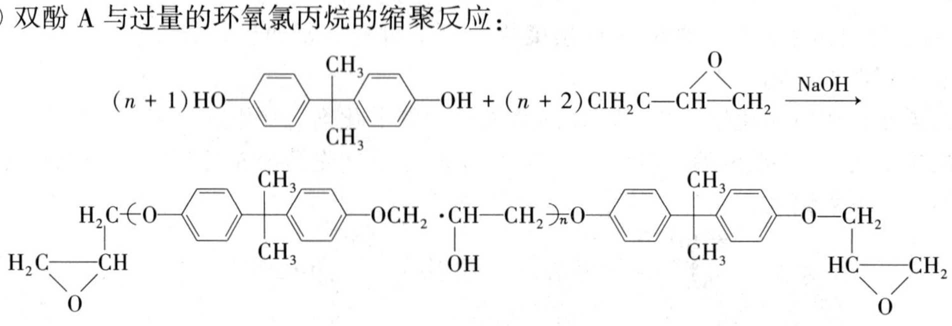

② 固化剂是胺类和酸酐：

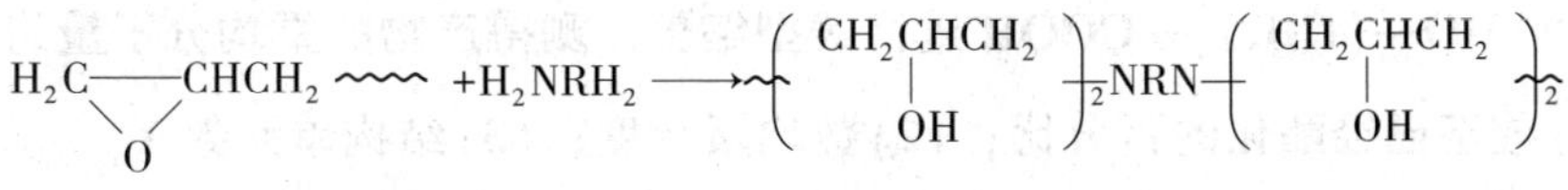

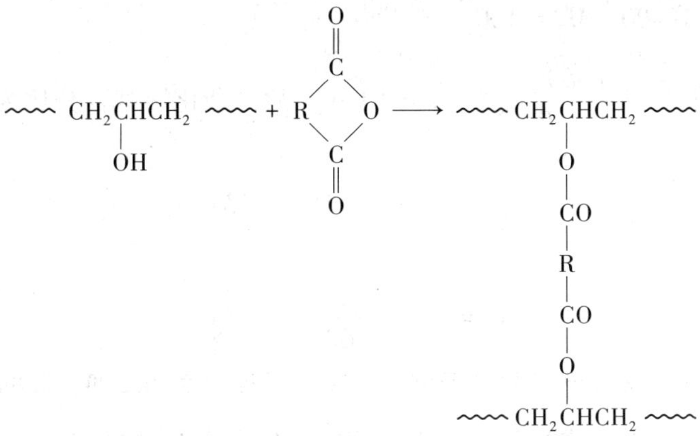

28. 写出下列聚合物的聚合方程式

（1）$n$mol 对苯二甲酸和（n+1）mol 过量乙二醇的缩聚反应

$(n+1)HO—(CH_2)_2—OH+nHOOC—C_6H_4—COOH$

$\longrightarrow H—[O—(CH_2)_2—OCO—C_6H_4—CO]_n—OH+(2n-1)H_2O$

$\longrightarrow H—[O—(CH_2)_2—OCO—C_6H_4—CO]_n—O—(CH_2)_2OH+2n\ H_2O$

（2）苯甲酸封端的己二酸和己二胺缩聚反应

$n\ HOOC(CH_2)_4COOH+n\ NH_2(CH_2)_6NH_2 \longrightarrow HO\text{-}[OC(CH_2)_4COHN(CH_2)_6NH]_n—H+(2n-1)H_2O+$

$C_6H_4COOH \longrightarrow HO—[OC(CH_2)_4COHN(CH_2)_6NH]_n—CO—C_6H_4+2n\ H_2O$

（3）$n$mol 甲苯二异氰酸酯和（n+1）mol 丁二醇合成聚氨酯的缩聚反应

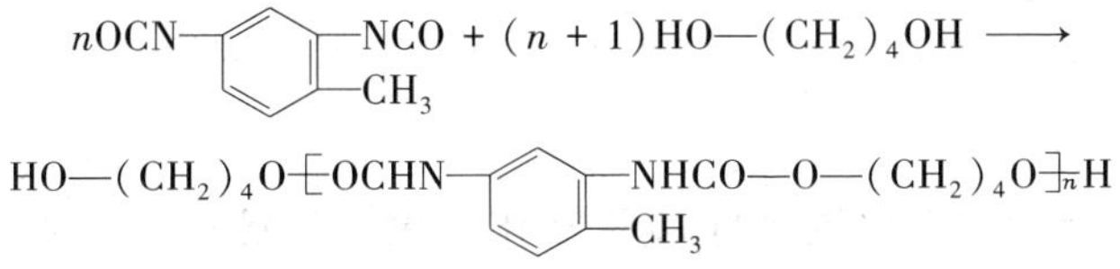

2.5 计算题

1. 通过碱滴定法和红外光谱法，同时测得 21.3g 聚己二酰己二胺试样中含有 2.50×10^{-3} mol 羧基。根据这一数据，计算得数均分子量为 8520。计算时需作什么假定？如何通过实验来确定假设的可靠性？如该假设不可靠，怎样由实验来测定正确的值？

解：$\overline{M}_n=\dfrac{\sum m_i}{\sum N_i}$，$\sum m_i=21.3g$，$\overline{M}_n=\dfrac{21.3}{2.5\times10^{-3}}=8520$，$\sum N_i=2.5\times10^{3}$

上述计算时需假设：聚己二酰己二胺由二元胺和二元酸反应制得，每个大分子链平均只含一个羧基，且羧基数和胺基数相等。

可以通过测定大分子链端基的 COOH 和 NH_2物质的量以及大分子的物质的量来验证假设的可靠性，如果大分子的物质的量等于 COOH 和 NH_2的一半时，就可假定此假设的可靠性。

用气相渗透压法可较准确地测定数均分子量，得到大分子的物质的量。

碱滴定法测得羧基基团数、红外光谱法测得羟基基团数。

2. 羟基酸 HO—$(CH_2)_4$—COOH 进行线型缩聚，测得产物的重均分子量为 18400g/mol，试计算：(1) 羧基已经酯化的百分比；(2) 数均聚合度；(3) 结构单元数 $\overline{X}_n$

解：已知 $\overline{M}_w = 18400$，$M_0 = 100$

根据 $\overline{X}_w = \dfrac{\overline{M}_w}{M_0}$ 和 $\overline{X}_w = \dfrac{1+P}{1-P}$，得：$P=0.989$，故已酯化羧基百分比为 98.9%

$$\frac{\overline{M}_w}{\overline{M}_n} = 1 + P,\ \overline{M}_n = 9251$$

$$\overline{X}_n = \frac{\overline{M}_n}{M_0} = \frac{9251}{100} = 92.51$$

3. 等物质的量己二胺和己二酸进行缩聚，反应程度 P 为 0.500、0.800、0.900、0.950、0.980、0.990、0.995，试求数均聚合度 $\overline{X}_n$、DP 和数均分子量 $\overline{M}_n$。

解：

P	0.500	0.800	0.900	0.950	0.970	0.980	0.990	0.995
$\overline{X}_n = \dfrac{1}{1-P}$	2	5	10	20	33.3	50	100	200
$\overline{DP} = \overline{X}_n/2$	1	2.5	5	10	16.65	25	50	100
$\overline{M}_n$	244	583	1148	2278	3781	5668	11318	22618

注：数均分子量 $\overline{M}_n$ 计算：已知聚己二酰己二胺结构单元分子量为 113，以结构单元为计算基准的聚合度为 18。当 $\overline{X}_n=2$ 时，$\overline{M}_n=2\times113+18=244$。

4. 等物质的量二元醇和二元酸经外加酸催化缩聚，试证明从开始到 $P=0.98$ 所需的时间与 P 从 0.98 到 0.99 的时间相近。

解：在外加酸催化的聚酯合成反应中，$\overline{X}_n=K'[M_0]t+1$ (2-1)

当 $P=0.98$ 时，$\overline{X}_n = \dfrac{1}{1-P} = 50$

由公式(2-1)得，所需的反应时间为 $t_1=(50-1)/K'[M_0]=49/K'[M_0]$

当 $P=0.99$ 时，$\overline{X}_n = \dfrac{1}{1-P} = 100$

由公式(2-1)得，所需的反应时间为 $t_2=(100-1)/K'[M_0]=99/K'[M_0]$

$$t_2 \approx 2t_1$$

因此从开始到 $P=0.98$ 所需的时间 t_1 与 P 从 0.98 到 0.99 的时间相近，即在后续反应程度已经很高时，若想再提高反应程度，需要消耗很多时间。

5. 由 1mol 丁二醇和 1mol 己二酸合成 $\overline{M}_n=5000$ 聚酯，

(1) 两基团数完全相等，忽略端基对 $\overline{M}_n$ 的影响，求终止缩聚的反应程度 P。

（2）在缩聚过程中，如果有 0.5%（摩尔分数）丁二醇脱水成乙烯而损失，求到达同一反应程度时的 $\overline{M}_n$。

（3）如何补偿丁二醇脱水损失，才能获得同一 $\overline{M}_n$ 的缩聚物？

（4）假定原始混合物中羧基的总量为 2mol，其中 1.0%为乙酸，无其他因素影响两基团数比，求获得同一数均聚合度所需的反应程度 P。

解：（1）—[$CO(CH_2)_4COO(CH_2)_4O$]—

$$M_0=(112+88)/2=100$$

$$\overline{X}_n=\frac{\overline{M}_n}{M_0}=\frac{5000}{100}=50$$

由 $\overline{X}_n=\frac{1}{1-P}$，得 $P=0.9800$

（2）$r=N_a/N_b=2\times(1-0.005)/(2\times1)=0.995$

$$\overline{X}_n=\frac{1+r}{1+r-2rP}=\frac{1+0.995}{1+0.995-2\times0.995\times0.9800}=44.53$$

$$\overline{M}_n=\overline{X}_n\times M_0=44.53\times100=4453$$

（3）可排除小分子以提高 P（或者补加单体来补偿丁二醇的脱水损失）。

$$\overline{X}_n=\frac{1+r}{1+r-2rP}=\frac{1+0.995}{1+0.995-2\times0.995\times P}=50$$

$$P=0.983$$

（4）依题意，乙酸羧基为 $2\times1.0\%=0.02$mol

己二酸单体为 $(2-0.02)/2=0.99$mol

$$\overline{f}=\frac{2+2}{0.99+1+0.02}=1.9900$$

根据 $\overline{X}_n=\frac{2}{2-P\overline{f}}$　代入数据 $44.53=\frac{2}{2-P\times1.9900}$

解得 $P=0.9825$

6. 等物质的量的乙二醇和对苯二甲酸在 280℃下封管内进行缩聚，平衡常数 $K=4$，求最终 $\overline{X}_n$。另在排除副产物水的条件下缩聚，欲得 $\overline{X}_n=100$，问体系中残留水分有多少？

解：$\overline{X}_n=\frac{1}{1-P}=\sqrt{K}+1=3$

$$\overline{X}_n=\frac{1}{1-P}=\sqrt{\frac{K}{Pn_w}}\approx\sqrt{\frac{K}{n_w}}=100$$

$$n_w=4\times10^{-4}\text{mol/L}$$

7. 等物质的量二元醇和二元酸缩聚，另加乙酸 1.5%，$P=0.995$ 或 0.999 时聚酯的聚合度多少？加 1%乙酸时，结果如何？（乙酸浓度以二元酸计，摩尔分数）

解：（1）另加乙酸 1.5%时

假设二元醇与二元酸的物质的量各为 1mol，则乙酸的物质的量为 0.015mol。$N_a=2$mol，$N_b=2$mol，$N'_b=0.015$mol

$$r=\frac{N_a}{N_b+2N'_b}=\frac{2}{2+2\times0.015}=0.985$$

当 $P=0.995$ 时，

$$\overline{X}_n=\frac{1+r}{1+r-2rP}=\frac{1+0.985}{1+0.985-2\times0.985\times0.995}=79.88$$

当 $P=0.999$ 时，

$$\overline{X}_n=\frac{1+r}{1+r-2rP}=\frac{1+0.985}{1+0.985-2\times0.985\times0.999}=116.98$$

（2）当外加1%的乙酸时，则乙酸的物质的量为 0.01mol 。

$$r=\frac{N_a}{N_a+2N_c}=\frac{2}{2+2\times0.01}=\frac{1}{1+0.01}=0.9901$$

当 $P=0.995$ 时

$$\overline{X}_n=\frac{1+r}{1+r-2rP}=\frac{1+0.9901}{1+0.9901-2\times0.9901\times0.995}=100.5$$

当 $P=0.999$ 时

$$\overline{X}_n=\frac{1+r}{1+r-2rP}=\frac{1+0.9901}{1+0.9901-2\times0.9901\times0.999}=167.5$$

结论：加入乙酸的物质的量少时，达到相同反应程度时，聚合物的分子量高。说明乙酸起到封锁端基、控制聚合物分子量的作用。

8. 尼龙 1010 是根据 1010 盐中过量的癸二酸来控制分子量，如果要求分子量为 20000，问 1010 盐的酸值应该是多少？（以 mg KOH/g 计）

解：尼龙 1010 的结构为

$$\text{+}CO(CH_2)_8CONH(CH_2)_{10}NH\text{+}_n$$

其结构单元平均分子量 $M_0=338/2=169$

$$\overline{X}_n=2\times10^4/169=118.34$$

假设对癸二胺的反应程度 $P=1$

$$\overline{X}_n=\frac{1+r}{1-r}$$

$$118.34=\frac{1+r}{1-r}$$

解得 $r=0.98324$

所谓酸值是指中和 1g 树脂中游离酸所需要的 KOH 的毫克数。而 1010 盐的酸值是指中和 1g 1010 盐中游离酸所需要的 KOH 毫克数。

在 1g 1010 盐中：

由胺基物质的量 $$N_a=\frac{1}{M_{1010}}\times2=\frac{2}{M_{1010}}$$

得羧基的物质的量 $$N_b=\frac{N_a}{r}=\frac{2}{rM_{1010}}$$

故游离的羧基物质的量为 $N_b-N_a=\frac{2}{M_{1010}}\times\left(\frac{1}{r}-1\right)$，也等于 KOH 的物质的量。

$$酸值=\frac{2}{M_{1010}}\times\left(\frac{1}{r}-1\right)\times M_{KOH}\times10^3=\frac{2}{374}\times\left(\frac{1}{0.98324}-1\right)\times56\times10^3=5.10\text{mgKOH/g1010 盐}$$

9. 等物质的量己二胺和己二酸反应时，试画出 $P=0.99$ 和 0.995 时的数量分布曲线和质量分布曲线，并计算数均聚合度和重均聚合度，比较两者的分子量分布的宽度。

解：x-聚体的数量分布函数为 $\frac{N_x}{N}=P^{x-1}(1-P)$

x-聚体的质量分布函数为 $\frac{W_x}{W}=xP^{x-1}(1-P)^2$

由此二函数取不同的 x 值计算如下：

x		1	10	20	50	100	200	300	500
$P=0.99$	$N_x/N\times10^3$	10	9.135	8.262	6.111	3.697	1.353	0.495	0.0664
	$W_x/W\times10^3$	0.1	0.914	1.652	3.056	3.697	2.707	1.486	0.332
$P=0.995$	$N_x/N\times10^3$	5	4.779	4.546	3.911	3.044	1.844	1.117	0.41
	$W_x/W\times10^3$	0.025	0.239	0.455	0.978	1.522	1.844	1.676	1.025

$P=0.99$ 时

$$\overline{X}_n=\frac{1}{1-P}=100$$

$$\overline{X}_w=\frac{1+P}{1-P}=199$$

$$\frac{\overline{X}_w}{\overline{X}_n}=1.99$$

$P=0.995$ 时

$$\overline{X}_n=\frac{1}{1-P}=200$$

$$\overline{X}_w=\frac{1+P}{1-P}=399$$

$$\frac{\overline{X}_w}{\overline{X}_n}=1.995$$

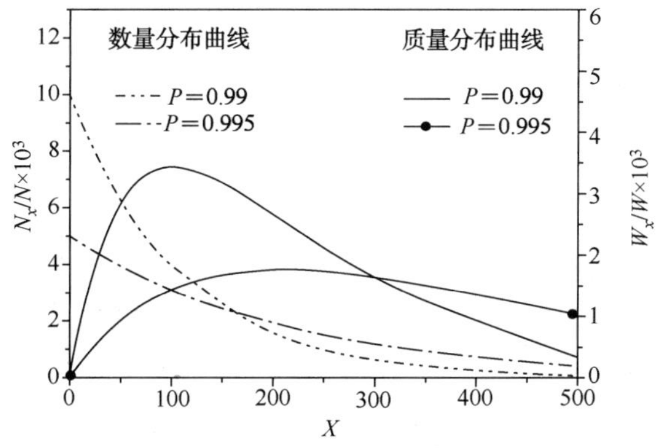

10. 邻苯二甲酸酐与甘油或季戊四醇缩聚，两种基团数相等，试求：

(1) 平均官能度；(2) 按 Carothers 法求凝胶点；(3) 按统计法求凝胶点。

解：(1) 平均官能度

甘油：$\overline{f}=\frac{3\times2+2\times3}{3+2}=2.4$

季戊四醇：$\overline{f}=\frac{2\times2+4\times1}{2+1}=2.67$

(2) Carothers 法

甘油：$P_c=\frac{2}{\bar{f}}=\frac{2}{2.4}=0.833$

季戊四醇：$P_c=\frac{2}{\bar{f}}=\frac{2}{2.67}=0.749$

（3）Flory 统计法

甘油：$P_c=\frac{1}{[r+r\rho\ (f-2)]^{1/2}}=0.703(r=1,\ \rho=1)$

季戊四醇：$P_c=\frac{1}{[r+r\rho\ (f-2)]^{1/2}}=0.577(r=1,\ \rho=1)$

式中：ρ 为支化单元 A_5 中 A 基团数占混合物中 A 基团数的分率，由于该体系中只有甘油，因此 $\rho=1$。

11. 分别按 Carothers 法和 Flory 统计法计算下列混合物的凝胶点：

（1）邻苯二甲酸和甘油的摩尔比为 1.50∶0.98；

（2）邻苯二甲酸、甘油和乙二醇的摩尔比为 1.50∶0.99∶0.002。

解：

原　　料	邻苯二甲酸：甘油	邻苯二甲酸：甘油：乙二醇
单体配比	1.50∶0.98	1.50∶0.99∶0.002
官能团物质的量	1.50×2=3.0　0.98×3=2.94 两官能团非等物质的量	1.50×2=3.0 0.99×3+0.004=2.974
当量系数 $\gamma=\frac{N_a}{N_b}$	$\frac{2.94}{3.0}=0.98$	$\frac{2.974}{3.0}=0.9913$
$\rho=\frac{A_f\text{ 中官能 a 的物质的量}}{\text{aAa 和 }A_f\text{ 中官能 a 的总的物质的量}}$	1（无 aAa 分子）	$\frac{2.97}{2.974}=0.9987$
非等物质的量时 $\bar{f}=\frac{\text{非过量组分的官能团数的 2 倍}}{\text{原料总的物质的量}}$	$\frac{2\times2.94}{1.50+0.98}=2.371$	$\frac{2\times2.974}{1.50+0.99+0.002}=2.387$
A_f单体的官能度 f	3	3
P_c^*（Carothers 法）$=\frac{2}{\bar{f}}$	$\frac{2}{2.371}=0.844$	$\frac{2}{2.387}=0.838$
P_c^{**}（Flory 法）$=\frac{1}{[r+r\rho(f-2)]^{\frac{1}{2}}}$	$\frac{1}{[0.98+0.98\times1\times(3-2)]^{\frac{1}{2}}}=0.714$	$\frac{1}{[0.9913+0.9913\times0.9987\times(3-2)]^{\frac{1}{2}}}=0.710$

12. AA、BB、A_3混合体系进行缩聚，$N_{A0}=N_{B0}=3.0$，A_3中 A 基团数占混合物中 A 总数（ρ）的 10%，试求 $P=0.970$ 时的 $\overline{X}_n$ 以及 $\overline{X}_n=200$ 时的 P。

解：$N_{A0}=N_{B0}=3.0$，A_3中 A 基团数占混合物中 A 总数（ρ）的 10%，则 A_3中 A 基团数为 0.3mol，A_3的分子数为 0.1 mol。

$N_{A2}=1.35\text{mol}$；$N_{A3}=0.1\text{mol}$；$N_{B2}=1.5\text{mol}$

$$\bar{f}=\frac{N_Af_A+N_Bf_B+N_Cf_C}{N_A+N_B+N_C}=\frac{3+3}{1.5+1.35+0.1}=2.034$$

$$\bar{X}_n=\frac{2}{2-P\bar{f}}$$

当 $P=0.970$ 时，$\bar{X}_n=\frac{2}{2-0.97\times2.034}=74$

$\bar{X}_n=200$ 时，$\bar{X}_n=\frac{2}{2-P\bar{f}}=\frac{2}{2-2.034P}$

$P=0.973$

13. 制备醇酸树脂的配方为 1.21mol 季戊四醇、0.50mol 邻苯二甲酸酐、0.49mol 丙三羧酸[$C_3H_5(COOH)_3$]，问能否不产生凝胶而反应完全？

解：根据配方可知醇过量。

$$\bar{f}=\frac{2\times(0.5\times2+0.49\times3)}{1.21+0.5+0.49}=2.245$$

$P_c=\frac{2}{\bar{f}}=0.89$，所以必须控制反应程度小于 0.89 才不会产生凝胶。

14. 从对苯二甲酸(1mol)和乙二醇(1mol)聚酯化反应体系中，共分出水 18g，求产物的平均分子量和反应程度，设平衡常数 $K=4$。

解：设分离出 18g 水后，反应达到平衡的反应程度为 P。

$$\sim\sim COOH+\sim\sim OH \underset{k_{-1}}{\overset{k_1}{\rightleftharpoons}} \sim\sim OCO\sim\sim+H_2O$$

起始官能团数：	N_0	N_0	0	0
t 时刻官能团数：	$N_0(1-P)$	$N_0(1-P)$	PN_0	N_W

残留水分子数=生成的水分子数-排出的水分子数

$$N_w=N_0P-\frac{W_{水}}{18},\ N_0=2$$

$$n_w=\frac{N_w}{N_0}=P-\frac{W_{水}}{18N_0}P-\frac{18}{18\times2}=P-0.5$$

根据：

$$\bar{X}_n=\sqrt{\frac{K}{Pn_w}}$$

$$\bar{X}_n=\frac{1}{1-P}$$

代入数据：

$$\bar{X}_n=\sqrt{\frac{4}{P(P-0.5)}}$$

$$\bar{X}_n=\frac{1}{1-P}$$

解得：$P=0.771$

$\overline{X}_n=4.4$

数均分子量 $\overline{M}_n=4.4\times\frac{192}{2}=422.4$

15. 生产尼龙 66，想获得数均分子量为 13500 的产品，采用己二酸过量的办法，若使反应程度 P 达到 0.994，试求己二胺和己二酸的配料比。

解：当己二酸过量时，尼龙 66 的分子结构为

$$HO\text{-}[CO(CH_2)_4CONH(CH_2)_6NH]_n\text{-}CO(CH_2)_4COOH$$

结构单元的平均分子量 $M_0=113$

$$\overline{X}_n=\frac{13500-146}{113}=118$$

当反应程度 $P=0.994$ 时，求 r 值：

$$\overline{X}_n=\frac{1+r}{1+r-2rP}$$

$$118=\frac{1+r}{1+r-2\times0.994r}$$

己二胺和己二酸的配料比 $r=0.995$

16. 在合成尼龙 66 时，在 464kg 66 盐中加入了 1kg 乙酸，最终所得尼龙 66 的聚合度为 150，请解释造成这种情况的可能原因。

解：66 盐结构

$$\underbrace{[NH_3^+(CH_2)_6NH_3^+\bar{O}OC(CH_2)_4CO\bar{O}]}_{M_0=262}$$

66 盐的物质的量 $=464\times10^3/262=1771.0\text{mol}$

若看成 aAa 与 bBb 单体，外加单官能团物质 C_b

$N_a=N_b=2\times1771.0$ mol

$N_c=1000/60=16.67$ mol

$$r=\frac{N_a}{N_a+2N_c}=\frac{2\times1771.0}{2\times1771.0+2\times16.67}=0.9907$$

如果反应程度可达 $P=1$，其数均聚合度：

$$\overline{X}_n=\frac{1+r}{1-r}=\frac{1+0.9907}{1-0.9907}=214$$

由于乙酸分子的封锁作用，现在所得缩聚物的聚合度为 150，说明除了乙酸封锁链造成大分子停止增长外，还有其他因素，如脱羧使端基死亡，分子量不能增加。

还有 $P<1$ 的原因，且这一可能性更大。

由

$$\overline{X}_n=\frac{1+r}{1+r-2rP}$$

代入数据

$$150=\frac{1+0.9907}{1+0.9907-2\times0.9907P}$$

可求得：$P=0.9980$

此时反应程度为0.9980，相应的聚合度为150。

17. 某一耐热性芳族聚酰胺数均分子量为24990，聚合物经水解后，得38.91%(质量分数，下同)对苯二胺，59.81%对苯二甲酸，0.88%苯甲酸。试写出分子式，计算聚合度和反应程度。

解：在100g 聚合物水解产物中，有38.91g 对苯二胺，59.81g 对苯二甲酸，0.88g 苯甲酸，它们的分子量分别为108，166，122。

则各组分物质的量为：

对苯二胺 $n_b=38.91/108=0.3603\text{mol}$

对苯二甲酸 $n_a=59.81/166=0.3603\text{mol}$

苯甲酸 $n_c=0.88/122=0.0072\text{mol}$

各组分官能团数

$N_b=2n_b=2\times0.3603=0.7206\text{mol}$

$N_a=2n_a=2\times0.3603=0.7206\text{mol}$

$N_c=n_c=0.0072\text{mol}$

可见反应是以等摩尔比开始的，外加分子量调节剂，因此分子式为

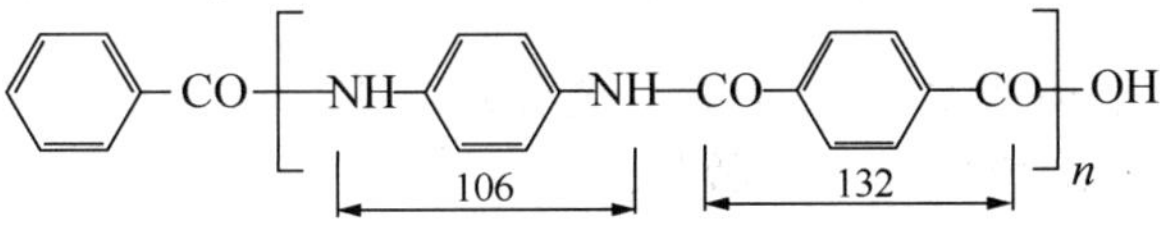

结构单元平均分子量 $M_0=(106+132)/2=119$

由 $\overline{X}_n=\dfrac{\overline{M}_n}{M_0}=\dfrac{24990-122}{119}=209$

$\overline{DP}=\dfrac{\overline{X}_n}{2}=104.5$

或 $\overline{X}_n=\dfrac{1+r}{1+r-2rP}$

其中，$r=\dfrac{N_a}{N_a+2N_c}=\dfrac{0.7206}{0.7206.+2\times0.0072}=0.9804$

代入上式得：$209=\dfrac{1+0.9804}{1+0.9804-2\times0.9804P}$

解得：$P=1.00$

第3章　自由基聚合

3.1　知识要点

1. 掌握自由基聚合机理及特征，理解单体对聚合类型的选择。

2. 掌握主要引发剂类型及引发机理、引发剂特性及选择原则。

3. 掌握自由基聚合低转化率动力学及影响聚合速率的因素；掌握高转化率下的自动加速现象及其产生原因。

4. 掌握自由基聚合低转化率动力学及影响分子量的因素。

5. 掌握动力学链长和聚合度的概念、无链转移时的分子量的计算。

6. 掌握链转移反应，阻聚和缓聚等基本概念及对聚合速率和分子量的影响；了解聚合热力学及分子量分布；了解反应速率常数的测定。

3.2　名词解释

连锁聚合(Chain Polymerization)：活性中心引发单体，迅速连锁增长的聚合。又称链式聚合。烯类单体的加聚反应大部分属于连锁聚合。连锁聚合需活性中心，根据活性中心的不同可分为自由基聚合、阳离子聚合和阴离子聚合。

加聚反应(Addition Polymerization)：即加成聚合反应，烯类单体经加成而聚合起来的反应。加聚反应无副产物。

活性种(Reactive Species)：打开单体的 π 键，使链引发和增长的物质。活性种可以是自由基，也可以是阳离子和阴离子。

均裂(Homolysis)：化合物共价键的断裂形式。均裂的结果，共价键上一对电子分属两个基团，使每个基团带有一个独电子。这个带独电子的基团呈中性，称为自由基。

异裂(Heterolysis)：化合物共价键的断裂形式。异裂的结果，共价键上一对电子全部归属于其中一个基团，这个基团形成阴离子，而另一缺电子的基团，称为阳离子。

自由基聚合(Radical Polymerization)：以自由基作为活性中心的连锁聚合。

诱导效应(Induction Effect)：单体的取代基的供电子、吸电子性。

共轭效应(Resonance Effect)：共轭效应存在于共轭体系中，它是由于轨道相互交盖而引起共轭体系中各键上的电子云密度发生平均化的一种电子效应。共轭效应使体系的键长趋于平均化，体系能量降低，分子趋于稳定。可分为 σ-π 共轭、p-π 共轭、π-π 共轭、σ-p 共轭。空间位阻效应(Steric Effect)：由取代基的体积、数量、位置所引起的效应，它对单体聚合能力有显著的影响，但它不涉及对活性种的选择。

双基终止(Bi-radical Termination)：链自由基的独电子与其他链自由基中的独电子或原子作用形成共价键的终止反应。

半衰期(Half Life)：物质分解至起始浓度(计时起点浓度)一半时所需的时间。

笼蔽效应(Cage Effect)：在溶液聚合反应中，浓度较低的引发剂分子及其分解出的初级自由基始终处于含大量溶剂分子的高黏度聚合物溶液的包围之中，一部分初级自由基无法与单体分子接触而更容易发生向引发剂或溶剂的转移反应，从而使引发剂效率降低。

引发剂效率(Initiator Efficiency)：引发聚合部分引发剂占引发剂分解消耗总量的分率称为引发剂效率。

转化率(Conversion)：单体转化为聚合物的分率，等于转化为聚合物的单体量比上用去的单体总量。

阻聚剂(Inhibitor)：能够使每一自由基都终止，形成非自由基物质，或形成活性低、不足以再引发的自由基的试剂，它能使聚合完全停止。按机理可分为加成型阻聚剂(如苯醌等)、链转移型阻聚剂(如 DPPH 等)和电荷转移型阻聚剂(如 $FeCl_3$等)等。

缓聚剂(Retarder)：能够使一部分自由基终止、聚合减慢的试剂。通常不出现诱导期。

自动加速现象(Auto-accelerative Phenomena)：聚合中期随着聚合的进行，聚合速率逐渐增加，出现自动加速现象。自动加速现象主要是由体系黏度增加所引起的。

动力学链长(Kinetics Chain Length)：每个活性种从引发阶段到终止阶段所消耗的单体分子数定义为动力学链长。动力学链在链转移反应中不终止。

链转移常数(Chain Transfer Constant)：是链转移速率常数和增长速率常数之比，代表链转移反应与链增长反应的竞争能力。

3.3 名词辨析

1. 连锁聚合与自由基聚合

答：按反应机理分类，聚合反应分为逐步聚合与连锁聚合(又称链式聚合)。

连锁聚合：活性中心引发单体，迅速连锁增长。

活性中心不同 { 自由基聚合 / 阳离子聚合 / 阴离子聚合 / 配位聚合

2. 自动加速现象与聚合速率

答：自动加速现象：聚合中期随着聚合的进行，聚合速率逐渐增加。

聚合速率：以单位时间内单体的消耗量或者聚合物的生成量来表示。

聚合总速率可看作由正常的聚合速率与自动加速的聚合速率两部分作用而得。正常的聚合速率随聚合时间或转化率的增加而降低，自动加速速率先随转化率或时间而增加，直到高转化率时才减慢。

3. 阻聚剂与缓聚剂

答：阻聚剂：能优先与链自由基反应生成非自由基或不能引发单体聚合的低活性自由基而使聚合反应完全停止的物质。

缓聚剂：能使部分链自由基失活而导致聚合反应速率减缓的物质。

4. 动力学链长 ν 和平均聚合度 $\overline{X}_n$

答：在学术上，将每个活性种从引发阶段到终止阶段所消耗的单体分子数定义为动力学链长 ν。

数均聚合度 $\overline{X}_n$ 是指平均每个聚合物分子所包含的重复单元数。

自由基聚合基元反应包括链引发、链增长、链转移、链终止。

① 无链转移发生时，活性链会发生偶合终止、歧化终止或者兼有两种终止方式，即动

力学链长终止。聚合度直接决定于动力学链长。

② 有链转移发生时，活性链向单体、引发剂、溶剂等低分子物质转移，会使平均聚合度(或分子量)降低。动力学链并未真正死亡，动力学链长不终止，还可能继续增加，但形成了一个新的大分子。聚合度的计算必须要考虑真正终止和链转移终止两方面。

3.4 问答题

1. 能够进行连锁反应的单体需要什么条件？常见的单体总类有哪些？什么是单体对连锁聚合类型的选择性？用图示法解释烯类单体进行连锁聚合。

答：(1)条件

① 单体聚合的可能性：从热力学角度，$\Delta G<0$，单体才有反应的可能性。

② 从动力学角度考虑，要求单体以适宜的速度进行聚合。

(2) 常见的单体总类

包括：①烯类单体：单烯类、双烯类；②含羰基(—C ═O)化合物：醛、酮；③杂环化合物。

(3) 单体对连锁聚合类型的选择性

由于单体结构不同，单体对不同的聚合类型(自由基聚合、阴离子聚合、阳离子聚合)有选择性。烯类单体聚合能力的差异和聚合机理的不同主要取决于双键碳原子上取代基的种类、数量和位置，也就是取代基的电子效应(诱导效应、共轭效应)和空间位阻效应。

(4) 烯类单体进行连锁聚合的示意图(图 3-1)

烯类单体进行连锁聚合机理的含义：烯类单体在引发剂的作用下，打开烯类单体的π键，引发聚合，迅速连锁增长的聚合，活性种可以是自由基、阴离子或阳离子。

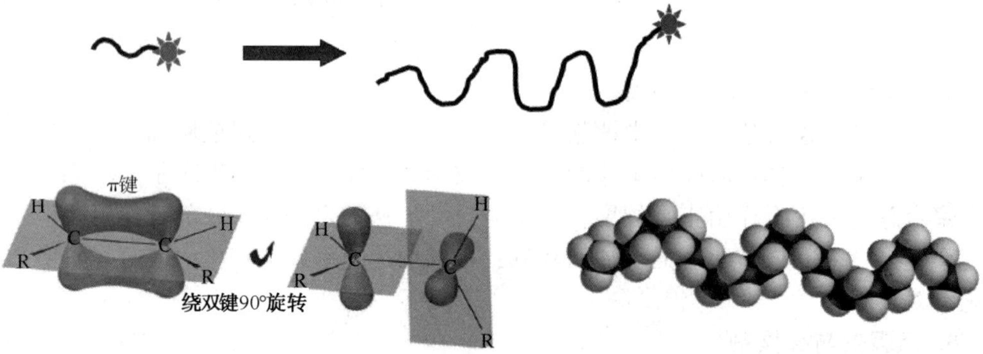

图 3-1　连锁聚合机理的示意图

2. 总结烯类单体的聚合规律，并对聚合规律加以分析说明。

答：烯类单体的聚合规律：

①能形成聚合物的主要是乙烯、乙烯的一元取代物、乙烯的 1,1-二元取代物。乙烯的 1,2-二元取代物除个别以外一般不聚合。

② 大部分烯类单体能按自由基机理聚合，只有少部分按离子型机理聚合。

③ 有些单体可按自由基、阳离子和阴离子机理进行聚合。

分析：在乙烯上如有1,2-二取代基的化合物(除取代基体积很小外)，由于空间阻碍大均不能聚合。在乙烯上如有一个取代基，或两个1,1-二取代基(如取代基不过大)，一般说来均能进行聚合。取代基的诱导和共轭效应能改变双键的电子云密度，对所形成的活性种的稳定性有影响，因此决定了单体对自由基聚合、阳离子聚合以及阴离子聚合的选择性。几乎所有取代基对自由基都有一定共轭稳定作用，因而一般带有吸电子基的单体或有共轭体系的单体均能进行自由基聚合。而带有强供电基团的单体或有1,1-两个弱供电基团的单体方能进行阳离子聚合。而带强吸电子基团的单体能进行阴离子聚合。π电子流动性大，易诱导极化的单体，则可进行自由基聚合、阳离子聚合和阴离子聚合。

3. 下列烯类单体适于何种机理聚合？自由基聚合、阳离子聚合还是阴离子聚合？并说明原因。

$CH_2{=}CHCl$　　$CH_2{=}CCl_2$　　$CH_2{=}CHCN$　　$CH_2{=}C(CN)_2$　　$CH_2{=}CHCH_3$

$CH_2{=}C(CH_3)_2$　　$CH_2{=}CHC_6H_5$　　$CF_2{=}CF_2$　　$CH_2{=}C(CN)COOR$

$CH_2{=}C(CH_3)\text{-}CH{=}CH_2$　　$CH_2{=}C(CH_3)COOR$

答：$CH_2{=}CHCl$：适合自由基聚合，Cl原子是吸电子基团，也有共轭效应，但均较弱。

$CH_2{=}CCl_2$：自由基及阴离子聚合，两个吸电子基团。

$CH_2{=}CHCN$：自由基及阴离子聚合，CN为吸电子基团。

$CH_2{=}C(CN)_2$：阴离子聚合，两个吸电子基团(CN)。

$CH_2{=}CHCH_3$：配位聚合，CH_3供电性弱。

$CH_2{=}C(CH_3)_2$：适合阳离子聚合。CH_3为供电子基团，CH_3于双键有超共轭效应。

$CH_2{=}CHC_6H_5$：三种机理均可，共轭体系，因为π共轭体系的电子容易极化和流动。

$CF_2{=}CF_2$：自由基聚合，对称结构，但氟原子半径小。

$CH_2{=}C(CN)COOR$：阴离子聚合，取代基为两个吸电子基(CN及COOR)。

$CH_2{=}C(CH_3){-}CH{=}CH_2$：三种机理均可，共轭体系。

$CH_2{=}C(CH_3)COOR$：适合自由基聚合和阴离子聚合。因为是1，1-二取代基，CH_3体积小，COOR为吸电子基，CH_3为供电子基，均有共轭效应。

4. 下列单体能否进行自由基聚合？并说明原因。

$CH_2{=}C(C_6H_5)_2$　　$ClCH{=}CHCl$　　$CH_2{=}C(CH_3)C_2H_5$　　$CH_3CH{=}CHCH_3$

$CH_2{=}CHOCOCH_3$　　$CH_2{=}C(CH_3)COOCH_3$　　$CH_3CH{=}CHCOOCH_3$

$CF_2{=}CFCl$

答：$CH_2{=}C(C_6H_5)_2$：不能，两个苯基取代基位阻大，只能形成二聚体。

$ClCH{=}CHCl$：不能，对称结构，1，2-二取代造成较大空间阻碍。

$CH_2{=}C(CH_3)C_2H_5$：不能，两个推电子基，只能进行阳离子聚合。由于双键电荷密度大，不利于自由基的进攻，且易转移生成烯丙基型较稳定的自由基，难于再与丙烯等加成转变成较活泼的自由基，故得不到高聚物。

$CH_3CH{=}CHCH_3$：不能，结构对称。因为位阻大，且易发生单体转移生成烯丙基稳定结构。

$CH_2{=}CHOCOCH_3$：乙酸乙烯酯，能，吸电子基团。

$CH_2{=}C(CH_3)COOCH_3$：甲基丙烯酸甲酯，能。由于是1,1-二取代基，甲基体积小，均有共轭效应。

$CH_3CH{=}CHCOOCH_3$：不能，1,2双取代，位阻效应，空间阻碍大。

CF_2═CFCl：能，结构不对称，F 原子小，Cl 有弱吸电子作用。

5. 指出下列烯类单体选择了哪一种或几种已经工业化生产的连锁聚合机理，并写出采用何种聚合方法制备各单体相对应的聚合物。

CH_2 ═ CHCl　　CH_2 ═ CHCN　　CH_2 ═ C(CH_3)$_2$　　CF_2 ═ CF_2

CH_2 ═C(CH_3)—CH ═CH_2　　CH_2 ═C(CH_3)$_2$ 和少量 CH_2 ═C(CH_3)—CH ═CH_2

答：CH_2═CHCl　自由基聚合机理。悬浮聚合方法。聚氯乙烯。

CH_2═CHCN　自由基聚合机理。溶液聚合方法。聚丙烯腈。

CH_2═C(CH_3)$_2$　阳离子聚合机理。溶液聚合方法。聚异丁烯。

CF_2═CF_2　自由基聚合机理。悬浮聚合或乳液聚合方法。聚四氟乙烯。

CH_2═C(CH_3)—CH ═CH_2　阴离子聚合和配位聚合机理。溶液聚合方法。聚异戊二烯。

CH_2═C(CH_3)$_2$和少量 CH_2═C(CH_3)—CH ═CH_2　制备聚合物阳离子聚合机理。悬浮聚合(又称淤浆聚合)方法。丁基橡胶。

CH_2 ═CH-C_6H_4 和 CH_2 ═CH-CH ═CH_2　制备聚合物采用阴离子聚合机理。溶液聚合方法。苯乙烯-丁二烯-苯乙烯三嵌段共聚物。

CH_2 ═CH-C_6H_4 和 CH_2 ═CH-CH ═CH_2　制备聚合物　采用自由基聚合机理。乳液聚合方法。丁苯橡胶。

6. 自由基聚合反应的特征是什么？

答：① 自由基聚合反应由链的引发、增长、终止、转移等基元反应组成，其中引发速率最小，是控制总聚合速率的关键。自由基聚合反应可概括为慢引发、快增长、速终止。

② 只有链增长反应才使聚合度增加，自由基聚合时间短，反应混合物中仅由单体和聚合物组成；在聚合过程中，聚合度变化小。聚合物分子量与时间的关系见图 3-2。

③ 在聚合过程中，单体浓度逐步降低，聚合物浓度相应提高(见图 3-3)。延长聚合时间主要是提高转化率，对分子量影响较小。凝胶效应将使分子量增大。

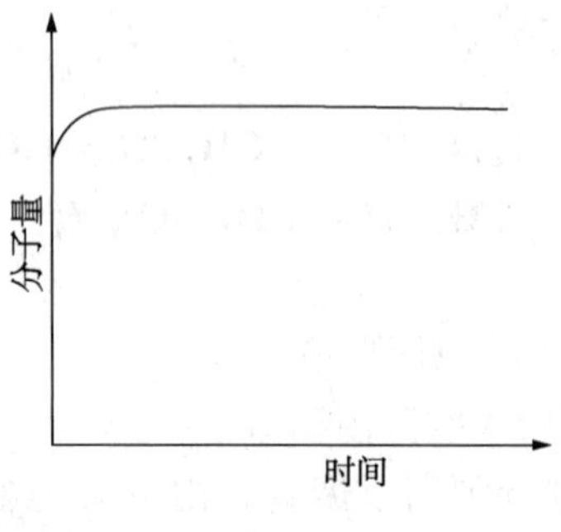

图 3-2　自由基聚合过程中分子量与时间的关系

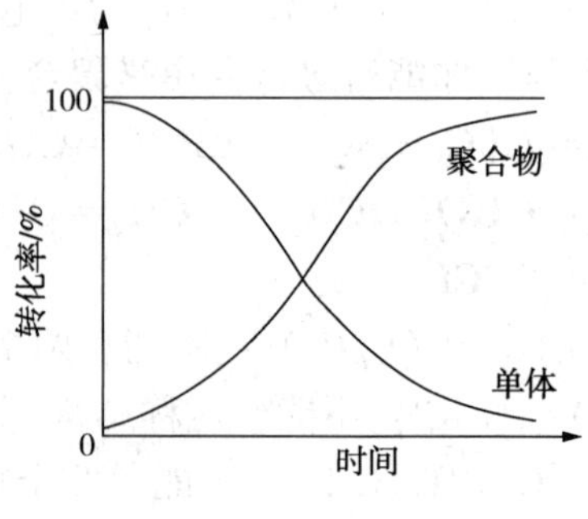

图 3-3　自由基聚合过程中转化率与时间的关系

④ 少量(0.01%~0.1%)阻聚剂足以使自由基聚合反应终止。

7. 写出下列常用引发剂的分子式和分解反应式：

(1)偶氮二异庚腈；(2)过氧化十二酰；(3)过氧化二碳酸二环己酯；(4)异丙苯过氧化氢；(5)过硫酸钾-亚硫酸氢钠；(6)过氧化氢-亚铁盐；(7)过氧化二苯甲酰-二甲基苯胺；(8)过氧化苯甲酰(BPO)；(9)偶氮二异丁腈。并说明这些引发剂的引发活性和使用场合。

答：(1)偶氮二异庚腈

$$(CH_3)_2CHCH_2C(CH_3)_2N{=}NC(CH_3)_2CH_2CH(CH_3)_2 \longrightarrow (CH_3)_2CHCH_2C(CH_3)_2\cdot + N_2$$

(2) 过氧化十二酰

$$C_{11}H_{23}COOCOC_{11}H_{23} \longrightarrow 2C_{11}H_{23}CO\cdot$$

(3) 过氧化二碳酸二环己酯

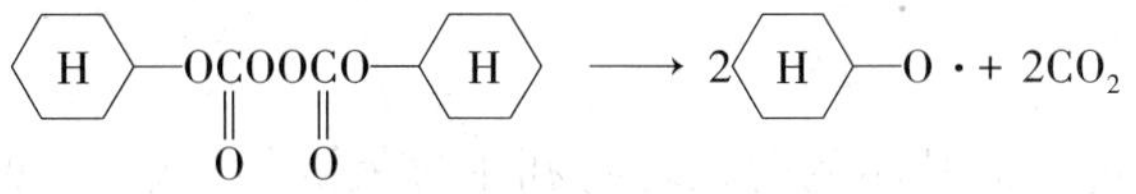

(4) 异丙苯过氧化氢

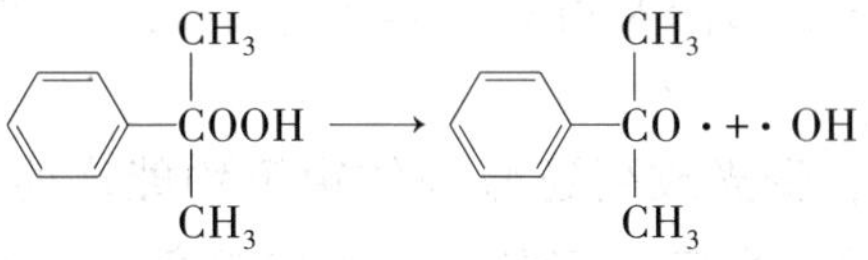

(5) 过硫酸钾-亚硫酸氢钠

$$S_2O_3^{2-}+HSO_3^- \longrightarrow SO_4^{2-}+SO_4^-\cdot+HSO_3\cdot$$

(6) 过氧化氢-亚铁盐

$$H_2O_2+Fe^{2+} \longrightarrow OH^-+\cdot OH+Fe^{3+}$$

(7) 过氧化二苯甲酰-二甲基苯胺

$$C_6H_5COOCOC_6H_5 + C_6H_5N(CH_3)_2 \longrightarrow C_6H_5N(CH_3)CH_2\cdot + C_6H_5CO\cdot + C_6H_5COOH$$

(8) 过氧化苯甲酰(BPO)

$$C_6H_5COOOCOC_6H_5 \longrightarrow 2\ C_6H_5COO\cdot$$

(9) 偶氮二异丁腈(AIBN)

$$(CH_3)_2C(CN){-}N{=}N{-}C(CN)(CH_3)_2 \longrightarrow 2(CH_3)_2C(CN)\cdot + N_2$$

(10) 无机过氧类引发剂[过硫酸钾 $K_2S_2O_8$ 和 $(NH_4)_2S_2O_8$]

以过硫酸钾为例：

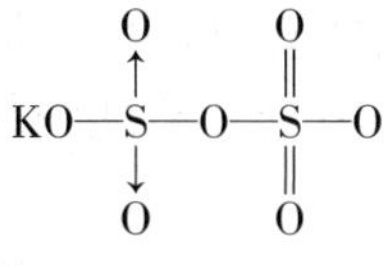

(1)~(4)为热分解型油溶性引发剂，其中，$t_{1/2}=10h$ 的温度依次为 52℃、62℃、44℃和 133℃。(5)和(6)为水溶性氧化还原引发体系，引发剂适用于水溶液和乳液聚合。(7)为氧化还原引发体系，均为高活性引发剂，适用于本体聚合、悬浮聚合和溶液(有机溶剂)聚合。(8)和(9)为油溶性引发剂，适于本体聚合和悬浮聚合。过氧化二苯甲酰(BPO)为最常用的过氧化类引发剂，分解温度为 60~80℃。AIBN 分解温度为 45~80℃，属于低活性引发剂，使聚合反应时间延长，且有一定毒性。(10)为无机过氧类引发剂，能溶于水，分解产

物 SO_4^- · 既是离子，又是自由基，多用于乳液聚合和水溶液聚合。

8. 解释为什么引发剂的活性顺序一般为：过氧化二碳酸酯类>过氧化二酰类 >过氧化酯类>过氧化二烷基类？

答：过氧化二碳酸酯类（ROOR）、过氧化二酰类（ $\mathrm{R\overset{O}{\overset{\|}{C}}OOR'}$ ）、过氧化酯类（ $\mathrm{R\overset{O}{\overset{\|}{C}}OO\overset{O}{\overset{\|}{C}}R}$ ）、过氧化二烷基类（ $\mathrm{RO\overset{O}{\overset{\|}{C}}OO\overset{O}{\overset{\|}{C}}OR}$ ）均可看成是 H_2O_2 中 H 被不同基团取代候后的产物。所连基团不同，过氧键牢固程度也不同。供电基团、立体阻碍大的基团以及能提高分解产物的自由基稳定性的基团的引入均有利于过氧键的分解。 $\underset{\delta^+\delta^-\ \delta^-\delta^+}{\mathrm{R\overset{O}{\overset{\|}{C}}OO\overset{O}{\overset{\|}{C}}R}}$ 可看成是两个偶极，故有利于分解。过氧化碳酸酯又可看成是不稳定的碳酸的衍生物，所以稳定性更差，容易分解。

9. 过硫酸盐无论在受热、受光或受还原剂作用下均能产生 SO_4^- · 离子自由基。如果需要随时调整反应速度或随时停止反应，应选择何种方式产生 SO_4^- · 自由基？如果工业上要求生产分子量很高的聚合物，聚合温度尽量低，则应选择何种方式产生这种自由基？

答：选用受光引发、停止光照或改变光强可以停止或调节反应速度。选用氧化还原引发体系，通过乳液聚合，可以在较低聚合温度下得到分子量高的聚合物 。

10. 在自由基聚合中，为什么聚合物链中单体单元大部分按头尾方式连接，且所得的聚合物多为无规立构？

答：电子效应和位阻效应均有利于头尾键接，因而头尾和头头键接活化能差为 34～42kJ/mol。又因为链自由基是平面结构，在平面上下进攻的几率各为 50%，因而 d-和 i-构型链节的形成和排布是无规的。

11. 试解释引发效率、笼蔽效应和诱导分解。

答：引发效率：是指引发剂分解生成的自由基中能用于引发聚合的百分数。按此定义，只有笼蔽效应会影响引发效率。但许多情况下，在计算引发效率时并不对由于诱导分解造成的引发剂损失进行校正。把实际引发剂用量和起引发作用的引发剂量进行比较，所得的值称实际引发效率。

笼蔽效应：由于初级自由基受溶剂分子包围，限制了自由基的扩散，导致初级自由基的偶合(或歧化)终止，使引发效率 f 降低。

诱导效应：是指链自由基向引发剂的转移反应。原来的链自由基或简单自由基在形成稳定分子的同时，生成一个新的自由基。由于无偿地消耗了一个引发剂分子，故使实际引发效率降低。

12. 何谓动力学链长？何谓数均聚合度？影响动力学链长、数均聚合度以及它们之间的关系的因素有哪些？

答：动力学链长 ν 是指每个活性中心自引发至终止平均所消耗的单体分子数。

数均聚合度 $\overline{X}_n$ 是指平均每个聚合物分子所包含的重复单元数。

在稳态下

$$\nu=\frac{R_p}{R_i}=\frac{R_p}{R_t}=R_{tc}+R_{td}$$

$$\overline{X}_n=\frac{R_p}{\text{所有生成大分子速度和}}=\frac{R_p}{\frac{R_{tc}}{2}+R_{td}+\sum R_{tr}}$$

式中，R_p 为链增长速率，R_i 为链引发速率，R_t 为链终止速率，R_{tc} 为链偶合终止速率，R_{td} 为链歧化终止速率，R_{tr} 为链转移速率。

如果活性链均为偶合终止，则 $\overline{X}_n=2\nu$

如果活性链均为歧化终止，则 $\overline{X}_n=\nu$

如果这两种终止方式兼而有之，则 $\overline{X}_n=\dfrac{\nu}{\frac{C}{2}+D}$

式中，C、D 分别为偶合、歧化各占的分数。

对于容易发生单体、引发剂或溶剂转移的聚合体系，有以下关系：

$$\frac{1}{\overline{X}_n}=\frac{1}{(\overline{X}_n)_k}+C_M+C_I\frac{[I]}{[M]}+C_S\frac{[S]}{[M]}$$

$(\overline{X}_n)_k$ 为偶合歧化动力学链终止对数均聚合度的贡献。

根据各项对 $\overline{X}_n$ 贡献的大小可以看出各种 $\overline{X}_n$ 与 ν 具体关系。例如在 55℃ 下，在氯乙烯悬浮聚合中，由于每个活性中心在真正终止(动力学链终止)前平均可与氯乙烯单体转移约 7 次，所以在氯乙烯悬浮聚合中 ν 可以比 $\overline{X}_n$ 大很多倍。

13. 写出有链转移产生时自由基聚合平均聚合度的计算公式，指出公式中各项的含义。氯乙烯自由基聚合时，分子量的调节为什么用温度来调节?

答：$\dfrac{1}{\overline{X}_n}=\dfrac{1}{\nu}(\text{或者}\dfrac{1}{2\nu})+C_M+C_I\times\dfrac{[I]}{[M]}+C_s\times\dfrac{[S]}{[M]}$

第一项为无链转移时的聚合度，ν 为动力学链长。如果活性链均为偶合终止，则 $\overline{X}_n=2\nu$；如果活性链均为歧化终止，则 $\overline{X}_n=\nu$。

第二项为向单体转移的链转移常数 C_M。

第三项为向引发剂转移的链转移常数 C_I，[I]为引发剂浓度，[M] 为单体浓度。

第四项为向溶剂转移的链转移常数 C_s，[S]为引发剂浓度，[M] 为单体浓度。

氯乙烯自由基聚合中，C_M 很大，公式中其他项的值远远小于 C_M，即氯乙烯自由基聚合时终止方式主要是链自由向单体转移终止。并且 C_M 随温度的变化而变化，因此聚合物的分子量用聚合温度来控制，升高温度，分子量下降。

14. 以偶氮二异丁腈为引发剂，写出氯乙烯聚合的各基元反应。

答：(1)链引发

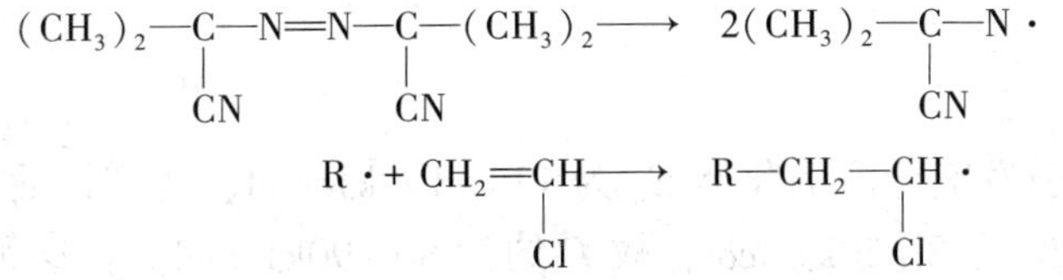

(R·)

（2）链增长

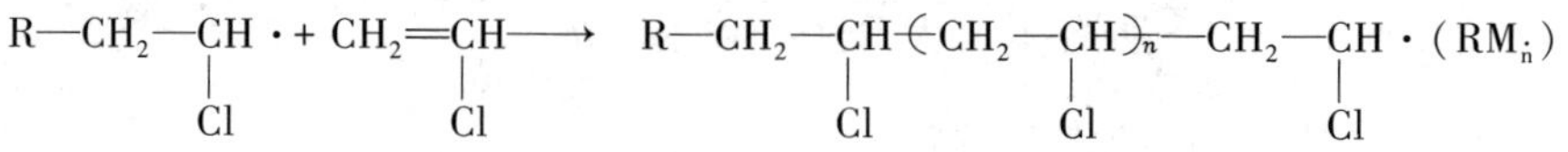

（3）链终止(偶合)

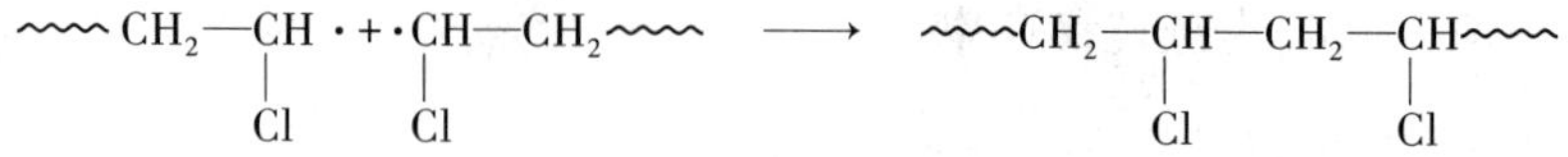

（4）向单体的链转移

15. 在自由基聚合反应中，何种条件下会出现反应自动加速现象。试讨论其产生的原因以及促使其产生和抑制的方法。

答：本体聚合和添加少量溶剂的溶液聚合等反应往往会出现反应自动加速现象。造成自动加速现象的原因是随着反应的进行，体系黏度渐增或溶解性能变差，造成链终止速率常数 k_t 变小，活性链寿命延长，体系活性链浓度增大。

在非均相本体聚合和沉淀聚合中，由于活性链端被屏蔽，链终止反应速率大大下降，也出现明显的反应自动加速现象。在某些聚合反应中，由于模板效应或氢键作用导致链增长速率常数 k_p 增大，亦会出现反应自动加速。

反应的自动加速大多由于体系中单位时间内引发的链和动力学终止的链的数目不等造成活性链浓度不断增大所致。若能调节引发剂的种类和用量，使引发产生的新链的速度亦随转化率增加而递减，则可抑制反应自动加速。此外，选用良溶剂，加大溶剂用量，提高聚合温度或适当降低聚合物的分子量等，都会减轻反应自动加速程度。反之，可使自动加速现象提前发生。

16. 试讨论自由基聚合反应中温度对聚合反应速率的影响。

答：在自由基聚合反应中，温度对聚合反应速率的影响是通过对 $k_p\left(\dfrac{k_d}{k_t}\right)^{1/2}$ 的影响来体现的。

式中，k_p、k_d、k_t 分别为链增长速率常数、引发剂分解速率常数、链终止速率常数。

根据 $k=Ae^{-E/RT}$，如 k_1、k_2 分别为 T_1、T_2 下的速率常数

则

$$\frac{k_2}{k_1}=e^{E/R\left(\frac{1}{T_1}-\frac{1}{T_2}\right)}$$

稳态下自由基聚合的速率方程为

$$R_p=k_p\left(\frac{fk_d}{k_t}\right)^{1/2}[I]^{1/2}[M]$$

式中，f 为引发速率，[I]为引发剂浓度，[M]为单体浓度。

总速率常数 $k=k_p\left(\dfrac{fk_d}{k_t}\right)^{1/2}$

表观活化能 $E=E_p-\dfrac{E_i}{2}+\dfrac{E_d}{2}$

对热分解型引发剂，引发剂分解活化能 E_d 为 120~150kJ/mol，链增长活化能 E_p 为 20~40kJ/mol，链终止活化能 E_t 为 8~20kJ/mol，故 E 约为 80~90kJ/mol。在这种情况下，温度每升高 10℃，聚合速率约增加 2~3 倍。

对氧化还原引发剂，由于 E_d 为 40~60kJ/mol，故 E 约为 40kJ/mol，温度对反应速率的影响较小。

对光聚合或辐射聚合，因为 $E_d=0$，所以 E 约为 20kJ/mol。反应温度对反应速率的影响更小。

对存在自动加速的聚合反应，其自动加速程度和温度有关。这时温度对反应速率的影响更为复杂。

17. 自由基聚合的一般过程包括哪些？自动加速现象出现在哪个阶段？

答：自由基聚合的一般过程包括诱导期、聚合初期、聚合中期、聚合后期。转化率与时间曲线为 S 形，见图 3-4。自动加速现象出现在聚合中期，此时，单体转化率 $C>20\%$。

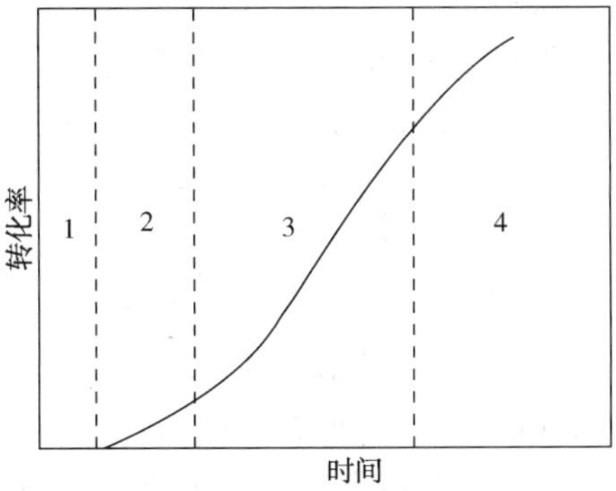

图 3-4　转化率与时间曲线

1—诱导期：初级自由基为阻聚杂质所终止，聚合速率为 0，如除净阻聚杂质，可消除诱导期；
2—聚合初期(匀速聚合)：理论研究多在转化率为 5%~10%阶段，认为在此阶段自由基浓度近似不变，工业上指转化率在 10%~20%阶段；3—聚合中期(加速期)：转化率≤90%；
4—聚合后期(减速期)：工业上进行终点控制

18. 氯乙烯、苯乙烯、甲基丙烯酸甲酯聚合时都存在自动加速现象，三者有何异同？这三种单体聚合的链终止方式有何不同？

答：由于自动加速现象是由体系的黏度引起的，因此体系的黏度决定发生自动加速现象的早晚。三者出现自动加速时的单体转化率不同，出现的早晚和程度不同。

① 单体氯乙烯不能溶解其聚合产物聚氯乙烯，即为沉淀聚合，黏度大，因此在聚合一开始就出现自动加速现象。

② 单体苯乙烯能溶解其聚合产物聚苯乙烯，即苯乙烯为聚苯乙烯的良溶剂，因此体系的黏度相对小，在单体转化率 C 达到 30%时，才出现自动加速现象。

③ 单体甲基丙烯酸甲酯能部分溶解其聚合产物聚甲基丙烯酸甲酯，即甲基丙烯酸甲酯为聚甲基丙烯酸甲酯的不良溶剂，因此体系的黏度相对大些，在单体转化率 C 达到 15%~20%时，出现自动加速现象。

按自动加速现象出现的早晚和程度可以表示为：氯乙烯>甲基丙烯酸甲酯>苯乙烯。

三种单体的终止方式分别为：氯乙烯(VC)主要向单体 M 进行链转移为主，苯乙烯(St)以偶合终止为主，甲基丙烯酸甲酯(MMA)偶合终止和歧化终止均有，随着温度升高，歧化终止所占比例增加。

19. 悬浮聚合法生产聚氯乙烯时，为什么采用高活性和中活性引发剂并用的引发体系？

答：氯乙烯悬浮聚合时所得聚氯乙烯的分子量与引发剂浓度关系不大。分子量主要由单体链转移来决定，所以聚氯乙烯的分子量主要由温度控制。氯乙烯悬浮聚合是非均相本体聚合，在转化率较低时就出现反应自动加速。如选用高活性引发剂，引发剂浓度随反应的进行显著下降。这样正常聚合速率的衰减与自动加速所造成的速率上升互相补偿使反应可匀速进行。但聚合的后期，高活性引发剂浓度降得很低，正常聚合速率的衰减不能由自动加速部分来补偿，使反应温度得以控制，使在较短时间内完成反应有了保证。

20. 结合自动加速现象说明制备有机玻璃(PMMA)板的实际生产过程？写出有机玻璃制备反应方程式 。有机玻璃的用途有哪些？

答：制备有机玻璃板的实际生产过程：

① 在 90~95℃预聚使转化率为 10%~20%，成为黏度不高的浆液。这时黏滞的预聚物不易漏模，体系未出现自动加速现象。

② 降温灌到无机玻璃平板模中，在 40~50℃下缓慢聚合使转化率达到 90%，低温缓慢聚合的目的在于与散热速度相适应。此外，温度过高，易产生气泡。

③ 再逐步升温至 100~120℃进行高温后处理，使残余单体充分聚合。

$$nCH_2{=}\underset{\displaystyle COOCH_3}{\overset{\displaystyle CH_3}{\underset{|}{\overset{|}{C}}}} \longrightarrow \left[CH_2{-}\underset{\displaystyle COOCH_3}{\overset{\displaystyle CH_3}{\underset{|}{\overset{|}{C}}}}{-} \right]_n$$

应用：有机玻璃是甲基丙烯酸甲酯通过聚合方法所得制品。最突出性能是具有很高透明度，透光率达 92%。其密度小，耐冲击强度高，低温性能优异，是光学仪器和航空工业的重要原料。又因其具有着色后色彩鲜艳夺目特点，被广泛用作装饰材料。此外，还可用作外科手术用具、绝缘材料。

21. 高分子化学中，获得高分子量的自由基聚合物所需要的聚合反应基本条件有哪些？

答：

① 高的单体浓度和纯度。

② 较低的引发剂浓度。

③ 适当低的反应温度。

④ 尽量采用乳液聚合、本体聚合、悬浮聚合，避免采用溶液聚合。

22. 阻聚和缓聚在实际中有什么应用？

答：许多杂质对聚合有抑制作用，因此进行聚合的单体有纯度的要求。在贮运过程中，为了防止聚合发生，则又要加入一定量的防止聚合的物质，这类物质在聚合前再进行脱除。在有些聚合过程中，也要加入一些终止反应的物质(终止剂)防爆聚及控制转化率。

23. 解释自由基的活性和烯丙基的自阻聚作用。为什么说丁二烯或苯乙烯是氯乙烯或乙酸乙烯酯的终止剂或阻聚剂？比较乙酸乙烯酯和乙酸丙烯酯的聚合速率和聚合产物的分子量。

答：(1) 自由基的活性和烯丙基的自阻聚作用

自由基的活性与其结构有关：①共轭效应较强的自由基活性较低；②极性基团使自由基活性降低；③体积较大的基团可妨碍反应物的靠近，将使反应活性降低。

烯丙基的自阻聚作用：烯丙基单体在进行聚合反应时，不但聚合速率慢，而且往往只能得到低聚体。其原因是自由基与烯丙基单体反应时，存在增长和转移两个竞争反应：$k_{tr} \gg k_p$，极易发生链转移反应，得到的新的烯丙基很稳定，不能再引发丙烯单体继续链增长反应，所有烯丙基单体只能得到低聚物。

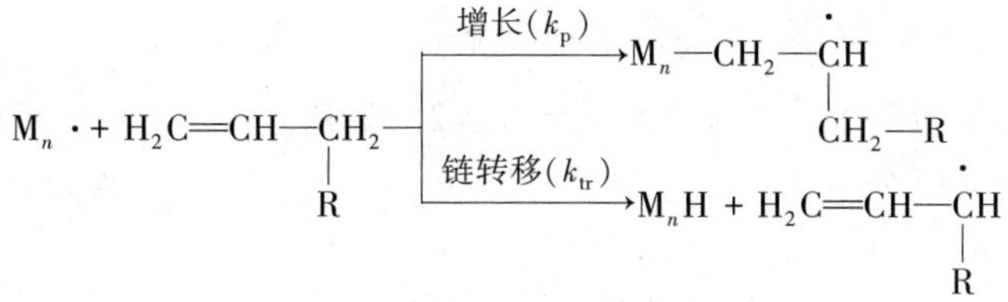

（2）丁二烯或苯乙烯是氯乙烯或乙酸乙烯酯的终止剂或阻聚剂

丁二烯和苯乙烯单体活泼，由于共轭作用使其对应的自由基不活泼，为稳定的烯丙基自由基；氯乙烯和乙酸乙烯酯均为不活泼单体，但其对应的自由基活性高。因此在氯乙烯或乙酸乙烯酯的自由基反应中，一旦加入丁二烯或苯乙烯，那么氯乙烯或者乙酸乙烯酯自由基优先和活泼单体丁二烯或苯乙烯反应，同时生成稳定的丁二烯或苯乙烯自由基。由于其稳定，很难再引发不活泼的单体氯乙烯或乙酸乙烯酯，即不能引发氯乙烯或乙酸乙烯酯聚合，使氯乙烯或乙酸乙烯酯的自由基反应速率下降或停止反应。因此丁二烯或苯乙烯的加入是氯乙烯或乙酸乙烯酯的终止剂或阻聚剂。

（3）乙酸乙烯酯和乙酸丙烯酯的聚合速率和聚合产物的分子量

由于乙酸丙烯酯为烯丙基单体（$CH_2=CH—CH_2Y$），CH_2Y 中的 H 活泼，容易被向 H 原子进行链转移而生成稳定的烯丙基自由基，因此具有自阻聚作用，其聚合速率很慢，聚合度也很低，只有 14 左右。

乙酸乙烯酯由于不存在自阻聚作用，聚合速率快，聚合物的分子量大。

3.5 计算题

1. 以过氧化二叔丁基为引发剂，在 60℃下研究苯乙烯聚合。苯乙烯溶液浓度 1.0mol/L，过氧化物浓度 0.01mol/L，引发和聚合的初速率分别为 4×10^{-11} mol/L · s 和 1.5×10^{-7} mol/L · s。试计算(fk_d)、初期聚合度、初期动力学链长。计算时采用下列数据和条件：$C_M=8.0\times10^{-5}$，$C_I=3.2\times10^{-4}$，$C_S=2.3\times10^{-6}$，60℃苯乙烯的密度为 0.887g/mL，苯的密度为 0.839g/mL，设苯乙烯-苯体系为理想溶液。

解：(1) $R_i=2fk_d[I]$，代入数据 $4\times10^{-11}=2fk_d\times0.01$

得到

$$fk_d=2.0\times10^{-9}$$

设苯的浓度为[S]，在 1L 苯乙烯-苯的理想溶液中，有：$V_{苯}+V_{苯乙烯}=1000$mL

$$\frac{[S]\times1\times M_{苯}}{\rho_{苯}}+\frac{[M]\times1\times M_{苯乙烯}}{\rho_{苯乙烯}}=1000$$

代入数据：

$$\frac{[S]\times78}{0.839}+\frac{1.0\times104}{0.887}=1000$$

$$[S]=9.5\text{mol/L}$$

或者在 1L 苯乙烯、苯混合体系中，苯溶剂浓度

$$[S]=\frac{\left(1-\dfrac{1\times1\times104}{887}\right)\times839}{78}=9.50\text{mol/L}$$

(2) $$\bar{\nu}=\frac{R_p}{R_t}=\frac{R_p}{R_i}=\frac{1.5\times10^{-7}}{4.0\times10^{-11}}=3750$$

(3) 设正常聚合(无链转移)所得聚合物的聚合度为$(\overline{X}_n)_0$

苯乙烯全为双基偶合终止，所以$(\overline{X}_n)_0=2\overline{\nu}=2\times3750$

有链转移时的聚合度公式为：

$$\frac{1}{\overline{X}_n}=\frac{1}{(\overline{X}_n)_0}+C_M+C_I\frac{[I]}{[M]}+C_S\frac{[S]}{[M]}$$

$$=\frac{1}{7500}+8.0\times10^{-5}+3.2\times10^{-4}\times\frac{0.01}{1.0}+2.3\times10^{-6}\times\frac{9.5}{1.0}$$

$$=0.000133+0.000080+0.0000032+0.0000219$$

$$=0.0002381$$

$$\overline{X}_n=4200$$

2. 上题中，试根据计算判断在低转化率下，在上述聚合反应中链终止的主要方式，以及每一个由过氧化物引发的链自由基平均转移几次后失去活性。

解：动力学链偶合终止生成的大分子占

$$\frac{0.000133}{0.000238}=55.9\%$$

转移终止生成的大分子占

$$\frac{0.000080+0.0000032+0.000022}{0.000238}=44.1\%$$

在生成的100个大分子中，有55.9个来自于自由基的双基偶合终止，有44.1个来自于自由基的链转移终止。其中，偶合终止是由2×55.9个自由基偶合而生成的，链转移终止是由44.1个自由基向单体或溶剂或引发剂转移而形成的。这样，平均一个自由基链发生偶合终止，就有$\frac{44.1}{2\times55.9}=0.39$个链自由基发生链转移终止，也就是说，平均来讲，一个自由基链在进行动力学终止失去活性前转移了0.39次。

3. 已知在苯乙烯单体中加入少量乙醇进行聚合时，所得聚苯乙烯的分子量比一般本体聚合要低，但当乙醇量增加到一定程度后，所得到的聚苯乙烯的分子量要比相应条件下本体聚合所得的要高，试解释之。

答：加少量乙醇时，聚合反应还是均相的，乙醇的链转移作用会使其分子量下降。当乙醇量增加到一定比例后，聚合反应是在不良溶剂或非溶剂中进行，出现明显的自动加速现象，从而造成产物的分子量反而比本体聚合的高。

4. 某单体于一定温度下，用过氧化物作引发剂，进行溶液聚合反应，已知单体浓度为1.0mol/L，一些动力学参数为$fk_d=2\times10^{-9}s^{-1}$，$k_p/k_t^{1/2}=0.0335(L\cdot mol\cdot s)^{1/2}$。若聚合中不存在任何链转移反应，引发反应速率与单体浓度无关，且链终止方式以偶合反应为主时，试计算：

(1) 要求起始聚合速率$(R_p)_0>1.4\times10^{-7}$mol/L·s，产物的动力学链长$\nu>3500$时，采用引发剂的浓度应是多少？

(2) 当仍维持(1)的$(R_p)_0$，而$\nu>4100$时，引发剂浓度应是多少？

(3) 为实现(2)，可考虑变化除引发剂浓度外的一切工艺因素，试讨论调节哪些因素能有利于达到上述目的？

解：(1)

由
$$R_p=k_p\left(\frac{fk_d}{k_t}\right)^{1/2}[I]^{1/2}[M]$$

$$1.4\times10^{-7}=0.0335\times(2\times10^{-9})^{1/2}[I]^{1/2}\times1.0$$

得到
$$[I]>8.73\times10^{-3}\text{mol/L}$$

又
$$\bar{\nu}=\frac{k_p}{2(fk_dk_t)^{1/2}}\cdot\frac{[M]}{[I]^{1/2}}$$

$$3500=0.0335\times\frac{1}{2\times(2\times10^{-9})^{1/2}}\cdot\frac{1.0}{[I]^{1/2}}$$

$$[I]<0.01145\text{mol/L}\approx1.15\times10^{-2}\text{mol/L}$$

得到
$$8.73\times10^{-3}<[I]<1.15\times10^{-2}$$

(2)

$$4100=\frac{0.0335}{2\times(2\times10^{-9})^{1/2}}\cdot\frac{1.0}{[I]^{1/2}},\ [I]<8.35\times10^{-3}\text{mol/L}$$

从 R_p 考虑，需$[I]>8.73\times10^{-3}$mol/L

而从 ν 考虑，需 $[I]<8.35\times10^{-3}$mol/L，两者不能相交，不能同时满足，无法选择合适的$[I]$，使$(R_p)_0$和 ν 同时达到上述要求。

(3) 可增加[M]

$R\propto[M]$，$\bar{\nu}\propto[M]$，所以可通过增大 [M] 来使 R_p、$\bar{\nu}$ 同时增大。

假定将引发剂浓度定为 $[I]=8.73\times10^{-3}$mol/L

要使 $\bar{\nu}$ 达到 4100 所需的单体浓度为[M]

根据
$$\bar{\nu}=\frac{k_p}{2(fk_dk_t)^{1/2}}\cdot\frac{[M]}{[I]^{1/2}}$$

$$4100=\frac{0.0335[M]}{2(2\times10^{-9})^{1/2}(8.73\times10^{-3})^{1/2}}$$

解得 [M] = 1.02mol/L

此时

$$R_p=k_p\left(\frac{fk_d}{k_t}\right)^{1/2}[I]^{1/2}[M]$$
$$=0.0335(2\times10^{-9})^{1/2}\times(8.73\times10^{-3})^{1/2}\times1.02$$
$$=1.43\times10^{-7}>(R_p)_0$$

所以当[I]= 8.73×10−3mol/L 时，只要$[M]\geqslant1.02$mol/L 就可以达到上述要求。

5. 按下述两种配方，使苯乙烯(S_t)在苯中用过氧化二苯甲酰(BPO)在60℃下引发自由基聚合

(1) $[BPO]=2\times10^{-4}$mol/L，[St]=416 g/L

(2) $[BPO]=6\times10^{-4}$mol/L，[St]=83.2 g/L

设 $f=1$，试求上述两种配方的转化率均达到10%时所需要的时间比。

解一：设配方(1)所需时间为 t_1，配方(2)所需时间为 t_2

配方(1)单体投料为(2)的5倍，所以达到同一转化率时，前者生成的聚合物量也为后者的5倍，转化率为10%仍属稳态。

$$\frac{t_1}{t_2}=\frac{5R_{p2}}{R_{p1}}=\frac{5\times0.832\times\sqrt{6\times10^{-4}}}{4.16\times\sqrt{2\times10^{-4}}}=1.732$$

解二：

根据 $$\ln\frac{[M]_0}{[M]}=k_p\left(\frac{fk_d}{k_t}\right)^{1/2}[I]^{1/2}t\longrightarrow\ln\frac{[M]_0}{[M]}=k[I]^{1/2}t$$

$$\frac{t_1}{t_2}=\frac{k[I]_2^{1/2}\ln\frac{[M]_0}{[M]}}{k[I]_1^{1/2}\ln\frac{[M]_0}{[M]}}=\frac{\sqrt{[I]_2}}{\sqrt{[I]_1}}=\frac{\sqrt{6\times10^{-4}}}{\sqrt{2\times10^{-4}}}=1.732$$

6. 甲基丙烯酸甲酯进行聚合，试由 ΔH 和 ΔS 来计算77℃、127℃、177℃和227℃时的平衡单体浓度，从热力学上判断聚合能否正常进行。

解：由《高分子化学》(第五版，潘祖仁主编)教材71页表3-4中查得：甲基丙烯酸甲酯 $\Delta H=-56.5\text{kJ/mol}$，$\Delta S=-117.2\text{J/(mol}\cdot\text{K)}$

平衡单体浓度：$\ln[M]_e=\frac{1}{R}(\frac{\Delta H^{\ominus}}{T}-\Delta S^{\ominus})$

$T=77℃=350.15\text{K}$，$\ln[M]_e=4.94\times10^{-3}\text{mol/L}$

$T=127℃=400.15\text{K}$，$\ln[M]_e=0.0558\text{mol/L}$

$T=177℃=450.15\text{K}$，$\ln[M]_e=0.368\text{mol/L}$

$T=227℃=500.15\text{K}$，$\ln[M]_e=1.664\text{mol/L}$

从热力学上判断，甲基丙烯酸甲酯在77℃、127℃、177℃下可以聚合，在227℃上难以聚合。因为在227℃时平衡单体浓度较大。

7. 60℃过氧化二碳酸二环己酯在某溶剂中分解，用碘量法测定不同时间的残留引发剂浓度，数据如下，试计算分解速率常数(s^{-1})和半衰期(h)。

时间 /h	0	0.2	0.7	1.2	1.7
DCPD 浓度 /(mol/L)	0.0754	0.0660	0.0484	0.0334	0.0288

解：过氧化二碳酸二环己酯的分解反应为一级反应，引发剂浓度变化与反应时间的关系为：

$$\ln\frac{[I]_0}{[I]}=k_dt$$

通过以 $\ln\frac{[I]_0}{[I]}$ 对 t 作图，利用最小二乘法进行回归得一条直线 $y=-0.589x$，斜率为 $-k_d$。

得到：$k_d=0.589\text{h}^{-1}=1.636\times10^{-4}\text{s}^{-1}$

半衰期：$t_{1/2}=\frac{0.693}{k_d}=1.176\text{h}$

8. 在甲苯中不同温度下测定偶氮二异丁腈的分解速率常数，数据如下，求分解活化能。再求 40℃和 80℃下的半衰期，判断在这两个温度下聚合是否有效。

温度/℃	50	60.5	69.5
分解速率常数/s^{-1}	2.64×10^{-6}	1.16×10^{-5}	3.78×10^{-5}

解：分解速率常数、温度和活化能之间存在下列关系：

$$k_d = Ae^{-E/RT}$$

$\ln k_d = \ln A - E_d/RT$，以 $\ln k_d$ 对 $1/T$ 作图，斜率为 $-E_d/R$，截距为 $\ln A$。

采用最小二乘分法进行回归，得：$\ln k_d = 33.936 - 15116/T$

$-E_d/R = -15116$

$E_d = 8.314\times15116 = 125674.4 = 125.7\text{kJ/mol}$

当 $t = 40℃ = 313.15\text{K}$ 时

$k_d = \exp(-15116/313.15 + 33.936) = 5.95\times10^{-7}$

$$t_{1/2} = \frac{\ln 2}{5.95\times10^{-7}} = 323.6\text{h}$$

当 $t = 80℃ = 353.15\text{K}$ 时

$k_d = \exp(-15116/353.15 + 33.936) = 1.41\times10^{-4}$

$$t_{1/2} = \frac{\ln 2}{1.41\times10^{-4}} = 1.36\text{h}$$

由此可见，在 40℃下聚合时引发剂的半衰期太长，聚合无效，而在 80℃下聚合是有效的。

9. 苯乙烯溶液浓度 0.20 mol/L，过氧类引发剂浓度为 4.0×10^{-3}mol/L，在 60℃下聚合，如引发剂半衰期 44h，引发剂效率 $f=0.80$，$k_p=145\text{L/(mol·s)}$，$k_t=7.0\times10^7\text{L/(mol·s)}$，欲达到 50%转化率，需多长时间？

解：$k_d = \dfrac{0.693}{t_{1/2}} = 4.375\times10^{-6}s^{-1} = 0.01575h^{-1}$

当引发剂浓度随时间不变时：

$$\ln\frac{1}{1-C} = k_p\left(\frac{fk_d}{k_t}\right)^{1/2}[\text{I}]^{1/2}t$$

$$\ln\frac{1}{1-0.50} = 145\times\left(\frac{0.8\times4.375\times10^{-6}}{7.0\times10^7}\right)^{1/2}(4.0\times10^{-3})^{1/2}t$$

$$t = \frac{0.693}{145\times2.236\times10^{-7}\times0.0632} = 94\text{h}$$

$t_{1/2} > 44\text{h}$，[I] 随转化率而变

$$\ln\frac{1}{1-C} = 2k_p\left(\frac{fk_d}{k_t}\right)[\text{I}]_0^{1/2}(1-e^{-k_dt/2})$$

$t = 170.8\text{h}$

10. 过氧化二苯甲酰引发某单体聚合的动力学方程为：$R_p = k_p[M](fk_d/k_t)^{1/2}[I]^{1/2}$，假定各基元反应的速率常数和 f 都与转化率无关，$[M]_0 = 2mol/L$，$[I] = 0.01mol/L$，极限转化率为 10%。若保持聚合时间不变，欲将最终转化率从 10%提高到 20%，试求：

(1) $[M]_0$增加或降低多少倍？(2) $[I]_0$增加或降低多少倍？$[I]_0$改变后，聚合速率和聚合度有何变化？(3) 如果热引发或光引发聚合，应该增加还是降低聚合温度？E_d、E_p、E_t 分别为 124kJ/mol、32kJ/mol 和 8kJ/mol。

解：低转化率下聚合动力学方程：

$$R_p = k_p[M]\left(\frac{fk_d}{k_t}\right)^{1/2}[I]^{1/2}$$

$$\ln\frac{[M]_0}{[M]} = k_p\left(\frac{fk_d}{k_t}\right)^{1/2}[I]^{1/2}t$$

令

$$k = k_p\left(\frac{fk_d}{k_t}\right)^{1/2}$$

$$\ln\frac{[M]_0}{[M]} \times [I]^{-1/2} = \ln\frac{1}{(1-C)} \times [I]^{-1/2} = kt$$

(1) 当聚合时间固定时，C 与单体初始浓度无关，故当聚合时间一定时，改变$[M]_0$不改变转化率。

(2) 当其他条件一定时，改变$[I]_0$，则有：

$$\ln\frac{1}{1-C_1}/\ln\frac{1}{1-C_2} = [I]_{01}^{1/2}/[I]_{02}^{1/2}$$

$\frac{[I]_{20\%}}{[I]_{10\%}} = 4.51$，即引发剂浓度增加到 4.51 倍时，聚合转化率可以从 10%增加到 20%。

由于聚合速率 $R_p \propto [I]_0^{1/2}$，故$[I]_0$ 增加到 4.51 倍时，R_p 增加 2.12 倍。

聚合度 $\overline{X_n} \propto [I]_0^{-1/2}$，故$[I]_0$ 增加到 4.51 倍时，$\overline{X_n}$下降到原来 0.471。即聚合度下降到原来的 1/2.12。

(3) 引发剂引发时，体系的总活化能为：

$$E = \left(E_p - \frac{E_t}{2}\right) + \frac{E_d}{2} = 90kJ/mol$$

热引发聚合的活化能与引发剂引发的活化能相比，相当或稍大，温度对聚合速率的影响与引发剂引发相当，要使聚合速率增大，需增加聚合温度。

光引发聚合时，反应的活化能如下：

$$E = \left(E_p - \frac{E_t}{2}\right) = 28kJ/mol$$

上式中无 E_d 项，聚合活化能很低，温度对聚合速率的影响很小，甚至在较低的温度下也能聚合，所以无需增加聚合温度。

11. 以过氧化二苯甲酰为引发剂，在 60℃进行苯乙烯聚合动力学研究，数据如下：

a. 60℃苯乙烯的密度为 0.887g/cm^3；b. 引发剂用量为单体重的 0.109%；c. $R_p = 0.255\times10^{-4}mol/(L\cdot s)$；d. 聚合度=2460；e. f=0.80；f. 自由基寿命=0.82s。试求 k_d、k_p、k_t，建立三个自由基基元反应常数的数量级概念，比较 $[M]$和$[M\cdot]$的大小，比较 R_I、R_p、R_t

的大小。

解：$[M]=\dfrac{0.887\times1000}{104}=8.529\text{mol/L}$

$$[I]=\frac{0.887\times1000\times0.109\%}{242}=3.995\times10^{-3}\text{mol/L}$$

$$\nu=\frac{R_p}{R_t},\ \overline{X_n}=\frac{\nu}{C/2+D}$$

偶合终止：$C=0.77$；歧化终止：$D=0.23$。

$$\overline{X_n}=2460,\ \nu=2460(0.77/2+0.23)=1512.9$$

$$R_t=\frac{R_p}{\nu}=\frac{0.255\times10^{-4}}{1512.9}=1.6855\times10^{-8}\text{mol/(L·s)}$$

$$R_i=R_t=1.6855\times10^{-8}\text{mol/(L·s)}$$

$$[M\cdot]=R_t\tau=1.6855\times10^{-8}\times0.82=1.382\times10^{-8}\text{mol/L}$$

$$[M]\gg[M\cdot]$$

$$k_d=\frac{R_i}{2f[I]}=\frac{1.6855\times10^{-8}}{2\times0.8\times3.995\times10^{-3}}=2.64\times10^{-6}\text{s}^{-1}$$

$$k_p=\frac{R_p}{[M][M\cdot]}=\frac{0.255\times10^{-4}}{8.529\times1.382\times10^{-8}}=2.163\times10^{2}\text{mol/(L·s)}$$

$$k_t=\frac{R_t}{2[M\cdot]^2}=\frac{1.6855\times10^{-8}}{2\times(1.382\times10^{-8})^2}=4.41\times10^{7}\text{L/(mol·s)}$$

可见，$k_t\gg k_p$，但$[M]\gg[M\cdot]$，因此$R_p\gg R_t$；所以可以得到高分子量的聚合物。

R_d	10^{-8}	k_d	10^{-6}	[M]	8.53
R_p	10^{-5}	k_p	10^{2}	[M·]	1.382×10^{-8}
R_t	10^{-8}	k_t	10^{7}		

12. 以过氧化特丁基作引发剂，60℃时苯乙烯在苯中进行溶液聚合，苯乙烯浓度为1.0mol/L，过氧化物浓度为0.01mol/L，初期引发速率和聚合速率分别为4.0×10^{-11}mol/(L·s)和1.5×10^{-7}mol/(L·s)。苯乙烯-苯为理想体系，计算(fk_d)、初期聚合度、初期动力学链长和聚合度，求由过氧化物分解所产生的自由基平均要转移几次？

计算时采用下列数据：

$C_M=8.0\times10^{-5}$，$C_I=3.2\times10^{-4}$，$C_S=2.3\times10^{-6}$，60℃下苯乙烯密度为0.887g/mL，苯的密度为0.839g/mL。

解：$[M]=1.0$mol/L　　$[I]=0.01$mol/L

$R_i=4.0\times10^{-11}\text{mol/(L·s)}$

$R_i=2fk_d[I]$

(1) $fk_d=\dfrac{R_i}{2[I]}=\dfrac{4.0\times10^{-11}}{2\times0.01}=2\times10^{-9}$

$R_p=1.5\times10^{-7}\text{mol/(L·s)}$

$$[S]=\frac{\left(1-\frac{104}{887}\right)\times 839}{78}=9.50\text{mol/L}$$

(2) 初期动力学链长

$$\nu=\frac{R_p}{R_i}=3750$$

60℃，苯乙烯偶合终止占77%，歧化终止占23%。若无链转移，

(3) 初期聚合度

$$(\overline{X}_n)_0=\frac{\nu}{C/2+D}=\frac{3750}{0.77/2+0.23}=6097.56$$

(4) 平均聚合度

若同时发生单体、引发剂和溶剂转移，则按下式计算：

$$\frac{1}{\overline{X}_n}=\frac{1}{(\overline{X}_n)_0}+C_M+C_I\frac{[I]}{[M]}+C_S\frac{[S]}{[M]}$$

$$=\frac{1}{6097.56}+8.0\times 10^{-5}+3.2\times 10^{-4}\times\frac{0.01}{1.0}+2.3\times 10^{-6}\times\frac{9.5}{1.0}$$

$$=2.69\times 10^{-4}$$

$$\overline{X}_n=3717$$

(5) 过氧化物分解所产生的自由基平均要转移次数

$$=\frac{R_{tr,M}+R_{tr,I}+R_{tr,S}}{R_i}$$

$$=\frac{K_{tr,M}[M][M\cdot]+K_{tr,S}[S][M\cdot]+R_{tr,I}[I][M\cdot]}{R_i}$$

$$=\frac{C_{tr,M}\times k_p+C_{tr,S}\times([S]/[M])\times k_p[M][M\cdot]+C_{tr,I}\times([I]/[M])k_p[M][M\cdot]}{R_i}$$

$$=\frac{R_p}{R_i}(C_{tr,M}+C_{tr,S}\times[S]/[M]+C_{tr,I}\times[I]/[M])$$

$$=\nu\left(C_{tr,M}+C_{tr,S}\times\frac{[S]}{[M]}+C_{tr,I}\times\frac{[I]}{[M]}\right)$$

$$=3750\left(8.0\times 10^{-5}+3.2\times 10^{-4}\times\frac{0.01}{1.0}+2.3\times 10^{-6}\times\frac{9.5}{1.0}\right)$$

$$=0.394$$

13. 按上题制得的聚苯乙烯分子量很高，常加入正丁硫醇($C_S=21$)调节，问加多少才能制得分子量为8.5万的聚苯乙烯？加入正丁硫醇后，聚合速率有何变化？

解：$(\overline{X}_n)_0=3717$

$$\overline{X}_n=\frac{8.5\times 10^4}{104}=817.3$$

$$\frac{1}{817.3}=\frac{1}{3717}+21\frac{[S]}{1}$$

$$[S]=4.545\times 10^{-5}\text{mol/L}$$

加入正丁硫醇后，为正常链转移反应，对聚合速率影响不大。

14. 用过氧化二苯甲酰作引发剂，苯乙烯在60℃下进行本体聚合，试计算链引发、向引发剂转移、向单体转移三部分在聚合度倒数中所占的百分比。对聚合有何影响？

计算时用下列数据：$[I]=0.04\ mol/L$，$f=0.8$；$k_d=2.0\times10^{-6}s^{-1}$，$k_p=176L/(mol\cdot s)$，$k_t=3.6\times10^7\ L/(mol\cdot s)$，$\rho(60℃)=0.887g/mL$，$C_I=0.05$；$C_M=0.85\times10^{-4}$。

解：$[I]=0.04mol/L$ $[M]=0.887\times1000/104=8.53mol/L$

$$\nu=\frac{k_p[M]}{2(fk_dk_t)^{1/2}}\frac{1}{[I]^{1/2}}=\frac{176\times8.53}{2\times(0.8\times2.0\times10^{-6}\times3.6\times10^7\times0.04)^{1/2}}=494.5$$

$$\frac{1}{\overline{X}_n}=\frac{C/2+D}{494.5}+0.85\times10^{-4}+0.05\times\frac{0.04}{8.53}=1.5635\times10^{-3}$$

偶合终止：$C=0.77$，歧化终止：$D=0.23$

（1）链引发部分所占百分比

$$\left(\frac{1}{\overline{X}_n}\right)^0\Big/\left(\frac{1}{\overline{X}_n}\right)=\left(\frac{0.77/2+0.23)}{494.5}\right)/(1.5635\times10^{-3})=79.54\%$$

（2）向单体链转移部分所占百分比

$$C_M\Big/\left(\frac{1}{\overline{X}_n}\right)=0.85\times10^{-4}/(1.5635\times10^{-3})=5.44\%$$

（3）向引发剂转移部分所占百分比

$$\left(\frac{0.05\times0.04}{8.53}\right)\Big/\left(\frac{1}{\overline{X}_n}\right)=\left(\frac{0.002}{8.53}\right)/(1.5635\times10^{-3})=15\%$$

（4）对聚合的影响

只要有链转移发生，聚合物的聚合度便下降，其中链引发对平均聚合度的贡献较大。

使用增加引发剂浓度的方法来提高聚合速率，结果往往使聚合度下降。

第二项、第三项均为链转移项，链转移常数越大，引发剂浓度越大，则所得聚合物的分子量越小。

第 4 章　自由基共聚合

4.1　知识要点

1. 熟悉共聚物的类型及命名
2. 掌握二元共聚物组成微分方程、典型二元共聚物的组成曲线、共聚物组成控制方法
3. 了解二元共聚物的序列结构
4. 理解单体及自由基活性的影响因素
5. 了解 $Q-e$ 概念及 $Q-e$ 方程的意义及用途

4.2　名词解释

均聚合(Homo-polymerization)：由一种单体进行的聚合反应。

共聚合(Co-polymerization)：由两种或两种以上单体共同参加的连锁聚合反应。形成的聚合物中含有两种或多种单体单元。

均聚物(Homo-polymer)：由均聚合形成的聚合物。

共聚物(Copolymer)：由共聚合形成的聚合物。

无规共聚物(Random Copolymer)：聚合物中组成聚合物的结构单元呈无规排列。

交替共聚物(Alternating Copolymer)：聚合物中两种或多种结构单元严格相间。

嵌段共聚物(Block Copolymer)：聚合物由较长的一种结构单元链段和其他结构单元链段构成，每链段由几百到几千个结构单元组成。

接枝共聚物(Graft Copolymer)：聚合物主链只由某一种结构单元组成，而支链则由其他结构单元组成。

竞聚率(Reactivity Ratio)：是均聚和共聚链增长速率常数之比，$r_1=k_{11}/k_{12}$，$r_2=k_{22}/k_{21}$。竞聚率用来直观地表征两种单体的共聚倾向。

共聚合组成(Copolymer Composition)：由两种单体共同参加的聚合反应所形成的共聚物中，两种单体单元所占的比例。

序列结构(Sequence-structure)：参加共聚的单体单元在大分子链中的分布情况。

***Q-e* 概念和方程**：以代表单体取代基共轭效应即单体聚合反应活性的 Q 值以及代表单体取代基极性的 e 值来表征单体参加共聚反应能力的大小并可以用来计算竞聚率的关系式称为 $Q-e$ 方程。

4.3　名词辨析

1. 均聚合与共聚合，均聚物与共聚物

答：均聚合：是由一种单体进行的聚合反应。

共聚合：由两种或两种以上单体共同参加的链锁聚合反应。形成的聚合物中含有两种或多种单体单元。

均聚物：由均聚合所形成的聚合物。大分子链上只有一种单体单元。

共聚物：由共聚合形成的聚合物。大分子链上有两种或两种以上单体单元。

2. 理想共聚与理想恒比共聚的区别是什么？

答：理想共聚：指单体竞聚率 $r_1r_2=1$ 的情况，共聚物组成与单体组成成简单的比例关系，其共聚物组成曲线不与恒比对角线相交。

理想恒比共聚：是指单体竞聚率 $r_1=1$，$r_2=1$ 的情况，此时共聚物组成和单体组成完全相同，其共聚物组成曲线为一对角线。

4.4 问答题

1. 研究共聚合反应的意义是什么？

答：研究共聚合反应的意义有以下几点：

① 扩大单体应用范围。将一些难以均聚的单体用来做共聚单体，如马来酸酐不能均聚，但可与苯乙烯共聚。

② 增加聚合物品种。均聚物的种类有限，但通过与第二、第三单体共聚，改变大分子结构，扩大聚合物品种。

③ 改进均聚物的性能。通过共聚改变大分子链结构，进而改变聚合物的性能。

④ 测定单体、自由基的活性。

2. 何谓竞聚率？它有何物理意义？

答：竞聚率是单体均聚链增长常数与共聚链增长速率常数之比。

即

$$r_1=k_{11}/k_{12}，\ r_2=k_{22}/k_{21}$$

它表征两个单体的相对活性。根据 r 值可以估计两个单体共聚的可能性和判断共聚物的组成情况。

3. 按大分子的微结构，共聚物可分为哪几种类型？它们的结构有何差异？在这些共聚物名称中，对前后单体的位置有何规定？

答：按微结构分类，共聚物可分为无规共聚物、交替共聚物、接枝共聚物、嵌段共聚物四种类型。

不同类型的共聚物的结构差异：

① 无规共聚物链中，两种结构单元 M_1 与 M_2 按概率无规排布。

例如：P(St-co-MMA)，前面的单体 St 为主单体，后面的单体 MMA 为第二单体。

② 交替共聚物链中两种结构单元 M_1、M_2 严格交替相间(M_1-alt-M_2)。前后单体次序无特定规定。

③ 嵌段共聚物：由较长的 M_1 链段和另一较长的 M_2 链段构成的共聚物大分子。

如：AB 型(二嵌段)、ABA 型(三嵌段)、ABC 型(三嵌段)。二单体先后次序常表示单体的加料顺序，前面的是先加入的单体。

④ 接枝共聚物：主链由结构单元 M_1 组成，而支链则由另一种结构单元 M_2 组成。

例如：P(M_1-g-M_2)，前面的单体构成主链，后面的单体构成支链。

4. 对下列共聚产物进行命名

(1) 苯乙烯、丁二烯，苯乙烯依次进行嵌段共聚物

(2) 苯乙烯在聚甲基丙烯酸甲酯上进行接枝共聚

(3) 甲基丙烯酸甲酯在聚苯乙烯上进行接枝共聚

(4) 乙酸乙烯酯(10%)与乙烯(90%)进行自由基共聚

(5) 马来酸酐与苯乙烯进行交替共聚

答：(1) 苯乙烯-丁二烯-苯乙烯三段嵌段共聚物

(2) 聚(甲基丙烯酸甲酯-g-苯乙烯)

(3) 聚(苯乙烯-g-甲基丙烯酸甲酯)

(4) 聚(乙烯-co-乙酸乙烯酯)

(5) 聚(马来酸酐-alt-苯乙烯)

5. 试讨论二元共聚物组成微分方程的适用范围。

答：二元共聚物组成的微分方式是

$$\frac{d[M_1]}{d[M_2]}=\frac{[M_1]}{[M_2]}\cdot\frac{r_1[M_1]+[M_2]}{r_2[M_2]+[M_1]}$$

该方程是在以下假设条件下推导出来的：

① 活性链的活性与链长无关；

② 活性链的活性仅决定于末端单元结构；

③ 聚合反应为不可逆；

④ 共聚物聚合度很大，引发和终止对共聚物组成无影响；

⑤ 两种活性链端相互转变的速率相等。

满足以上假设条件的二元共聚反应可用上述共聚物组成微分方程计算投料组成和瞬间形成的共聚物组成之间的关系。除自由基聚合外，如果阴离子或阳离子共聚反应也按照推导该方程时所假设的反应机理进行，则上述共聚物组成微分方程对这类共聚亦适用。但是，对于有解聚的二元共聚、有前末端效应的二元共聚以及多活性种的二元共聚，该方程是不适用的。

应该强调指出的是，这个方程仅反映了某瞬间单体组成与该瞬间形成的共聚物组成之间的关系。通常说本方程仅适用于低转化率。这是因为两单体的竞聚率不同，随着共聚反应的进行，单体投料比不断发生变化，只有低转化率时所得的共聚物组成才近似与起始投料组成相适应。高转化率时，某瞬间反应单体组成与该瞬间形成共聚物组成之间的关系也可以用这个方程来计算。

6. 二元共聚当 $r_1=r_2=1$，$r_1=r_2=0$，$r_1>0$，$r_2=0$ 等特殊情况下，$\frac{d[M_1]}{d[M_2]}=f\cdot\frac{[M_1]}{[M_2]}$，$F_1=f(f_1)$ 函数关系如何？

答：当 $r_1=r_2=1$ 时

由 $\frac{d[M_1]}{d[M_2]}=\frac{[M_1]}{[M_2]}\times\frac{r_1[M_1]+[M_2]}{r_2[M_2]+[M_1]}$

得到 $F_1=\frac{r_1f_1^2+f_1f_2}{r_1f_1^2+2f_1f_2+r_2f_2^2}=f_1$，$\frac{d[M_1]}{d[M_2]}=\frac{[M_1]}{[M_2]}$

当 $r_1=r_2=0$ 时

$F_1=\frac{f_1f_2}{2f_1f_2}=0.5$，$\frac{d[M_1]}{d[M_2]}=1$

当 $r_1>0$，$r_2=0$ 时

$$F_1=\frac{f_1(r_1-1)+1}{f_1(r_1-2)+2} \qquad \frac{d[M_1]}{d[M_2]}=\frac{r_1[M_1]}{[M_2]}+1$$

7. 试举例说明两种单体进行理想共聚、恒比共聚、交替共聚的必要条件。

答：(1)当 $r_1r_2=1$ 时，可进行理想共聚

例如，丁二烯($r_1=1.39$)和苯乙烯($r_2=0.78$)的共聚即属此类。

$$r_1r_2=1.08$$

(2) 当 $r_1=r_2=1$ 时，为恒比共聚体系

此时，$d[M_1]/d[M_2]=[M_1]/[M_2]$，或 $F_1=f_1$

例如，四氟乙烯($r_1=1.0$)和三氟氯乙烯($r_2=1.0$)的共聚属于此类。

(3) 当 $r_1\to0$，$r_2\to0$ 或 $r_1=r_2=0$ 时发生交替共聚

此时 $d[M_1]/d[M_2]=1$，$F_1=0.5$

马来酸酐（$r_1=0.04$）和苯乙烯（$r_2=0.015$）的共聚近似就属于此类。

8. 在共聚反应中，单体对的竞聚率如下表所示：

r_1	0.05	0.01	0.01	0	0.2
r_2	0.1	0.01	0	0	0.5

试绘出各对单体形成的共聚物的组成曲线，并说明其特征。计算 $f_1=0.5$ 时，低转化率阶段的 F_1 等于多少？

答：当 $f_1=0.5$ 时，$f_2=1-f_1=0.5$，即 $f_1=f_2$

共聚物的组成方程可简化为 $F_1=(r_1+1)/(r_1+2+r_2)$

由上式可计算出各种情况下的 F_1

(1) $r_1=0.05$，$r_2=0.10$，属有恒比点的共聚

当 $f_1=0.5$ 时，$F_1=(r_1+1)/(r_1+2+r_2)=(0.05+1)/(0.05+2+0.1)=0.488$

由于 $r_1<1$，$r_2<1$，$r_1r_2<1$，为有恒比共聚点的非理想共聚。共聚曲线呈反 S 型，如图 4-1 所示。

恒比点：$F_1=f_1=(1-r_2)/(2-r_1-r_2)=(1-0.10)/(2-0.05-0.1)=0.486$

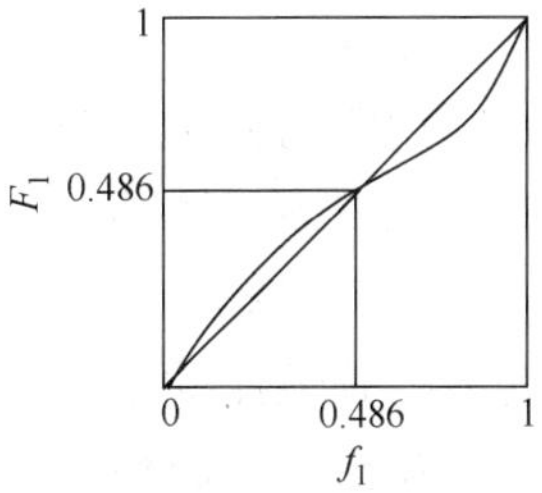

图 4-1 非理想共聚曲线
($r_1=0.05$，$r_2=0.10$)

(2) $r_1=0.01$，$r_2=0.01$，属有恒比点的共聚

$f_1=0.5$ 时，$F_1=0.5$

由于 $r_1<1$，$r_2<1$，$r_1r_2<1$，为有恒比共聚点的非理想共聚。共聚曲线呈反 S 型，以恒比点对称，如图 4-2 所示。

恒比点：$F_1=f_1=(1-0.01)/(2-0.01-0.01)=0.5$

(3) $r_1=0.01$，$r_2=0$，近似交替共聚

$f_1=0.5$ 时，$F_1=0.5$

(4) $r_1=0$，$r_2=0$ 属交替共聚

共聚曲线为一直线，无论 f_1 变化与否，$F_1=0.5$

(5) $r_1=0.2$，$r_2=5$，则 $r_1r_2=1$，属理想共聚见图 4-3。

当 $f_1=0.5$ 时，$F_1=0.167$，共聚组成曲线位于对角线的下方，以对角线对称。

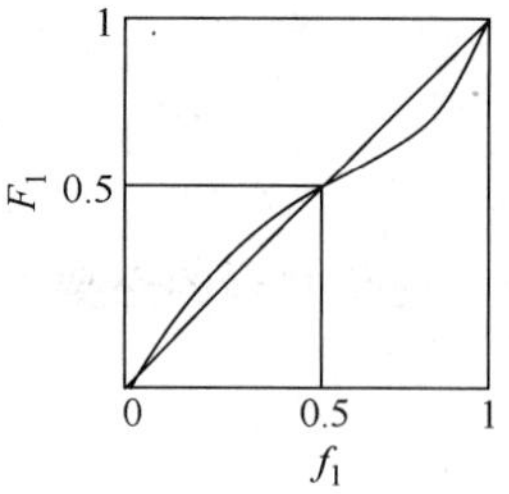

图 4-2　非理想共聚曲线

（$r_1=0.01$，$r_2=0.01$）

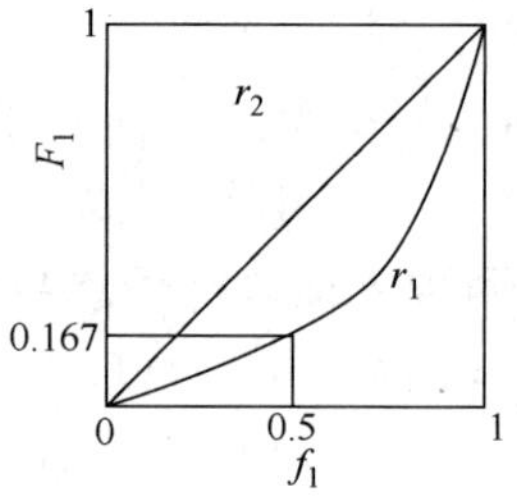

图 4-3　理想共聚曲线

（$r_1=0.2$，$r_2=5$）

9. 设单体 M_1与单体 M_2共聚时，$r_1=0.3$，$r_2=0.1$，试问：下列解释是否正确？请加以说明。

（1）共聚物中单体 M_1 的链节占 90%，单体 M_2 的链节占 10%。

（2）无论对 M_1或 M_2，M_1的反应能力均大于 M_2的反应能力，故两单体难以共聚。

（3）此共聚反应在任何条件下都不能得到恒比共聚物。

答：（1）该说法不对

二元共聚物组成的微分方式是

$$\frac{d[M_1]}{d[M_2]}=\frac{[M_1]}{[M_2]}\cdot\frac{r_1[M_1]+[M_2]}{r_2[M_2]+[M_1]}$$

由此方程可以看出，共聚物的组成是由单体的投料比和竞聚率共同决定的，当竞聚率为 $r_1=0.3$，$r_2=0.1$ 时，共聚物的组成就由单体的投料比来决定，单体的投料比不同，共聚物的组成将不同。所以以上述说法不正确。

（2）该说法不对

$r_1=0.3<1$，显示 M_1单体与 M_2单体进行共聚反应的倾向大于 M_1进行均聚反应的倾向；

$r_2=0.1<1$，显示 M_2单体与 M_1单体进行共聚反应的倾向大于 M_2进行均聚反应的倾向。

说明两种单体都容易进行共聚反应，所以两单体难以共聚的说法不对。

（3）该说法不对

$r_1=0.3<1$，$r_2=0.1<1$，是属于有恒比共聚点的共聚，以恒比点处的投料比进行投料，就能得到恒比共聚物。对于该共聚体系，恒比点的 f_1若为 $(f_1)_A$，则 $(f_1)_A=(1-r_2)/(2-r_1-r_2)=0.563$，单体以 $f_1=0.563$ 的配比投料，就能得到恒比共聚物。

10. 苯乙烯(M_1)与丁二烯(M_2)在 5℃下进行自由基乳液共聚时，其 $r_1=0.64$，$r_2=1.38$。已知苯乙烯和丁二烯的均聚链增长速率常数分别为 49L/(mol · s)和 251L/(mol · s)。要求：

（1）计算共聚时的反应速率常数。

（2）比较两种单体和两种链自由基的反应活性的大小。

（3）做出此共聚反应的 F_1-f_1 曲线。

（4）要制备组成均一的共聚物需要采取什么措施？

答：（1）因为 $r_1=k_{11}/k_{12}$，$r_2=k_{22}/k_{21}$

$$k_{12}=76.56\text{L/(mol}\cdot\text{s)}$$

$$k_{21}=18.12\text{L/(mol}\cdot\text{s)}$$

（2）$1/r_1$为丁二烯单体的相对活性，$1/r_2$为苯乙烯单体的相对活性

根据 $1/r_1=1.56$，$k_{12}>k_{11}$，说明丁二烯单体活性较大；

$1/r_2=0.725$，$k_{22}<k_{21}$，说明苯乙烯单体活性较小。

所以丁二烯的单体活性>苯乙烯的单体活性

$k_{12}>k_{21}$，表明苯乙烯自由基的活性比丁二烯自由基的要大。

（3）两种单体共聚属非理想共聚

$$F_1=(r_1f_1^2+f_1f_2)/(r_1f_1^2+2f_1f_2+f_2^2)$$

共聚反应得 F_1-f_1 曲线如图 4-4 所示。

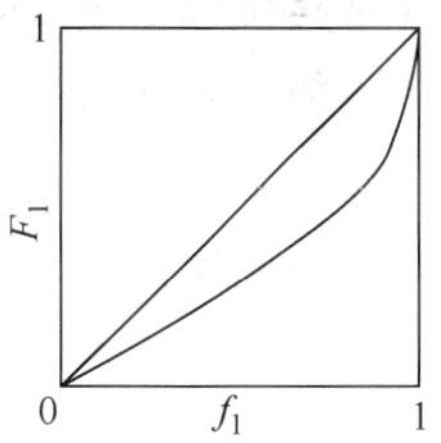

图 4-4　共聚反应的 F_1-f_1 曲线

（4）欲得组成均匀的共聚物，可按组成要求计算投料比，且在反应过程中不断补加丁二烯单体，以保证原料配比基本保持恒定。

11. 用简单语言或运算说明当 $r_1<1$，$r_2=0$ 时，共聚物组成[M_1]<[M_2]是否可能。

答：（1）第一种方法

$r_1=k_{11}/k_{12}$，即链自由基～M_1·与单体 M_1 的反应速率常数及它与单体 M_2 的反应速率常数之比。

当 $r_1<1$ 时，说明单体 M_1 能自聚也能与单体 M_2 共聚，但单体 M_1 与单体 M_2 共聚能力大，而 $r_2=0$，$k_{22}=0$，说明链自由基～M_2·不能与单体 M_2 反应，只能与单体 M_1 反应，即单体 M_2 不能自聚只能与单体 M_1 共聚，。由此可见，单体 M_1 的消耗速率快，共聚物组成中[M_1]<[M_2]是不可能的。

（2）第二种方法

把 $r_1<1$，$r_2=0$ 带入共聚物组成方程中，整理后得出

$$\frac{d[M_1]}{d[M_2]}=\frac{[M_1]}{[M_2]}\cdot\frac{r_1[M_1]+[M_2]}{r_2[M_2]+[M_1]}=\frac{[M_1]}{[M_2]}\left(r_1+\frac{[M_2]}{[M_1]}\right)=1+r_1\frac{[M_1]}{[M_2]}>1$$

即 d[M_1]>d[M_2]，也说明共聚物组成中[M_1]<[M_2]是不可能的。

12. 为什么要对共聚物的组成进行控制？在工业上有哪几种控制方法？它们各针对什么样的聚合反应，试各举一实例说明。

答：由共聚物组成方程可知，由于单体 M_1、M_2活性不同，所以共聚物组成和原料组成不同，且随链转化率增加，原料组成一直在变化，导致共聚物组成亦随链转化率变化而变化。为了获取较均一组成的共聚物，所以要对共聚物组成进行控制。

① 定好原料组成（由共聚物组成 F_1要求决定初始单体投料 f_1^0）后一次投料法。

适用于：a. $r_1=r_2=1$，恒比共聚体系；

b. $r_1<1$，$r_2<1$，要求 F_1接近恒比点组成的情况。

在 a、b 两种情况下，F_1随转化率基本不变，共聚物组成较均一，且 $F_1=f_1^0$。

② 控制转化率的一次投料法。对于 $r_1>1$，$r_2<1$，且对共聚物的组成控制要求一种单体占主体，另一种单体含量并不高时宜采用此法。

③ 补加消耗较快的单体，使原料组成基本不变，从而保证共聚物组成基本不变。

13. 在生产聚丙烯腈-苯乙烯共聚物（AS 树脂）时，所采用的丙烯腈（M_1）和苯乙烯（M_2）的投料质量比为 24∶76。在采用的聚合条件下，此共聚体系的竞聚率 $r_1=0.04$，$r_2=0.40$。如果在生产中采用单体一次投料的聚合工艺，并在高转化率下才停止反应，试讨论所得共聚物阻成的均匀性。

答：此共聚体系属于 $r_1<1$，$r_2<1$ 有恒比点的共聚体系，恒比点的 f_1若为$(f_1)_A$，

则$(f_1)_A=(1-r_2)/(2-r_1-r_2)=0.385$

两单体投料质量比为 24∶76，求得两单体投料摩尔比为 45∶70，则f_1为 0.39，f_1与$(f_1)_A$十分接近，属于在恒比点处共聚。因此用这种投料比，一次投料于高转化率下停止反应，仍可制得组成相当均匀的共聚物。

14. 为了改进聚氯乙烯的性能，常将氯乙烯(M_1)与乙酸乙烯酯(M_2)共聚得到以氯乙烯为主的氯醋共聚物。已知在60℃下上述共聚体系的$r_1=1.68$，$r_2=0.23$，试具体说明要合成含氯乙烯质量分数为80%的组成均匀的氯醋共聚物应该用何种聚合工艺？

答：该共聚体系的竞聚率为$r_1=1.68$，$r_2=0.23$，M_1 分子量=62.5，M_2 分子量=86，要合成含氯乙烯质量分数为80%的氯醋共聚物，此共聚物中含氯乙烯的摩尔分数

$$F_1=\frac{80/62.5}{80/62.5+20/86}=0.846$$

$$F_1=\frac{r_1f_1^2+f_1f_2}{r_1f_1^2+2f_1f+r_2f_2^2}=0.846$$

解得$f_1=0.75$

氯乙烯的活性大于乙酸乙烯酯的活性，因此随着共聚反应的进行，剩余物料中氯乙烯的比例下降，即f_1逐渐减小。因此要合成组成均匀的含氯乙烯质量分数为80%的共聚物，可采用f_1等于0.75的配料比进行投料，在反应过程中不断补加氯乙烯单体以维持体系中单体配比保持在0.75左右。由于氯乙烯单体为气体，其配比可按确定温度下的压力来计算。随着氯醋共聚物的生成，剩余物料中的f_1下降，体系压力会下降。因此补加氯乙烯的速度以维持体系一定压力为准。实际生产中常采取这一工艺。

15. 在20世纪40年代曾用$AlCl_3$为催化剂，氯甲烷为溶剂，在-100℃下由异丁烯(M_1)和丁二烯(M_2)经阳离子聚合制备丁基橡胶，得到的共聚物中异丁烯占98%(摩尔分数)。在该条件下，$r_1=115±15$，$r_2=0.02$。后将共聚单体改为异戊二烯(M_2)，其他条件不变，这时$r_1=2.5±0.5$，$r_2=0.4±0.1$。这一改变，使丁基橡胶的生产工艺控制和生产流程大大简化，丁基橡胶硫化物的质量也有提高。试对此进行分析讨论。

答：(1) 异丁烯-丁二烯共聚体系

$r_1=115±15$(异丁烯)，$r_2=0.02$(丁二烯)

f_1	0.1	0.2	0.3	0.4	0.5
F_1	0.921	0.963	0.98	0.987	0.991

根据上述数据要合成含丁二烯2%的共聚物，f_1应选0.3，这就是说，要得到含2%丁二烯的共聚物，物料中70%应为丁二烯。如果用f_1^0为0.5作为起始投料，当f_1降至0.2停止反应，这时共聚物中丁二烯的平均摩尔含量约为2.3%，但此时反应的转化率约为40%。

因此异丁烯和丁二烯共聚由于r_1与r_2相差太大，要保持共聚物组成在一个很小的范围内波动，必须严格控制转化率(低于40%)。这样就有大量的异丁烯和丁二烯要回收使用，而且每次投入的丁二烯量甚多，但实际参加反应的又很少。整个回收工艺复杂，反应控制亦难。所合成的共聚物组成波动较大，影响硫化胶的质量。

(2) 异丁烯-异戊二烯共聚体系

$r_1=2.5±0.5$(异丁烯)，$r_2=0.4±0.1$(异戊二烯)，是属于$r_1r_2=1$的理想共聚体系。要得到$F_1=0.98$的共聚物，$f_1=0.952$即可。按上面的方法计算，如果允许F_1在0.98~0.96之间变化，相应的f_1可在0.95~0.90之间变化，这时反应的转化率可达70%，如果在反应过程

中适当补充一些异丁烯，转化率还可控制得更高。这一共聚反应回收单体量少，异戊二烯可以不回收，所以生产流程大大简化。所得共聚物组成比较均匀，两单体单元又呈无规分布，硫化后橡胶质量比较高。

16. 考虑苯乙烯（M_1）和丙烯酸甲酯（M_2）在苯中的共聚合：$[M_1]_0=1.5mol/L$，$[M_2]_0=3.0mol/L$

（1）如果聚合在60℃，用BPO引发，$[BPO]_0$为$5.0\times10^{-4}mol/L$、$3.0\times10^{-3}mol/L$，那么起始共聚物的组成为多少？

（2）如果体系中有$5.0\times10^{-5}mol/L$的正丁基硫醇存在，则起始共聚物的组成为多少？

（3）如果用正丁基锂或BF_3与少量水引发，则共聚物组成如何变化？

答：(1)(2)只要引发方式一定，起始共聚物的组成就与采用何种引发剂、引发剂的浓度、链转移及终止方式无关。所以在(1)与(2)所叙述的三种情下，F_1皆相同。

因为$r_1=0.75$，$r_2=0.2$，所以

$$\frac{d[M_1]}{d[M_2]}=\frac{[M_1]}{[M_2]}\cdot\frac{r_1[M_1]+[M_2]}{r_2[M_2]+[M_1]}=\frac{1.5}{3.0}\times\frac{0.75\times1.5+3}{0.2\times3+1.5}=0.982$$

故$F_1=0.5$

(3) 如果用正丁基锂引发，则进行阴离子共聚，此时丙烯酸甲酯的活性提高，导致$r_1<1$，$r_2>1$。因此F_1下降，且小于0.5。

如果用(BF_3+H_2O)引发，则属阳离子共聚合，导致$r_1>1$，$r_2<1$。因此F_1上升，且大于0.5。

17. 怎样表示自由基和单体的相对活性？

答：(1)竞聚率的倒数(1/r)，以单体M_1为例，$1/r_1=k_{12}/k_{11}$，代表某自由基同另一单体反应的增长速率常数与该自由基同其本身单体自聚的增长速率的比值，可用来衡量两单体相对活性。

(2) $r_1=k_{11}/k_{12}$，其中k_{11}相当于单体M_1的均聚增长速率常数k_p，如果已知r_1和$k_{11}=k_p$，就可求得k_{12}值。用k_{12}来比较同一单体与不同自由基的反应，k_{12}越大，自由基的活性越高。

18. 已知竞聚率的大小取决于共聚单体对的结构，具体可归结成以下三个方面：(1)双键与取代基的共轭作用；(2)取代基的极性效应；(3)取代基的空间位阻。试判断以上三方面分别起主导作用时，单体对的结构，并各举一实例加以说明。

答：(1)共轭作用

具有共轭效应的单体活性大，其形成的自由基的活性小。而无共轭效应的单体不活泼，其形成的自由基活泼。

例如苯乙烯-乙酸乙烯酯，由于苯乙烯自由基上苯环的共轭效应较大而稳定，自由基的活性较低，而苯乙烯单体变成稳定的苯乙烯自由基的反应活化能低，反应能迅速进行，所以苯乙烯单体活性高；而乙酸乙烯酯单体正好相反，由于共轭效应很小，乙酸乙烯酯自由基活性高，其单体活性低。

(2) 极性效应

极性相反的单体易进行共聚，且极性(e)相差越大，其交替倾向越大，如苯乙烯$e=-0.8$，马来酸酐$e=2.25$，两者极性相差很大，可进行交替共聚。

(3) 位阻效应

1，2-二取代单体与链自由基加成时，两者的取代基靠的很近，位阻相应增加，而单体

活性下降。

19. 讨论温度、压力、溶剂对自由基共聚竞聚率的影响。

答：(1) 温度影响

竞聚率对温度的变化不敏感。一般情况是随着温度升高，竞聚率都有向 1 靠近的趋势，共聚向理想共聚方向发展

(2) 压力影响

压力的影响效果类似于温度的影响，即竞聚率随压力的变化不大，升高压力，竞聚率也有向 1 靠近的趋势。

(3)溶剂的影响

一般情况下，自由基共聚反应的单体竞聚率受溶剂介质影响较小，但对离子共聚影响很大。

20. 何为共聚物组成？共聚物组成与哪些因素有关？

答：将大分子链上两种结构单元的比例称为共聚物组成。可以用摩尔比或摩尔分率表示。

影响共聚物组成的因素：在没有解聚及没有前末端效应的二元共聚体系中，单体的相对活性(即竞聚率)及单体的组成(即投料比)是影响共聚物组成的因素。

21. 苯乙烯(M_1)和氯丁烯(M_2)共聚($r_1=17$，$r_2=0.02$)；氯乙烯(M_1)和顺丁烯二酸酐(M_2)共聚($r_1=0.9$，$r_2=0$)。试定性讨论这两组共聚合所生成的共聚物中，两单体单元的排列方式。

答：(1) 因为 $r_1=17$，$r_2=0.02$，$r_1 \gg r_2$，故得到的共聚物中，M_1 链段比 M_2 链段长，在许多 M_1 连接的长链上有 1~2 个 M_2 单体单元，即

$M_1\ M_1\ M_1\ M_1\ M_2\ M_1\ M_1\ M_1\ M_1\ M_1\ M_1\ M_1\ M_1 \cdots\cdots M_1\ M_1\ M_2\ M_2\ M_1\ M_1\ M_1$

(2) $r_1=0.9$，$r_2=0$，说明单体 M_2 只能共聚不能自聚，所得共聚物组成与(1)的情况相似，即在若干个 M_1 链段中只能加入一个 M_2 单体链节$\cdots\cdots M_1\ M_1\ M_1\ M_1\ M_2\ M_1\ M_1\ M_1\ M_1\ M_1 \cdots\cdots$，且 M_1 链段比(1)中的 M_1 链段短。

22. 在自由基聚合反应中，苯乙烯(St)的相对活性远大于乙酸乙烯酯(VAc)，试分析(1)乙酸乙烯酯均聚时，加入少量苯乙烯；(2)苯乙烯均聚时，加入少量乙酸乙烯酯，这两种情况聚合反应是否都能顺利进行。

答：乙酸乙烯酯($r_1=55$)和苯乙烯($r_2=0.01$)的共聚反应中存在以下四种链增长反应，其链增长速率常数如下：

～～St · + St ⟶ ～～StSt ·	$k_{11}=176\text{L}/(\text{mol}\cdot\text{s})$	(a)
～～St · + VAc ⟶ ～～StVAc ·	$k_{12}=3.2\text{L}/(\text{mol}\cdot\text{s})$	(b)
～～VAc · + VAc ⟶ ～～VAcVAc ·	$k_{22}=3700\text{L}/(\text{mol}\cdot\text{s})$	(c)
～～VAc · + St ⟶ ～～VAcSt ·	$k_{21}=370000\text{L}/(\text{mol}\cdot\text{s})$	(d)

(1) 第一种情况

如果乙酸乙烯酯单体中加有少量苯乙烯，由于 $k_{21} \gg k_{22}$，所以 ～～VAc · 很容易与 St 反应转变为 VAcSt ·，而 VAcSt · 活性很低，很难同活性低的 VAc 反应，再转变成 ～～StVAc · 则相当困难。因为体系中绝大部分单体是 VAc，所以少量苯乙烯的存在大大地降低了乙酸乙烯酯的聚合速率。

（2）第二种情况

如果苯乙烯均聚时，加入少量乙酸乙烯酯，St 反应形成的 ～～St· 活性低，很难同少量活性低的 VAc 反应，即(b)反应难于进行，聚合按(a)反应进行，所以少量乙酸乙烯酯对苯乙烯的均聚反应速率没有影响。

23. 下列各组 r_1、r_2 值的单体，预期生成什么类型聚合物？

（1）$r_1=0$，$r_2=0$

（2）$r_1 \gg 1$，$r_2 \gg 1$

（3）$r_1=1$，$r_2=1$

（4）$r_1 \gg 1$，$r_2=1$

（5）$r_1=\infty$，$r_2=0$

答：$r_1=k_{11}/k_{12}$，即链自由基 ～～$M_1\cdot$ 与单体 M_1 的均聚反应能力和它与单体 M_2 的共聚反应能力之比。

$r_2=k_{22}/k_{21}$，即链自由基 ～～$M_2\cdot$ 与单体 M_2 的均聚反应能力和它与单体 M_1 的共聚反应能力之比。

（1）$r_1=0$，$r_2=0$

说明 $k_{11}=0$，$k_{22}=0$，M_1 和 M_2 两单体都只能与对方共聚，不能自己均聚，生成交替共聚物。

（2）$r_1 \gg 1$，$r_2 \gg 1$

M_1 和 M_2 两单体自己均聚的能力远大于同对方的共聚能力，因此共聚产物为嵌段共聚物。

（3）$r_1=1$，$r_2=1$

M_1 和 M_2 两单体的均聚能力与对方的共聚能力相等，两种单体单元进入大分子链不受限制，产物为无规共聚物。

（4）$r_1 \gg 1$，$r_2=1$

单体 M_1 的均聚能力远大于同单体 M_2 的共聚能力，而单体 M_2 的均聚能力与共聚能力相等，产物为无规共聚物，但共聚物中 M_1 单体单元的含量高。

（5）$r_1=\infty$，$r_2=0$

$k_{12}=0$，$k_{22}=0$，说明 M_1 单体只能均聚不能与 M_2 单体共聚，M_2 单体不能均聚，只能与 M_1 共聚，因此产物为单体 M_1 的均聚物，单体 M_2 不反应。

24. 已知单体(M_1)和单体(M_2)的 Q、e 值，试根据 Q、e 值判断两单体属于何种共聚？

（1）$e_1=e_2$，$Q_1>Q_2$

（2）$e_1=e_2$，$Q_1=Q_2$

答：$r_1=\dfrac{Q_1}{Q_2}\exp[-e_1(e_1-e_2)]$，$r_2=\dfrac{Q_2}{Q_1}\exp[-e_2(e_2-e_1)]$

（1）$e_1=e_2$，$Q_1>Q_2$

代入上式得到 $r_1=\dfrac{Q_1}{Q_2}>1$，同理 $r_2<1$

$$r_1 \cdot r_2=\exp[-(e_1-e_2)^2]=1$$

故此反应为理想共聚。

（2）$e_1=e_2$，$Q_1=Q_2$

代入上式得到 $r_1=r_2=1$，$r_1 \cdot r_2=1$

故此反应为恒比共聚。

25. 试判断下列单体能否发生自由基共聚？

（1）对二甲基氨基苯乙烯($Q=1.51$，$e=-1.37$)-对硝基苯乙烯($Q=1.63$，$e=-0.39$)

（2）偏氯乙烯($Q=0.22$，$e=-0.36$)-丙烯酸酯($Q=0.42$，$e=-0.69$)

（3）丁二烯($Q=2.39$，$e=-1.45$)-氯乙烯($Q=0.044$，$e=0.2$)

（4）四氟乙烯($r_1=1.0$)-三氟乙烯($r_2=1.0$)

（5）α-甲基苯乙烯($r_1=0.038$)-马来酸酐($r_2=0.08$)

答：（1）两个单体 Q 值相近，可以共聚

由 $Q-e$ 方程得

$$r_1=\frac{Q_1}{Q_2}\exp[-e_1(e_1-e_2)]=0.24$$

$$r_2=\frac{Q_2}{Q_1}\exp[-e_2(e_2-e_1)]=1.28$$

$r_1 \times r_2=0.24 \times 1.58=0.38$ 为非理想共聚

（2）两个单体 Q，e 值相近，可以共聚

同(1)，由 $Q-e$ 方程得 $r_1=0.59$，$r_2=1.52$

$r_1 \times r_2=0.59 \times 1.52=0.9$

（3）两个单体 Q 值相差很大，难于共聚

由 $Q-e$ 方程，得丁二烯的竞聚率 $r_1=14.6$，氯乙烯的竞聚率 $r_2=0.014$。

丁二烯易发生自身均聚，不易与氯乙烯单体进行共聚；而氯乙烯不易自身均聚，与丁二烯共聚的能力也很小，所以基本上是丁二烯均聚物。

（4）两者很容易共聚，且为恒比共聚。

（5）两者竞聚率都趋近零，为交替共聚。

26. 丙烯酸 α-二茂铁乙酯(FEA)和丙烯酸二茂铁甲酯(FMA)分别与苯乙烯、丙烯酸甲酯、乙酸乙烯共聚，竞聚率如下：

M_1	M_2	r_1	r_2
FEA	St	0.41	1.06
FEA	MA	0.76	0.69
FEA	VAc	3.4	0.074
FMA	St	0.02	2.3
FMA	MA	0.14	4.4
FMA	VAc	1.4	0.46

（1）比较 FEA 和 FMA 单体的活性大小以及 FEA 和 FMA 自由基活性中心的活性大小。

（2）预测 FEA 和 FMA 在均聚时谁有较高的 k_p，并解释之。

（3）列出苯乙烯、丙烯酸甲酯、乙酸乙烯与 FEA 增长中心的活性递增顺序。这一活性增加次序和它对 FMA 增长中心的活性增加次序是否相同？

（4）上述共聚数据表征上述共聚反应是自由基、阳离子还是阴离子共聚？并解释之。

(5) 列出苯乙烯、丙烯酸甲酯、乙酸乙烯活性中心与 FEA 单体的反应活性次序。

答：(1)对苯乙烯自由基活性中心，FEA 和 FMA 单体相对活性分别为 1/1.06 和 1/2.3。对丙烯酸甲酯自由基活性中心，FEA 和 FMA 单体相对活性分别为 1/0.69 和 1/4.4；对乙酸乙烯自由基活性中心，FEA 和 FMA 单体相对活性分别为 1/0.074 和 1/0.46。可见，FEA 单体的活性比 FMA 单体的活性大。因此，FMA 自由基活性中心的活性比 FEA 自由基活性中心的活性大。

(2) 均聚反应的反应速率常数的大小与单体和自由基活性中心的活性都有关系，一般讲，自由基活性中心的影响要更大些，所以 FMA 在均聚时可能有较高的 k_p，但由题中所给条件无法做出确切判断。

(3) St、MA 和 VAc 三单体与 FEA 活性中心的相对反应活性为 1/0.41、1/0.76、1/3.4，因此三单体与 FEA 活性中心的活性次序为

$$St > MA > VAc$$

同理，St、MA 和 VAc 三单体与 FMA 活性中心的相对反应活性为 1/0.020、1/0.14、1/1.4，因此三单体与 FMA 活性中心的活性次序为

$$St > MA > VAc$$

与上面的次序完全相同。

(4) 聚合数据表明这些共聚反应是自由基共聚反应，因为单体活性次序符合自由基共聚规律。

(5) 自由基共聚活性次序与单体活性次序相反，故有

$$\sim\!\sim\!\sim St\cdot < \sim\!\sim\!\sim MA\cdot < \sim\!\sim\!\sim VAc\cdot$$

27. 甲基丙烯酸甲酯、丙烯酸甲酯、苯乙烯、马来酸酐、乙酸乙烯酯、丙烯腈等单体与丁二烯共聚，试以交替倾向的次序排列，并说明原因。

答：丁二烯-甲基丙烯酸甲酯

$$r_1 \cdot r_2 = 0.75 \times 0.25 = 0.188(90℃)$$

丁二烯-丙烯酸甲酯

$$r_1 \cdot r_2 = 0.76 \times 0.05 = 0.038(5℃)$$

丁二烯-苯乙烯

$$r_1 \cdot r_2 = 1.35 \times 0.58 = 0.783(50℃)$$

丁二烯-丙烯腈

$$r_1 \cdot r_2 = 0.30 \times 0.02 = 0.006(40℃)$$

马来酸酐、乙酸乙烯酯与丁二烯的值由 Q、e 值估算：

马来酸酐-丁二烯体系(马来酸酐 $Q=0.23$，$e=2.25$)

$$r_1 \cdot r_2 = 1.75 \times 10^{-5}$$

乙酸乙烯酯-丁二烯体系(VAc $Q=0.026$，$e=-0.22$)

$$r_1 \cdot r_2 = 0.50$$

$r_1 \cdot r_2$的值趋向零的程度可判断交替共聚倾向的大小(r_1r_2愈接近于零，交替共聚倾向愈大)，由上述的值可知：

上述单体与丁二烯产生交替共聚的次序为：

马来酸酐>丙烯腈>丙烯酸甲酯>甲基丙烯酸甲酯>乙酸乙烯酯>苯乙烯

4.5 计算题

1. 示意画出下列各对竞聚率的共聚物组成曲线，并说明其特征。$f_1=0.5$ 时，低转化率阶段的 F_2 约为多少？

情况	1	2	3	4	5	6	7	8	9
r_1	0.1	0.1	0.1	0.5	0.2	0.8	0.2	0.2	0.2
r_2	0.1	1	10	0.5	0.2	0.8	0.8	5	10

解：当 $f_1=0.5$ 时，$f_1=1-f_2=0.5$，即 $f_1=f_2$ 时

原式可简化为 $F_1=(r_1+1)/(r_1+2+r_2)$，由此式可计算出各种情况下的 F_1，再由 $1-F_1$ 算得 F_2

情况	1	2	3	4	5	6	7	8	9
F_2	0.50	0.65	0.91	0.50	0.50	0.50	0.60	0.83	0.90

计算值与图 4-5 中所查得的值相吻合。

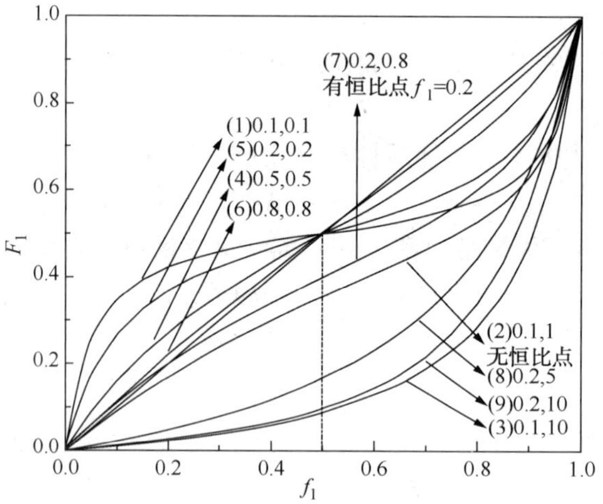

图 4-5　共聚物组成曲线

2. 已知苯乙烯(M_1)和1-氯-1,3-丁二烯(M_2)的共聚物中碳和氢的质量分数如下：

f_1	0.892	0.649	0.324	0.153
C 含量/%	81.80	71.34	64.59	58.69
H 含量/%	10.88	20.14	27.92	34.79

求共聚物中苯乙烯单元的相应含量 F_1。

解：设共聚物的组成为

$$-[CH_2-\underset{\large C_6H_5}{\underset{|}{CH}}]_m-[\underset{\large Cl}{\underset{|}{CH}}-CH=CH-CH_2]_n-$$

则 m 个苯乙烯链节内含 $8m$ 个碳原子，n 个氯丁二烯链节内含 $4n$ 个碳原子和 n 个氯原子，故

C 含量(%)$=\dfrac{(8m+4n)12}{104m+88.5n}$
（104，88.5 分别为苯乙烯和氯丁二烯链节的分子量）
H 含量(%)$=\dfrac{35.5n}{104m+88.5n}$

将已知 C 含量(%)和 H 含量(%)代入上二式中，即可求得 m 和 n。

则由 $F_1=m/(m+n)$ 可求得共聚物组成，结果见下表：

f_1	0.892	0.649	0.324	0.153
F_1	0.695	0.448	0.262	0.110

3. 若苯乙烯和丙烯腈在60℃进行自由基共聚反应1h后取出，用凯氏定氮法测定其共聚物的含氮量，数据如下。试定性描述用简易法求竞聚率(r_1，r_2)的方法步骤。

配料比：

	单体 M_1(苯乙烯)/g	**单体 M_2(丙烯腈)/g**	**N 含量/%(质量)**
①	m_1	n_1	A_1
②	m_2	n_2	A_2
③	m_3	n_3	A_3

苯乙烯链节分子量为104，丙烯腈链节分子量为53。

解：设 $R=[M_1]/[M_2]$，$\rho=d[M_1]/d[M_2]$

由含氮量可以得出聚合物中两种单体链节的摩尔比 ρ。

设有100份(质量)聚合物，则其中氮原子的物质的量(mol)为 $A/14$。即丙烯腈链节的物质的量(mol)为 $A/14$。那么可以进一步得出苯乙烯链节的物质的量(mol)为 $[100-(A/14)\times 53]/104$。所以有

$\rho_1=\{[100-(A_1/14)\times 53]/104\}/(A_1/14)$

$\rho_2=\{[100-(A_2/14)\times 53]/104\}/(A_2/14)$

$\rho_3=\{[100-(A_3/14)\times 53]/104\}/(A_3/14)$

同时：

$R_1=[M_1]_1/[M_2]_1=(m_1/M_1)/(n_1/M_2)=53m_1/104n_1$

$R_2=[M_1]_2/[M_2]_2=(m_2/M_1)/(n_2/M_2)=53m_2/104n_2$

$R_3=[M_1]_3/[M_2]_3=(m_3/M_1)/(n_3/M_2)=53m_3/104n_3$

根据共聚物组成方程

$$\left(R-\frac{R}{\rho}\right)=-r_2+r_1\frac{R^2}{\rho}$$

利用上述三组数据将 $R-\dfrac{R}{\rho}$ 和 R^2/ρ 作图，得一直线，则截距是 r_1、斜率是 $-r_2$。

4. 氯乙烯(M_1)与乙酸乙烯酯(M_2)在60℃下自由基共聚，$r_1=1.68$，$r_2=0.23$。求出当乙酸乙烯酯的浓度为15%（质量分数）时，对应的共聚物组成 F_1 是多少？

解：$r_1=1.68>1$，$r_2=0.23<1$，$r_1\cdot r_2<1$，故该反应属于非理想共聚中的非恒比共聚。

$$f_1=\frac{85/62.5}{85/62.5+15/86}=0.89 \qquad f_2=1-f_1=0.11$$

$$F_1=\frac{r_1f_1^2+f_1f_2}{r_1f_1^2+2f_1f_2+r_2f_2^2}=0.934$$

5. 苯乙烯(M_1)与甲基丙烯酸甲酯(M_2)共聚。60℃自由基共聚，$r_1=0.52$，$r_2=0.46$。

(1) 由 r_1，r_2 数值讨论该聚合反应属何种共聚？所得何种共聚物？

(2) 若 $f_1=0.2$，求低转化率时聚合物中苯乙烯的摩尔分数。

(3) 若想得到共聚物组成 $F_1=0.53$ 的共聚物且保持不变，则单体组成应如何控制？

(4) 若想得到共聚物组成 $F_1=0.6$ 的均匀共聚物，应采取何种方法？

解：(1) $r_1=0.52<1$，$r_2=0.46<1$，$r_1\cdot r_2<1$，则此反应为有恒比点的非理想共聚，所得到的共聚物为无规共聚物。

恒比共聚点为：$F_1=f_1=\frac{1-r_2}{2-r_1-r_2}=0.53$

(2) 当 $f_1=0.2$ 时　$f_2=0.8$

$$F_1=\frac{r_1f_1^2+f_1f_2}{r_1f_1^2+2f_1f_2+r_2f_2^2}=0.23$$

(3) 由(1)计算的恒比共聚点可知，当 $F_1=0.53$ 时，属于有恒比点共聚。因此按照 $f_1=0.53$，$f_2=0.47$ 的单体组成配料，高转化率下停止反应，就可以获得共聚物组成 $F_1=0.53$ 的共聚物且保持不变。

(4) $F_1=\frac{r_1f_1^2+f_1f_2}{r_1f_1^2+2f_1f_2+r_2f_2^2}=0.6$，解得 $f_1=0.428$

$F_1=0.6$ 时，位于对角线的下方，说明 M_2 单体活性高，故以 $f_1=0.428$ 的投料比投料，补加活性单体 M_2，即可得到均聚物。

6. 甲基丙烯酸甲酯(M_1)与1，3-丁二烯(M_2)在60℃下进行自由基共聚，$r_1=0.25$，$r_2=0.91$

(1) 若起始配料比为35/65 (质量比)，问是否可得到组成基本均匀的共聚物？

(2) 该共聚物中两单体的摩尔比为多少？

(3) 在何种单体摩尔配比投料条件下，可得到组成基本均匀的共聚物？

解：

(1) $r_1=0.25$，$r_2=0.91$，$r_1\cdot r_2<1$，则此反应为有恒比点的非理想共聚

在恒比共聚点处共聚物的组成等于单体组成，恒比共聚点为

$$F_{1(恒)}=f_{1(恒)}=\frac{1-r_2}{2-r_1-r_2}=0.107$$

当起始配料比为35/65 (质量比)时，$f_1=\frac{\frac{35}{100}}{\frac{35}{100}+\frac{65}{54}}=0.225$

与恒比共聚点处单体组成不相等，故不能得到组成基本均匀的共聚物。

(2) $F_1=\frac{r_1f_1+f_1f_2}{r_1f_1+2f_1f_2+r_2f_2}=0.254$

共聚物中两单体的摩尔比为$\frac{F_1}{F_2}=\frac{0.254}{0.746}=0.34$

（3）在以 $f_1=0.107$ 的单体摩尔配比投料条件下，可得到组成基本均匀的共聚物

7. 氯丁二烯（M_1）与丁二烯（M_2）在 50℃共聚，$r_1=3.14$，$r_2=0.059$，若想得到共聚物组成为，30/70（质量比）的均匀共聚物，

（1）应采取何种措施达到此目的？

（2）计算料液中两单体的摩尔比。

解：

（1）需要补加单体 M_1 即可得到均匀共聚物。

（2）$F_1=\dfrac{30/88.5}{30/88.5+70/54}=0.207$

$$F_1=\frac{r_1f_1^2+f_1f_2}{r_1f_1^2+2f_1f_2+r_2f_2^2}=\frac{3.41x^2+x}{3.41x^2+2x+0.059}=0.207$$

设 $\dfrac{f_1}{f_2}=x$

解出：$x=0.017$

故料液中两种单体的摩尔比为 0.017

8. 两单体的竞聚率 $r_1=2.0$，$r_2=0.5$，如 $f_1^0=0.50$，转化率 $C=50\%$，求共聚物的平均组成。

解：

$$r_1=2.0,\ r_2=0.5,\ f_1^0=0.50,\ f_2=(1-f_1)=0.5$$

$$\alpha=\frac{r_2}{1-r_2}=1,\ \beta=\frac{r_1}{1-r_1}=-2$$

$$\gamma=\frac{1-r_1r_2}{(1-r_1)(1-r_2)}=0,\ \delta=\frac{1-r_2}{2-r_1-r_2}=-1$$

将上述各值带入下式中

$$C=1-\left[\frac{f_1}{f_1^0}\right]^{\alpha}\left[\frac{f_2}{f_2^0}\right]^{\beta}\left[\frac{f_1^0-\delta}{f_1-\delta}\right]^{\gamma}=0.5$$ 解得 $f_1=0.414$

将 $f_1=0.414$ 带入下式得

$$\overline{F_1}=\frac{f_1^0-(1-C)f_1}{C}=\frac{0.5-(1-C)f_1}{C}=0.586$$

9. 已知苯乙烯的 Q 值为 1.00，e 值为 −0.80，丁二烯的 Q 值为 2.39，e 值为 −1.05，试计算苯乙烯、丁二烯的竞聚率。

解：已知苯乙烯的 Q_1 值为 1.00，e_1 值为 −0.8，

丁二烯的 Q_2 值为 2.39，e_2 值为 −1.05。

$$r_1=\frac{Q_1}{Q_2}\exp[-e_1(e_1-e_2)]$$

$$r_2=\frac{Q_2}{Q_1}\exp[-e_2(e_2-e_1)]$$

代入数值。

苯乙烯的竞聚率 $r_1=0.51$，丁二烯的竞聚率 $r_2=1.83$

第5章 聚合方法

5.1 知识要点

1. 掌握自由基聚合的各种方法概念及特点。
2. 掌握典型聚合物的本体、溶液、悬浮、乳液四种聚合方法的工业实施过程及控制方法。

5.2 名词解释

本体聚合(Bulk Polymerization)：本体聚合是单体本身、加入少量引发剂(或不加)的聚合。

悬浮聚合(Suspension Polymerization)：悬浮聚合一般是单体以液滴状悬浮在水中的聚合，体系主要由单体、水、油溶性引发剂、分散剂四部分组成。

溶液聚合(Solution Polymerization)：是指单体和引发剂溶于适当溶剂的聚合。

乳液聚合(Emulsion Polymerization)：是单体在水中分散成乳液状而进行的聚合，体系由单体、水、水溶性引发剂、水溶性乳化剂组成。

分散剂(Dispersant)：聚合分散剂大致可分为两类：①水溶性有机高分子物，作用机理主要是吸附在液滴表面，形成一层保护膜，起着保护胶体的作用，同时还使表面(或界面)张力降低，有利于液滴分散。②不溶于水的无机粉末，作用机理是细粉吸附在液滴表面，起着机械隔离的作用。

乳化剂(Emulsifier)：常用的乳化剂是水溶性阴离子表面活性剂，其作用有：①降低表面张力，使单体乳化成微小液滴。②在液滴表面形成保护层，防止凝聚，使乳液稳定，形成胶束，使单体增溶，亲水基伸向水层的一种状态。

胶束(Micelle)：当乳化剂浓度超过临界浓度(CMC)以后，一部分乳化剂分子聚集在一起，乳化剂的疏水基团伸向胶束内部。

亲水亲油平衡值(HLB)(Value of Hydrophile Lipophile Balance)：该值用来衡量表面活性剂中亲水部分和亲油部分对水溶性的贡献，值的大小表示亲水性的大小。

胶束成核(Micellar Nucleation)：在经典的乳液聚合体系中，由于胶束的表面积大，更有利捕捉水相中的初级自由基和短链自由基，自由基进入胶束，引发其中单体聚合，形成活性种，这就是所谓的胶束成核。

均相成核(Homogeneous Necleation)：又称水相成核。当选用水溶性较大的单体，溶于水的单体被引发聚合成的短链自由基将含有较多的单体单元，并有相当的亲水性，水相中多条这样较长的短链自由基相互聚集在一起，絮凝成核，以此为核心，单体不断扩散入内，聚合成乳胶粒，这个过程即为均相成核。

5.3 问答题

1. 简要解释下列名词，并指出它们之间的异同点：

(1) ①本体聚合；②气相聚合；③固相聚合；④熔融缩聚

(2) ①悬浮聚合；②乳液聚合；③界面缩聚

(3) ①溶液聚合；②淤浆聚合；③均相聚合；④沉淀聚合

答：(1) ① 不加任何其他介质(如溶剂、稀释剂或分散介质)，仅是单体在引发剂、热、光或辐射作用下引发的聚合反应，称作本体聚合。

② 只用极少量稀释剂作催化剂的分散介质，并在单体沸点以上的温度下聚合，称为气相聚合。例如丙烯以 Ti 系载体催化剂于 90℃、3.1~3.3MPa 压力下的聚合。这种聚合实际上是气相单体在固体催化剂上的本体聚合。

③ 固体(或晶相)单体在其熔点以下发生的聚合反应，或是在单体熔点以上但在形成的聚合物的熔融温度以下进行的聚合反应，称固相聚合。前者是“真正”的固相聚合，实质上是固体单体在不添加其他介质的本体聚合。

④ 聚合温度不仅高于参与聚合的单体的熔点，而且还常比形成的聚合物的熔融温度高出 10~20℃，整个聚合体系始终处于熔融状态，称熔融聚合。由于它常是固体的官能单体的缩聚，故常称熔融缩聚。这种聚合除有时加入少量催化剂外，一般均不加任何稀释介质，所以实质上它也是本体聚合。

(2) ①借助机械搅拌和悬浮剂的作用，使油溶性单体以小液滴(直径 $1\sim10^{-3}$cm)悬浮在水介质中，形成稳定的悬浮体进行聚合，称悬浮聚合，其聚合过程示意图如图 5-1 所示。

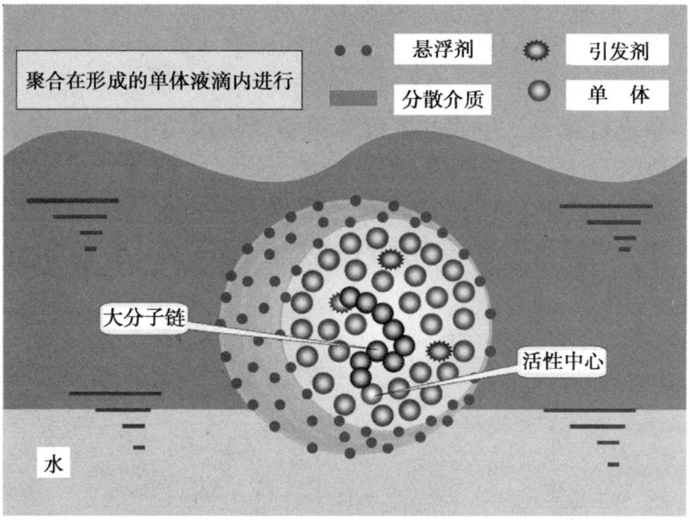

图 5-1　悬浮聚合的聚合过程示意图

② 借助机械搅拌和乳化剂的作用，使单体分散在水或水介质中形成稳定的乳液(粒子直径 1.5~5μm)并加入少量引发剂而聚合的反应，称乳液聚合。它在形式上和悬浮聚合同属非均相聚合体系，但是由于乳液聚合有胶束存在，使其聚合机理和聚合反应特征均和悬浮聚合显著不同。其聚合过程示意图如图 5-2 所示。

③ 两种单体分别溶于互不相溶的溶剂中，随后把两种单体溶液倒在一起，在两相界面上发生的快速缩聚反应称界面缩聚。其特点是：使用活泼单体，反应速度极快；两单体的配比和纯度要求不甚严格；大都是不可逆反应(区别于平衡缩聚)；缩聚反应可在静止的界面上，也可在搅拌下进行。它是非均相聚合体系，但聚合场所既不是在悬浮小液滴(悬浮聚合)，也不是在胶束中(乳液聚合)，而是在互不相溶的两相界面上发生。

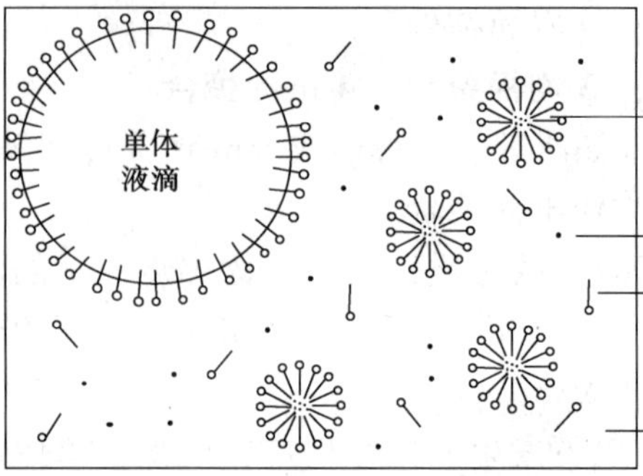

图 5-2　乳液聚合过程示意图

(3) ① 单体和引发剂溶于适当溶剂中进行的聚合反应称作溶液聚合。大多数情况下，生成的聚合物也溶于同一溶剂，整个聚合过程呈均相溶液。

② 催化剂(引发剂)和形成的聚合物均不溶于单体和溶剂(稀释剂)的聚合反应。由于催化剂在稀释剂中呈分散体，形成的聚合物也呈细分散体析出，整个聚合体系呈淤浆状，故专称淤浆聚合。由于聚合时使用了溶剂，一般也常归入溶液聚合范畴。

③ 单体、引发剂和形成的聚合物均溶于同一溶剂的聚合反应；或引发剂和形成的聚合物均溶于单体的本体聚合或熔融缩聚反应，聚合体系始终为均相者，均称作均相聚合。

④ 生成的聚合物不溶于单体和溶剂，在聚合过程中形成的聚合物不断沉淀析出的聚合反应，称沉淀聚合。将丙烯腈溶于水中(或分散在水中)，加入水溶性的氧化还原引发剂($NaClO_3/Na_2SO_3$)体系进行聚合，生成的聚丙烯腈不断从水相中析出，常专称丙烯腈的水相沉淀聚合。

2. 苯乙烯本体聚合的工业生产分为两个阶段。首先于80~85℃使苯乙烯预聚至转化率33~35%；然后流入聚合塔，塔内温度从100℃递升至200℃左右；最后将熔体挤出造粒。试解释采取上述步骤的原因。

答：苯乙烯本体聚合的工业生产流程图如5-3所示。

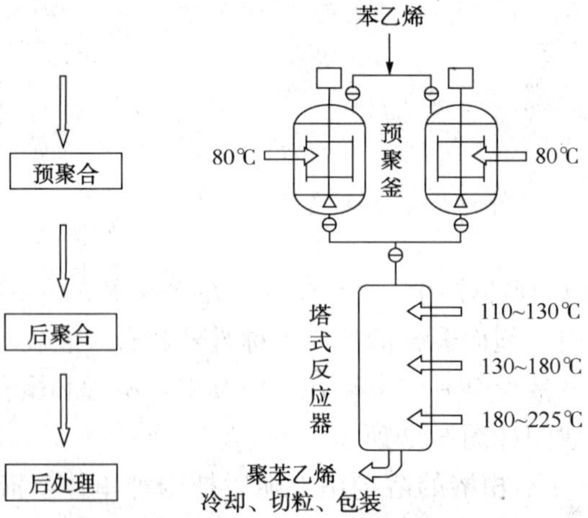

图 5-3　苯乙烯本体聚合的工业生产流程

如何排散聚合热，维持聚合温度恒定是实施本体聚合时必须考虑和解决的主要问题。苯乙烯本体聚合的生产分段进行，是为了先在较低温度下使苯乙烯以较低聚合速率转化，有利于聚合热的排散；同时由于转化率不高，聚合体系的黏度低，也有利于排散自动加速效应带来的集中放热，以避免由局部过热导致产物分子量分布较宽以及由温度失控而引起爆聚。在聚合塔中逐渐升温聚合是为了逐渐提高单体转化率，尽量使单体完全转化，减少残余单体。

3. 氯乙烯的悬浮聚合生产中，常需不断搅拌并加入悬浮剂。试分析它们对悬浮液稳定性的贡献。目前使用过的悬浮分散剂有哪几种？它们的作用机理有何不同？如何防止聚合物粘壁？如何观测聚合反应的进程和终点？

答：氯乙烯（VC）的悬浮聚合生产流程如图 5-4 所示。

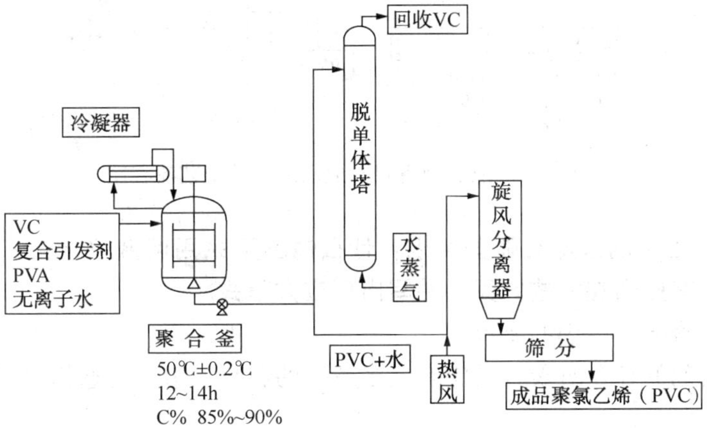

图 5-4 氯乙烯的悬浮聚合工艺流程

搅拌的剪切力可使油状单体在水中分散成小液滴。当液滴分散到一定程度后，剧烈搅拌反而有利于细小液滴的并核，特别是当聚合反应发生后，由于液滴中含有一定量的聚合物，此时搅拌增大了这些液滴的碰撞黏结概率，最后导致聚合物结块，所以单靠搅拌不能得到稳定的悬浮体系。体系中必须加入悬浮剂，以降低表面张力，使分散的小液滴表面形成一层保护膜，防止彼此并合和相互黏结，从而使聚合在稳定的悬浮液中的液滴中进行。如果只加悬浮剂，而不进行搅拌，则单体就不会自动分散成小液滴；同样不能形成稳定的悬浮体系。

可作悬浮剂的物质有：水性聚合物如聚乙烯醇（PVA）、明胶和苯乙烯-马来酸酐共聚物等，水不溶性无机物如碳酸镁、碳酸钡和硫酸钡等。它们的作用都是使液滴表面形成保护层，防止液滴的并合或黏结。但二者的作用机理不同，水溶性聚合物如聚乙烯醇的水溶液，可降低液滴的表面张力，有利于单体分散成小液滴，并能吸附在液滴表面形成保护层。同时，又能增加介质的黏度，阻碍液滴的碰撞黏结；明胶的作用类似，但使用时必须把介质的 pH 值控制在等电点以下，以防止明胶析出；不溶于水的无机盐如碳酸镁的作用，则是吸附在小液滴的表面起机械隔离，阻止其相互黏结。

聚合物粘壁（或称挂胶）是影响生产效率、费力费时的实际问题。试验过的防止粘壁措施有：采用刮壁式桨叶；特制镜面釜壁和釜壁上涂染料涂层。

由于氯乙烯的悬浮聚合是在氯乙烯沸点以上的温度，于密闭反应器进行，所以观察反应釜内的压力降就可判断聚合反应进程和终点。

4. 介绍乙酸乙烯酯的溶液聚合。

答：乙酸乙烯酯（VAc）在引发剂 AIBN 作用下，以甲醇为溶剂制备聚乙酸乙烯酯（PVAc）的工艺流程见图 5-5。

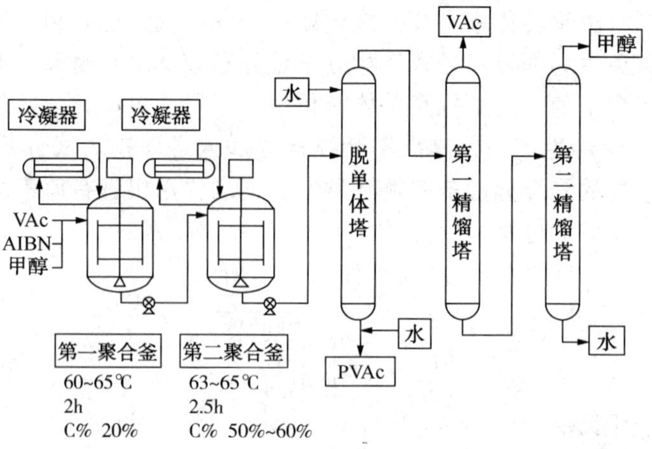

图 5-5　溶液法制备聚乙酸乙烯酯的工艺流程图

5. 溶液聚合对溶剂的选择有哪些要求？什么情况下采用溶液聚合方法？采用溶液聚合合成聚丙烯酰胺，其应用在哪些方面？并写出反应方程式。

答：(1) 溶液聚合对溶剂的要求

溶液聚合中溶剂的存在对聚合反应有或多或少的影响，溶剂的选择是相当重要的，一般遵循以下要求：

① 对引发剂的诱导分解作用小，以提高引发剂的引发效率。溶剂对偶氮类引发剂的影响很小，对有机过氧化物引发剂有较大的诱导分解作用，顺序为：芳烃、烷烃、醇、胺。

② 溶剂的链转移常数应低，以获得较高分子量的聚合物。尽量使用聚合物的良溶剂，以便控制聚合反应。

(2) 溶液聚合的应用

与本体聚合相比，溶液聚合具有黏度低、混合和传热容易以及反应温度容易控制等优点。但是，存在聚合物分离和溶剂回收问题。因此在聚合物溶液直接使用的情况，如涂料、胶黏剂、浸渍剂和合成纤维的纺丝液等，才采用溶液聚合。

丙烯酰胺为水溶性单体，其聚合物也溶于水。采用水作为溶剂进行溶液聚合，存在无毒、廉价和链转移常数小的优点。聚丙烯酰胺是一种优良的絮凝剂，水溶性好，被广泛地应用于石油开采、选矿和污水处理等方面。

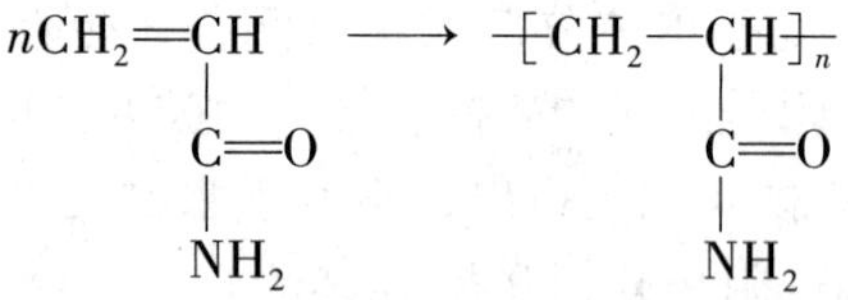

6. 乳液聚合的一般规律是：初期聚合速率随聚合时间的延长而逐渐增加，然后进入恒速聚合。之后，聚合速率逐渐下降。试从乳液聚合机理和动力学方程分析发生上述现象的原因。

答：乳液聚合机理是：在胶束中引发，随后在乳胶粒中进行增长。单体/聚合物乳胶粒平均只有一半含有自由基，因而其聚合速率方程为：

$$R_P = k_p[M][N]/2$$

式中，k_p为链增长常数；[M]为乳胶粒中单体浓度；[N]为乳胶粒数目。

由速率方程可知，当聚合温度一定时，k_p是常数，此时聚合速率主要取决于[M]和[N]。在聚合初期，由于单体液滴存在，扩散速度一定，所以乳胶粒中的单体浓度[M]也近似为常数。随着聚合反应的进行，乳胶粒的数目不断增多，由此导致聚合速率随聚合时间的延长而增大。当聚合进行一定时间后，乳胶粒的数目达到最大值，同时单体液滴又未消失，此时[N]和[M]都近似恒定，所以聚合速率进入恒速期。最后由于单体液滴消失，乳胶粒中的[M]急剧下降，导致聚合速率下降。

7. 氯乙烯于50℃进行悬浮聚合，试从下列引发体系中选取合用的引发剂体系。

(1) BPO；(2) AIBN；(3) $(NH_4)_2S_2O_8$；(4) $K_2S_2O_8$；

(5) $HOOH+Fe^{2+}$；(6) $C_6H_5C(CH_3)_2OOH$；(7) ABVN；

(8) $C_6H_{13}O-\underset{\underset{O}{\|}}{C}-O-O-\underset{\underset{O}{\|}}{C}-OC_6H_{13}$

答：选用(2)、(7)或(8)，或(7)与(8)并用。

8. 单体(如苯乙烯)在储存和运输过程中，常需加入阻聚剂。聚合前用何法除去阻聚剂？若取混有阻聚剂的单体聚合，将会发生什么后果？

答：苯乙烯在储存和运输过程中，为防止其聚合，常加入对苯二酚作阻聚剂。聚合前需先用稀 NaOH 洗涤，随后再用水洗至中性，干燥后减压蒸馏提纯；否则将出现不聚或有明显的诱导期。

9. 乳液聚合丁苯橡胶生产中有冷(胶)热(胶)之分。试分别列举一种引发剂体系和聚合条件。单体转化率通常控制在60%左右，为什么？聚合时如何调节聚合物颗粒的大小？

答：乳液聚合丁苯橡胶生产的工业流程见图 5-6。

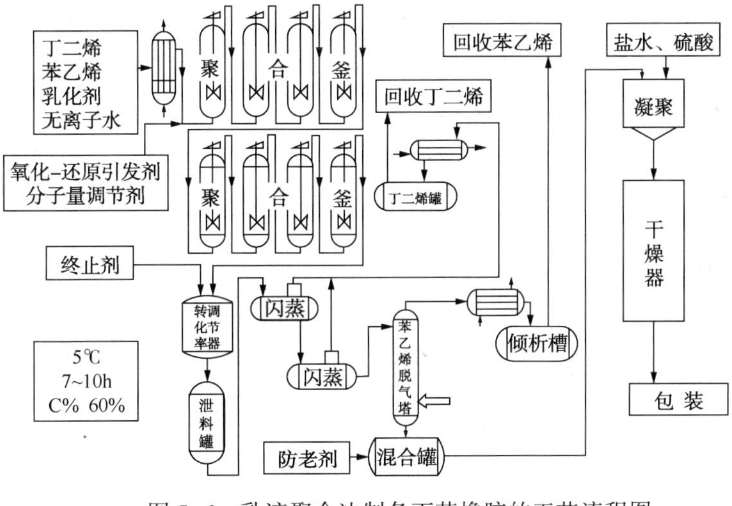

图 5-6 乳液聚合法制备丁苯橡胶的工艺流程图

(1) 引发剂体系和聚合条件

热丁苯：引发剂为 $K_2S_2O_8$，聚合温度为 50~60℃。

冷丁苯：引发剂体系为 $C_6H_5C(CH_3)_2OOH+Fe^{2+}$，聚合温度为 5℃。

(2) 转化率控制在 60%左右的主要原因

① 转化率再高，由于丁苯分子链的烯丙基氢发生链转移，产生支化或凝胶，导致质量变劣。

② 由于丁二烯的共聚活性远大于苯乙烯，随着转化率的提高，体系中剩余的苯乙烯相对增多，导致结合苯乙烯含量增大，甚至形成长序列苯乙烯嵌段，使弹性和力学性能下降。

③ 转化率>60%后，由于单体浓度减少导致聚合速率下降。再延长时间提高转化率，致使生产效率大大降低。

(3) 增大聚合物颗粒尺寸的措施

① 降低乳化剂的用量，但不能低于临界胶束浓度。

② 提高单体浓度，但单体(油相)与水相之比一般不大于1。

③ 适当降低聚合温度，但一般不能低于引发剂的分解温度(或产生自由基的最低温度)。

第 6 章　离子聚合

6.1　知识要点

1. 掌握离子型聚合的单体及引发体系、单体与引发剂的匹配关系、离子聚合的活性种形式、反应机理及其特点、活性聚合物和化学计量聚合的概念、活性聚合物应用。

2. 理解离子聚合的动力学，溶剂、温度及反离子对反应速率及分子量的影响。

3. 了解离子共聚合、开环聚合。

6.2　名词解释

活性聚合(Living Polymerization)：当单体转化率达到 100%时，聚合仍不终止，形成具有反应活性聚合物(活性聚合物)的聚合，称作活性聚合。

化学计量聚合(Stoichiometric Calculation Polymerization)：阴离子的活性聚合由于其聚合度可由单体和引发剂的浓度定量计算确定，因此也称作化学计量聚合。

开环聚合(Ring-opening Polymerization)：环状单体在引发剂作用下开环，形成线型聚合物的聚合反应。

离子聚合(Ionic Polymerization)：活性中心为阴、阳离子的连锁聚合。

阳离子聚合(Cationic Polymerization)：以阳离子作为活性中心的连锁聚合。

阴离子聚合(Anionic Polymerization)：以阴离子作为活性中心的连锁聚合。

6.3　问答题

1. 离子聚合理论与自由基聚合理论的区别是什么?

答：离子聚合的理论研究开始于 20 世纪 50 年代。1953 年，Ziegler 在常温低压下制得 PE；1956 年，Szwarc 发现了“活性聚合物”。

离子聚合有别于自由基聚合的特点：

根本区别在于聚合活性种不同。离子聚合的活性种是带电荷的离子：通常是碳阳离子或者碳阴离子；自由基聚合的活性中心为碳自由基(C・)。

离子聚合对单体有较高的选择性：带有 1，1-二烷基、烷氧基等推电子基的单体才能进行阳离子聚合；具有腈基、羰基等强吸电子基的单体才能进行阴离子聚合；羰基化合物、杂环化合物，大多属离子聚合。

聚合机理和动力学研究不如自由基聚合成熟。

原因：聚合条件苛刻，微量杂质有极大影响，聚合重现性差；聚合速率快，需低温聚合，给研究工作造成困难；反应介质的性质对反应也有极大的影响，影响因素复杂。

2. 将下列单体和引发剂进行匹配。说明聚合反应类型并写出反应式。

单体：

(1) CH_2═CH—C_6H_5(苯乙烯)

(2) CH_2═C(CN)$_2$(偏二腈乙烯)

(3) $CH_2=C(CH_3)_2$（异丁烯）

(4) $CH_2=CHO(n-C_4H_9)$（丁基乙烯基醚）

(5) $CH_2=CHCl$（氯乙烯）

(6) $CH_2=C(CH_3)COOCH_3$（甲基丙烯酸甲酯）

引发剂：

(1) 过氧化二苯甲酰（BPO）

(2) $(CH_3)_3COOH$（过氧化氢叔丁基）$+Fe^{2+}$

(3) Na-萘

(4) BF_3+H_2O（三氟化硼+水）

(5) n-C_4H_9Li（正丁基锂）

答：

(1) $CH_2=CH—C_6H_5$可被引发剂(1)～(5)引发聚合。

(2) $CH_2=C(CN)_2$可被引发剂(3)和(5)引发聚合。

(3) $CH_2=C(CH_3)_2$可被引发剂(4)引发聚合。

(4) $CH_2=CHO(n-C_4H_9)$可被引发剂(4)引发聚合。

(5) $CH_2=CHCl$ 可被引发剂(1)和(2)引发聚合。

(6) $CH_2=C(CH_3)COOCH_3$可被引发剂(1)、(2)、(3)、(5)引发聚合。

有关引发反应式如下：

(1) $CH_2=CH—C_6H_5$

① 采用过氧化二苯甲酰（BPO）属自由基聚合。

BPO 按两步分解。第一步均裂成苯甲酸基自由基，有单体存在时，即引发聚合；无单体存在时，进一步分解成苯基自由基，并析出 CO_2，但分解不完全。

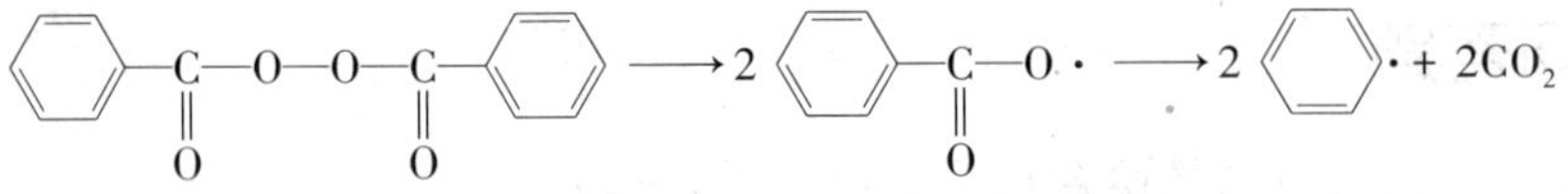

$$C_6H_5CO_2^{\cdot}+CH_2=CHC_6H_5 \longrightarrow C_6H_5CO_2CH_2\dot{C}HC_6H_5$$

② 采用 Na-萘引发剂属阴离子聚合（双阴离子引发聚合）

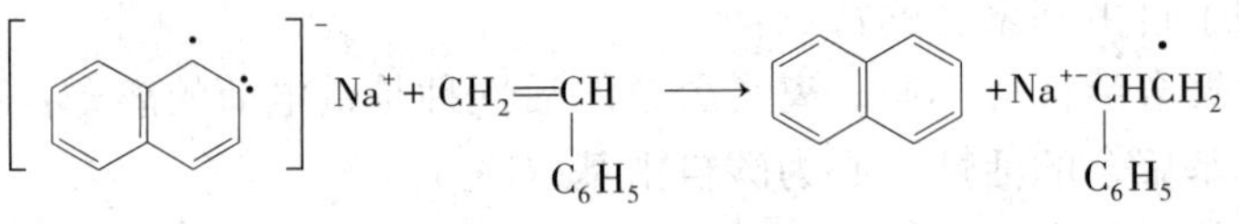

$$2Na^{+-}\dot{C}H(C_6H_5)CH_2 \longrightarrow Na^{+-}CH(C_6H_5)CH_2CH_2-CH(C_6H_5)Na^{+}$$

③ 采用 BF_3+H_2O 引发剂属阳离子聚合

$$BF_3+H_2O \longrightarrow H^+(BF_2OH)^-$$

$$CH_2=CHC_6H_5+H^+(BF_2OH)^- \longrightarrow CH_3C^+H(C_6H_5)(BF_3OH)^-$$

④ 采用 n-C_4H_9Li 引发剂属阴离子聚合（单阴离子引发聚合）

$$CH_2=CHC_6H_5+n\text{-}C_6H_9Li \longrightarrow n\text{-}C_4H_9CH_2C^-H(C_6H_5)Li^+$$

(2) $CH_2═C(CN)_2$

① 采用 Na-萘引发剂属阴离子聚合

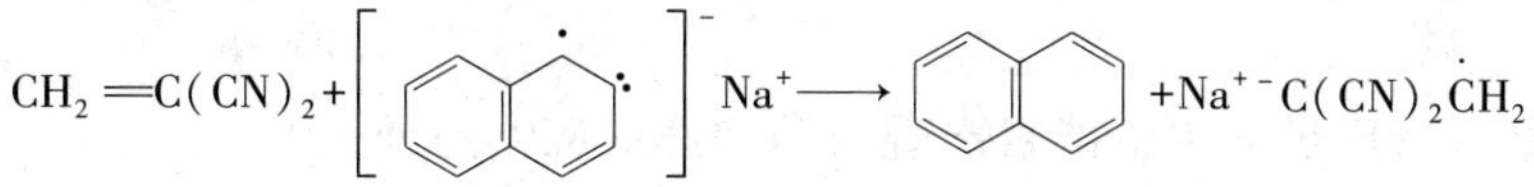

② 采用 n-C_4H_9Li 引发剂属阴离子聚合

$$CH_2═C(CN)_2+n\text{-}C_4H_9Li \longrightarrow n\text{-}C_4H_9—CH_2—{}^{-}C(CN)_2Li^+$$

(3) $CH_2═C(CH_3)_2$

采用 BF_3+H_2O 引发剂属阳离子聚合

$$BF_3+H_2O \longrightarrow H^+(BF_3OH)^-$$

$$CH_2═C(CH_3)_2+H^+(BF_3OH)^- \longrightarrow CH_3C^+(CH_3)_2(BF_3OH)^-$$

(4) $CH_2═CHO(n\text{-}C_4H_9)$

采用 BF_3+H_2O 引发剂属阳离子聚合

$$BF_3+H_2O \longrightarrow H^+(BF_3OH)^-$$

$$CH_2═CHO—n\text{-}C_4H_9+H^+(BF_3OH)^- \longrightarrow CH_3\underset{\substack{|\\O(n\text{-}C_4H_9)}}{C^+}H(BF_3OH)^-$$

(5) $CH_2═CHCl$

① 采用过氧化二苯甲酰(BPO)属自由基聚合

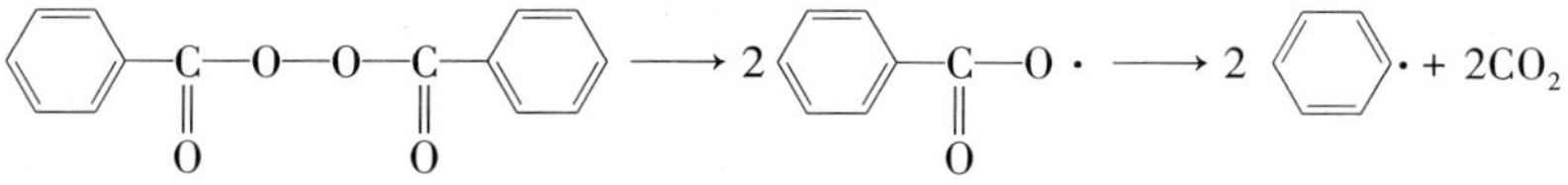

$$CH_2═CHCl+C_6H_5\overset{\substack{O\\ \|}}{C}O\cdot \longrightarrow C_6H_5CO_2CH_2\dot{C}HCl$$

② 采用$(CH_3)_3COOH$(过氧化氢叔丁基)$+Fe^{2+}$属自由基聚合

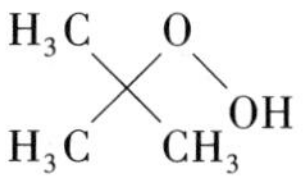

$$(CH_3)_3COOH+Fe^{2+} \longrightarrow (CH_3)_3CO\cdot+OH^-+Fe^{3+}$$

$$CH_2═CHCl+(CH_3)_3CO\cdot \longrightarrow (CH_3)_3COCH_2\dot{C}HCl$$

(6) $CH_2═C(CH_3)COOCH_3$

① 采用过氧化二苯甲酰(BPO)属自由基聚合(略)。

② 采用$(CH_3)_3COOH$(过氧化氢叔丁基)$+Fe^{2+}$属自由基聚合

$$(CH_3)_3CO\cdot+CH_2═C(CH_3)COOCH_3 \longrightarrow (CH_3)_3COCH_2\underset{\substack{|\\COOCH_3}}{\dot{C}}CH$$

③ 采用 Na-萘引发剂属阴离子聚合属阴离子聚合(双阴离子引发聚合)

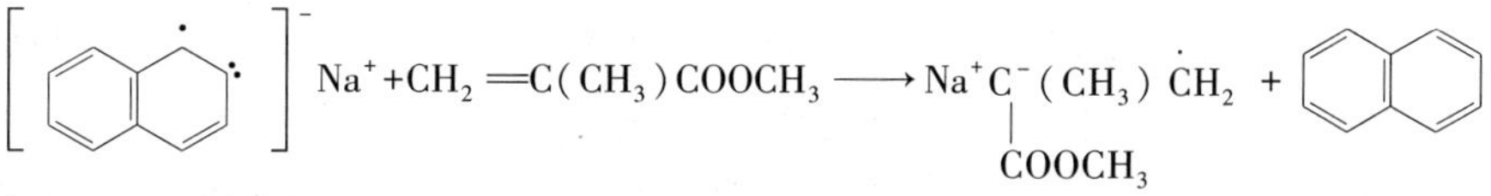

$$2Na^+\underset{\substack{|\\COOCH_3}}{C^-}(CH_3)\dot{C}H_2 \longrightarrow Na^+\underset{\substack{|\\COOCH_3}}{C^-}(CH_3)CH_2CH_2\underset{\substack{|\\COOCH_3}}{C^-}(CH_3)Na^+$$

④ 采用 n-C_4H_9Li 引发剂属阴离子聚合(单阴离子引发聚合)

$$CH_2=C(CH_3)COOCH_3 + n\text{-}C_4H_9Li \longrightarrow n\text{-}C_4H_9CH_2\underset{\underset{\displaystyle COOCH_3}{|}}{C^-}(CH_3)Li^+$$

3. 在离子聚合反应过程中，能否出现自动加速效应？为什么？

答：在离子聚合反应过程中不会出现自动加速现象。

自由基聚合反应过程中出现自动加速现象的原因是：随着聚合反应的进行，体系的黏度不断增大。当体系黏度增大到一定程度时，双基终止受阻碍，因而 k_t 明显变小，链终止速率下降；但单体扩散速率几乎不受影响，k_p 下降很小，链增长速率变化不大，因此相对提高了聚合反应速率，出现了自动加速现象。在离子聚合反应过程中由于相同电荷互相排斥不存在双基终止，因此不会出现自动加速效应。

4. 在离子聚合反应过程中，活性中心离子和反离子之间的结合有几种形式？其存在形式受哪些因素的影响？不同存在形式和单体的反应能力如何？

答：在离子聚合中，活性中心正离子和反离子之间有以下几种结合方式：

$$\underset{\text{共价键}}{A—B} \rightleftharpoons \underset{\text{接触离子对(紧张)}}{A^+B^-} \rightleftharpoons \underset{\text{溶剂分开的离子对(松对)}}{A^+//B^-} \rightleftharpoons \underset{\text{自由离子}}{A^+ + B^-}$$

以上各种形式之间处于平衡状态。结合形式和活性种的数量受溶剂性质、温度及反离子等因素的影响。

溶剂的溶剂化能力越大，越有利于形成松对甚至自由离子；随着温度的降低，离解平衡常数(K 值)变大，因此温度越低越有利于形成松对甚至自由离子；反离子的半径越大，越不易被溶剂化，所以一般在具有溶剂化能力的溶剂中随反离子半径的增大，形成松对和自由离子的可能性减小；在无溶剂化作用的溶剂中，随反离子半径的增大，A^+ 与 B^- 之间的库仑引力减小，A^+ 与 B^- 之间的距离增大。

活性中心离子与反离子的不同结合形式和单体的反应能力顺序如下：

$$A^+ + B^- > A^+//B^- > A^+B^-$$

共价键连接的 A—B 一般无引发能力。

5. 为什么阳离子聚合反应一般需要在很低温度下进行才能得到高分子量的聚合物？

答：因为阳离子聚合的活性种一般为碳阳离子。碳阳离子很活泼，极易发生重排和链转移反应。向单体的链转移常数($C_M \approx 10^{-2} \sim 10^{-4}$)比自由基聚合($C_M \approx 10^{-4} \sim 10^{-5}$)大的多。为了减少链转移反应的发生，提高聚合物的分子量，所以阳离子反应一般需在低温下进行。

6. 分别叙述进行阴离子、阳离子聚合时，控制聚合反应速率和聚合物分子量的主要方法。

答：进行离子聚合时，一般多采用改变聚合反应温度或改变溶剂极性的方法来控制聚合反应速率。

阴离子聚合一般为无终止聚合，所以通过改变引发剂的用量可调节聚合物的分子量。有时也通过加入链转移剂(例如甲苯)调节聚合物的分子量。

阳离子聚合极易发生链转移反应。链转移反应是影响聚合物分子量的主要因素，而聚合反应温度对链转移反应的影响很大。所以一般通过控制聚合反应温度来控制聚合物的分子量。有时也通过加入链转移剂来控制聚合物的分子量。

7. 为什么进行阴离子聚合和配位聚合反应时需预先将原料和聚合容器净化、干燥、除去空气，并在密封条件下聚合？

答：离子聚合和配位聚合的引发剂及活性链均很活泼，许多杂质以及空气中的水、O_2、CO_2均可破坏引发剂使活性中心失活。因此，对所用溶剂、单体等以及聚合容器必须进行严格净化和干燥。聚合反应必须在密封条件下进行，否则将导致聚合失败。

8. 写出以氯甲烷为溶剂，以$SnCl_4$为引发剂的异丁烯聚合反应机理。

答：链引发：$CH_3Cl+SnCl_4 \longrightarrow \overset{+}{C}H_3(SnCl_5)^-$

链增长：$\overset{+}{C}H_3(SnCl_5)^-+CH_2=C(CH_3)_2 \longrightarrow CH_3CH_2\overset{\displaystyle CH_3}{\underset{\displaystyle CH_3}{C^+}}(SnCl_5)^-$

链终止：$CH_3CH_2\overset{\displaystyle CH_3}{\underset{\displaystyle CH_3}{C^+}}(SnCl_5)^- + nCH_2=C(CH_3)_2 \longrightarrow CH_3\!\left[\!CH_2\overset{\displaystyle CH_3}{\underset{\displaystyle CH_3}{C}}\right]_n\!CH_2\overset{\displaystyle CH_3}{\underset{\displaystyle CH_3}{C^+}}(SnCl_5)^-$

（1）向单体转移终止(动力学链不终止)

$$\sim\!\sim CH_2-\overset{\displaystyle CH_3}{\underset{\displaystyle CH_3}{C^+}}(SnCl_5)^-+nCH_2=C(CH_3)_2 \begin{cases}\longrightarrow \sim\!\sim CH_2C(CH_3)=CH_2+(CH_3)_3C^+(SnCl_5)^- \\ \longrightarrow \sim\!\sim CH_2CH(CH_3)_2+CH_2=C(CH_3)_3C^+H_2(SnCl_5)^-\end{cases}$$

（2）自发链终止(动力学链不终止)

$$\sim\!\sim CH_2-\overset{\displaystyle CH_3}{\underset{\displaystyle CH_3}{C^+}}(SnCl_5)^- \longrightarrow \sim\!\sim CH_2C(CH_3)=CH_2+H^+(SnCl_5)^-$$

（3）与反离子的一部分结合

$$\sim\!\sim CH_2-\overset{\displaystyle CH_3}{\underset{\displaystyle CH_3}{C^+}}(SnCl_5)^- \longrightarrow \sim\!\sim CH_2C(CH_3)_2Cl+SnCl_4$$

和反离子结合后生成的$SnCl_4$还可以和溶剂CH_3Cl重新生成引发剂，故动力学链仍未终止。

（4）与链转移剂或终止剂反应

$$\sim\!\sim CH_2-\overset{\displaystyle CH_3}{\underset{\displaystyle CH_3}{C^+}}(SnCl_5)^- + AB \longrightarrow \sim\!\sim CH_2C(CH_3)_2B+A^+(SnCl_5)^-$$

与链转移剂的反应是否属于动力学链终止，要看生成的$A^+(SnCl_5)^-$是否有引发活性。与终止剂的反应物一般无引发活性，属动力学链终止。

9. 何谓异构化聚合？举例说明产生异构化的原因。

答：增长过程种伴有分子内重排的聚合常称异构化聚合。

阳离子聚合易发生重排反应。重排反应常通过电子、键、原子或原子团的转移进行。重排反应的推动力：活性离子总是倾向于生成热力学稳定结构。碳阳离子稳定性顺序：伯碳阳离子<仲碳阳离子<叔碳阳离子。例如在 3-甲基-1-丁烯的聚合过程中(催化剂为 $AlCl_3$，溶剂为氯乙烷)，伴随有仲碳阳离子异构化为叔碳阳离子的反应，所有聚合产物含有两种结构单元，即：

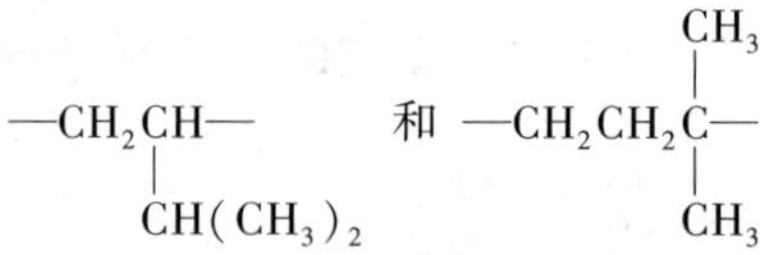

10. 何为活性聚合物？为什么阴离子聚合又称为活性聚合？

答：活性聚合物是指在链增长反应中，活性链直到单体全部耗尽仍保持活性的聚合物，再加入单体还可以继续引发聚合，聚合物的分子量继续增加。

在阴离子聚合反应中，带相同电荷的活性链离子不能发生双基终止；活性链负碳离子的反离子常为金属离子，而不是原子团，它一般不能夺取链中的某个原子或 H^+ 而终止；活性链通过脱去 H^+ 发生链终止又很困难，所以当体系中无引起链转移或链终止的杂质时，实际上是无终止聚合，即活性聚合。

11. 合成分子量窄分布聚合物的聚合反应条件有哪些？

答：① 在聚合过程中不发生链转移和链终止。

② 与链增长速度相比，链引发速度相对很快，链增长几乎同时开始。

③ 搅拌良好，反应物的反应机会均等。

④ 解聚可以忽略。

12. 现有 DPPH 和苯醌两种试剂，用其如何区别自由基聚合、阳离子聚合和阴离子聚合这三种反应？

答：已经知道三种聚合反应的阻聚剂如下：

自由基聚合：氧、DPPH、苯醌；

阳离子聚合：极性物质水、醇、碱性物质、苯醌；

阴离子聚合：极性物质水、醇、酸性物质、二氧化碳。

阻聚剂 DPPH 和苯醌对这三种反应所表现的阻聚作用不同：

DPPH(1，1-二苯基-2-三硝基苯肼)是高效自由基捕获剂，它能非常有效地捕获初级自由基，常称为自由基捕获剂。DPPH 通过链转移反应消灭自由基，一个 DPPH 分子能够按化学计量消灭一个自由基，因此可以用来测定引发速率。亦即 DPPH 是自由基的阻聚剂，但它对离子聚合无阻聚作用，故借助 DPPH 对自由基聚合产生阻聚作用、而对离子聚合不产生阻聚作用的原理，可将自由基聚合和离子聚合区分开来。而苯醌是阳离子聚合的阻聚剂，可据此区分阳离子聚合和阴离子聚合。

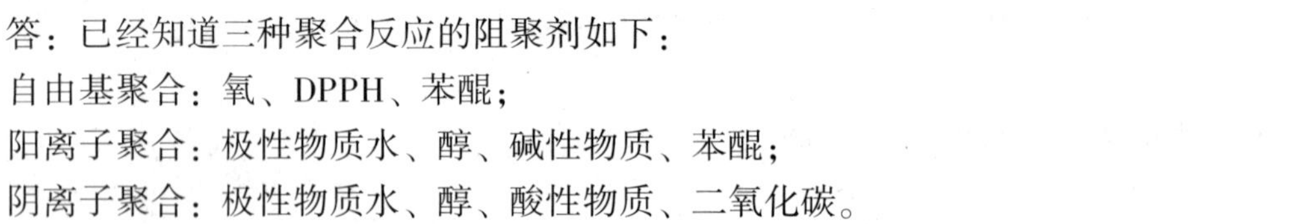

13. 试从单体、引发剂、聚合方法及反应的特点等方面对自由基、阴离子和阳离子聚合反应进行比较。

答：

聚合反应	自由基聚合	离子聚合	
		阳离子聚合	阴离子聚合
引发剂	受热易产生自由基的物质 偶氮类，过氧类 氧化还原体系	易产生活性阳离子的物质 Lewis 酸，质子酸 亲电试剂	易产生活性阴离子的物质 碱金属，金属有机化合物 亲核试剂
单体活性	弱吸电子基的乙烯基单体 共轭烯烃	强推电子取代基的烯类单体 易极化为负电性的单体	强吸电子取代基烯类单体 易极化为正电性的单体 环状化合物 羰基化合物
基元反应 聚合比较	慢引发、快增长、速终止、可转移	快引发、快增长、易转移、难终止	快引发、慢增长、无终止
终止方式	常为双基终止	常为单基终止 向反离子转移终止 与反离子结合终止 与反离子部分碎片结合终止 向单体或链转移剂转移终止	常为单基终止 往往无终止，活性聚合物，添加其他试剂终止
聚合速度	$R_p \propto [I]^{1/2}$ 存在自动加速现象	$R_p \propto [C]$ 无自动加速现象	
聚合度	$\frac{1}{\overline{X}_n}=\frac{k'}{[M]}+c_M+c_S\cdot\frac{[S]}{[M]}$		$\overline{X}_n=\frac{n[M]}{[C]}$
溶剂影响	向溶剂链转移，降低分子量 笼蔽效应，降低引发剂效率 降低了单体浓度，R_p 略有降低	影响离子对的形态，从而影响 R_p、X_n 等	
常用溶剂	甲醇、苯、DMF	卤代烃、CS_2、液态 SO_2、CO_2	液氨、THF、二氧六环
水的影响	可作溶剂，进行悬浮、乳液聚合 水具有除去聚合热的作用	少量水可使反应终止，要防湿	
阻聚剂	氧、DPPH、苯醌	极性物质水、醇 碱性物质，苯醌	极性物质水、醇，酸性物质，CO_2
聚合温度	取决于引发剂的分解温度一般为 50~80℃	引发反应活化能很小，低温聚合一般为-70~-100℃	
实施方法	本体、溶液、悬浮、乳液、超临界 CO_2 聚合	本体、溶液	

6.4 计算题

1. 2.0mol/L 苯乙烯的二氯乙烷溶液，于 25℃时在 4.0×10^{-4} mol/L 硫酸存在下聚合，计算开始时的聚合度。假如单体溶液中含有浓度为 8.0×10^{-5} mol/L 的异丙苯，那么聚苯乙烯的聚合度是多少？为便于计算，可利用下列数据。

参数：	数值
k_p[L/(mol·s)]	7.6
$k_{t1}(s^{-1})$自发终止	4.9×10^{-2}
$k_{t_2}(s^{-1})$与反离子结合终止	6.7×10^{-3}
$k_{tr,M}$[L/(mol·s)]	1.2×10^{-1}
C_S(25℃，在二氯乙烷中用异丙苯作转移剂)	4.5×10^{-2}

解：阳离子聚合速率方程为

$$R_p=k_p[M][M^+]=7.6\times2.0\times4.0\times10^{-4}=6.08\times10^{-3}\quad \text{mol/(L·s)}$$

该体系终止反应为自发终止、与反离子结合终止、向单体转移终止之和

$$R_t=k_{t1}[M^+]+k_{t2}[M^+]+k_{tr,M}[M^+][M]$$

$$(\bar{X}_n)_0=\frac{R_p}{R_t}=\frac{k_p[M]}{k_{t_1}+k_{t_2}+k_{tr,M}[M]}$$

$$=\frac{7.6\times2.0}{4.9\times10^{-2}+6.7\times10^{-3}+1.2\times10^{-1}\times2.0}=51.4$$

存在链转移剂异丙苯时

$$\frac{1}{\bar{X}_n}=\frac{1}{(\bar{X}_n)_0}+C_S\frac{[S]}{[M]}$$

$$=\frac{1}{51.4}+4.5\times10^{-2}\times\frac{8.0\times10^{-5}}{2.0}=0.0195$$

$$\bar{X}_n=51.4$$

2. 将 1.0×10^{-3}mol 萘钠溶于四氢呋喃中，然后迅速加入 2.0mol 的苯乙烯，溶液的总体积为 1L。假如单体立即均匀混合，发现 2000s 内已有一半单体聚合，计算在聚合了 2000s 和 4000s 时的聚合度。

解：无终止的阴离子聚合速率为 $R_p=k_p[M^-][M]$

以萘钠为引发剂时，由于聚合开始前，引发剂就定量地离解成活性中心

$[M^-]=[C]=1.0\times10^{-3}$mol/L

将 R_p 式改写为 $-d[M]/dt=k_p[C][M]$

积分得 $\ln([M]_0/[M])=k_p[C]t$

已知 $t_1=2000$s 时，$[M]_0/[M]_1=2$，代入上面积分式：

$\ln2=k_p\times2000$

$k_p[C]=\ln2/2000$

设当 $t_2=4000$s 时，剩余单体浓度为$[M]_2$

$\ln([M]_0/[M]_2)=k_p[C]t_2=\ln2/2000\times4000=1.386$

$[M]_2=[M]_0/4$

则反应掉的单体浓度为$[M]_0-[M]_0/4=3[M]_0/4$

根据阴离子聚合的聚合度公式 $\overline{X}_n=n[M]/[C]$ （双阴离子 $n=2$） $[C]$为引发剂浓度

聚合到 2000s 时，单体转化率为 50%，则反应掉的单体浓度为$50\%[M]_0$

$\overline{X}_n=n\times50\%[M]_0/[C]=2\times50\%\times2.0/(1.0\times10^{-3})=2000$

已求得聚合到 4000s 时，反应掉的单体浓度为$3[M]_0/4$

$\overline{X}_n=n\times(3[M]_0/4)/[C]=2\times(3/4)\times2.0/(1.0\times10^{-3})=3000$

3. 用 $TiCl_4$作催化剂和水作共催化剂，使异丁烯在一定反应条件下于苯中进行阳离子聚合时，实验的聚合速率方程式为 $R_p=k[TiCl_4][M][H_2O]^0$。如果链终止是通过活性增长中心重排进行的，并产生不饱和端基聚合物和催化剂–共催化剂络合物。

（1）试写出这个聚合反应的机理，推导聚合速率和聚合度方程。

（2）在什么条件下聚合速率对$[H_2O]$为一级反应，对$[TiCl_4]$为零级反应以及对$[M]$为二级反应，即 $R_p=k[H_2O][M]^2[TiCl_4]^0$?

解：(1) 根据题意，有下述机理：

引发：

$$TiCl_4+H_2O \xrightleftharpoons{K_{络}} H^{\oplus}(TiCl_4OH)^{\ominus}$$

$K_{络}$为引发剂和共引发剂的络和平衡常数

$$K_{络}=\frac{[H^{\oplus}(TiCl_4OH)^{\ominus}]}{[TiCl_4][H_2O]}$$

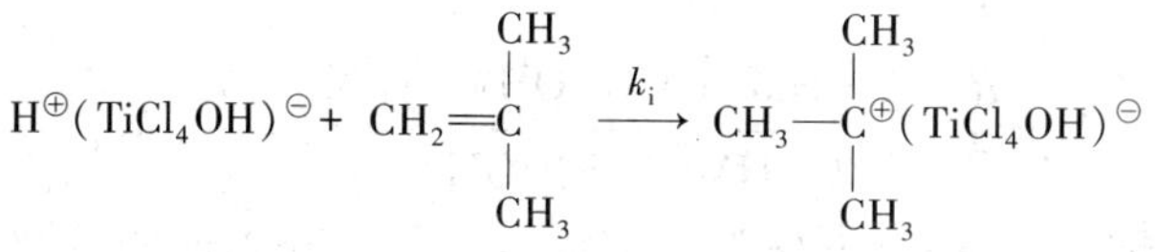

链增长

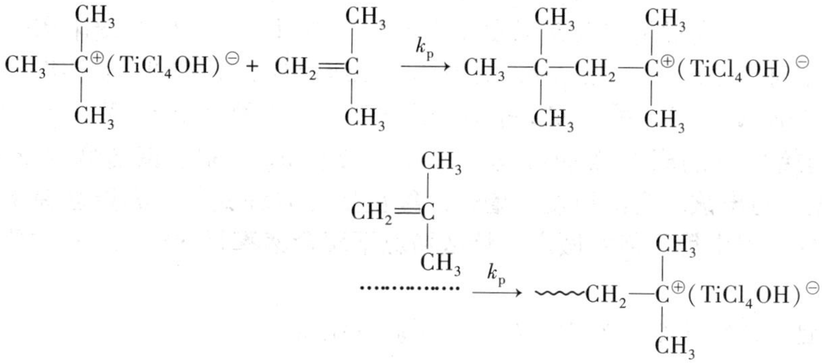

链终止，属自发终止：

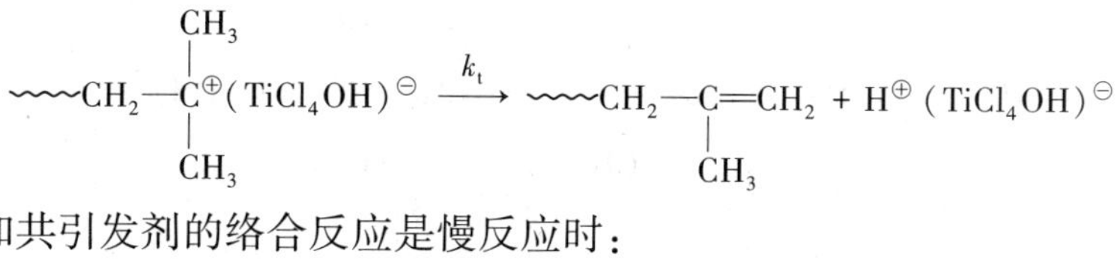

当引发剂和共引发剂的络合反应是慢反应时：

引发速率： $R_i=K_{络}[TiCl_4][H_2O]$

聚合速率： $R_p=k_p[HM^{\oplus}(TiCl_4OH)^{\ominus}][M]$

自发终止时有： $R_t=k_t[HM^{\oplus}(TiCl_4OH)^{\ominus}]$

假定稳态：则 $R_i=R_t$

$$K_{络}[TiCl_4][H_2O]=k_t[HM^{\oplus}(TiCl_4OH)^{\ominus}]$$

$$[HM^{\oplus}(TiCl_4OH)^{\ominus}]=(K_{络}/k_t)[TiCl_4][H_2O]$$

代入 R_p 式得：$R_p=(k_pK_{络}/k_t)[TiCl_4][M][H_2O]$

当$[H_2O]$过量，则$[H_2O]$视为一常数，一并合并到速率常数项中，则

$$R_p=K_{总}[TiCl_4][M][H_2O]^0$$

可见，在水过量以及在引发剂和共引发剂的络合反应是慢反应时，聚合速率对引发剂为一级反应，对单体为一级反应，对水为零级反应。

而

$$\overline{X}_n=\frac{R_p}{R_t}=\frac{k_p[HM^{\oplus}(TiCl_4OH)^{\ominus}][M]}{k_t[HM^{\oplus}(TiCl_4OH)^{\ominus}]}=\frac{k_p}{k_t}[M]$$

（2）当引发剂引发单体生成碳阳离子的反应为慢反应时，则

$$R_i=k_i[H^{\oplus}(TiCl_4OH)^{\ominus}][M]=K_{络}\ k_i[TiCl_4][H_2O][M]$$

稳态时，$R_i=R_t$

$$[HM^{\oplus}(TiCl_4OH)^{\ominus}]=\frac{K_{络}\ k_i}{k_t}[TiCl_4][H_2O][M]$$

代入 R_p 式，得

$$R_p=\frac{K_{络}\ k_pk_i}{k_t}[TiCl_4][H_2O][M]^2$$

而

$$\overline{X}_n=\frac{R_p}{R_t}=\frac{k_p[HM^{\oplus}(TiCl_4OH)^{\ominus}][M]}{k_t[HM^{\oplus}(TiCl_4OH)^{\ominus}]}=\frac{k_p}{k_t}[M]$$

当 $TiCl_4$ 浓度过量时，$[TiCl_4]$可视为一常数，一并合并到速率常数中，则

$$R_p=K_{总}[H_2O][M]^2[TiCl_4]^0$$

可见，在 $TiCl_4$ 浓度过量以及在引发反应中引发剂引发单体生成碳阳离子的反应为慢反应时，聚合速率对$[H_2O]$为一级反应，对单体为二级反应，对 $TiCl_4$ 为零级反应。

4. 异丁烯在四氢呋喃中用 $SnCl_4$-H_2O 引发聚合，发现聚合速率 $R_p\propto[SnCl_4][H_2O][异丁烯]_2$。起始生成的聚合物的数均分子量为 20000。1.00g 聚合物含 3.0×10^{-5} mol 的 —OH，不含氯。写出该聚合的引发、增长、终止反应方程式。推导聚合速率和聚合度的表达式。指出推导过程中用了何种假定。什么情况下聚合速率是水或 $SnCl_4$ 的零级、单体的一级反应？

解：根据题意，终止是活性中心与反离子碎片结合。

① 引发：$SnCl_4+H_2O\xrightarrow{K_{络}}H^{\oplus}(SnCl_4OH)^{\ominus}$

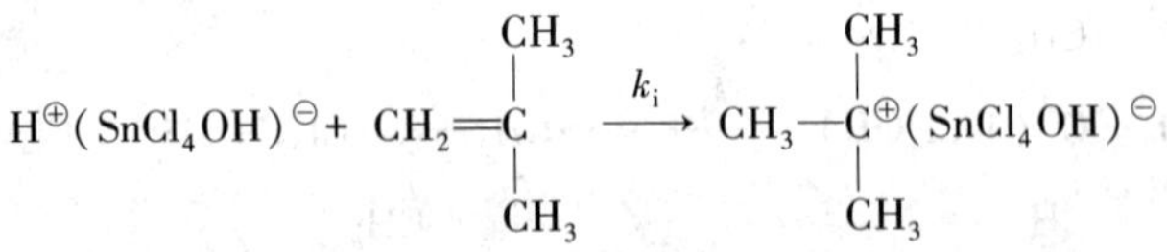

增长：

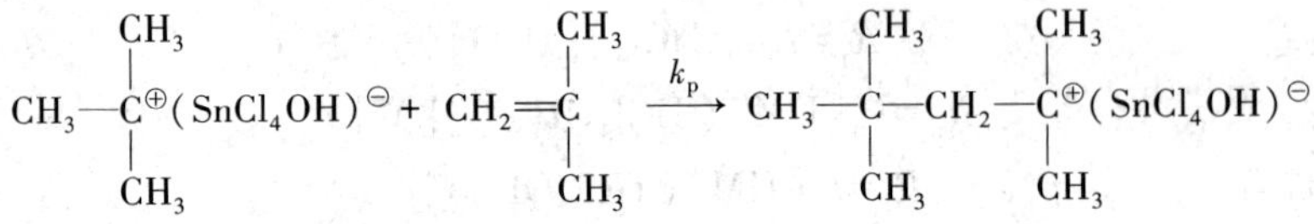

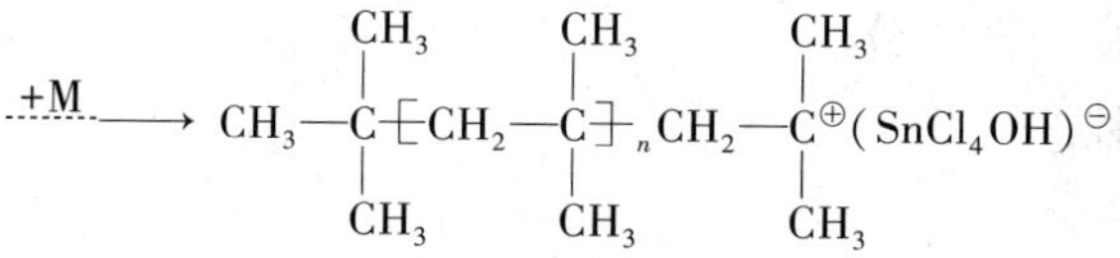

终止：

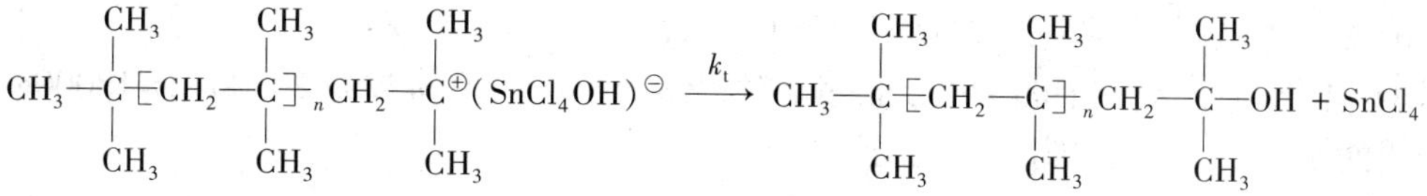

② 各步反应速率方程为

$R_i = k_i[H^+(SnCl_4OH)^-][CH_2=C(CH_3)_2] = K_{络}\ k_i[SnCl_4][H_2O][CH_2=C(CH_3)_2]$

$(K_{络} = [H^+(SnCl_4OH)^-]/[SnCl_4][H_2O])$

$R_p = k_p[HM^+(SnCl_4OH)^-][CH_2=C(CHV_3)_2]$

$R_t = k_t[HM^+(SnCl_4OH)^-]$

假定 $R_i = R_t$（稳态）则

$[HM^+(SnCl_4OH)^-] = K_{络}\ k_i[SnCl_4][H_2O][CH_2=C(CH_3)_2]/k_t$

代入 R_p 式，得

$R_p = K_{络}\ k_ik_p[SnCl_4][H_2O][CH_2=C(CH_3)_2]^2/k_t$

$\overline{X}_n = R_p/R_t = k_p[HM^+(SnCl_4OH)^-][CH_2=C(CH_3)_2]/(k_t[HM^+(SnCl_4OH)^-])$

$= k_p[CH_2=C(CH_3)_2]/k_t$

③ 若$[H_2O]>>[SnCl_4]$，且 $k_i>>K_{络}$，则在引发反应中，第一步（生成络合物的反应）为控制步骤，且$[H_2O]$基本保持恒定。

$R_i = K_{络}[H_2O][SnCl_4] = k_1[SnCl_4]$

稳态时：$k_t[HM^+(SnCl_4OH)^-] = k_1[SnCl_4]$

$[HM^+(SnCl_4OH)^-] = k_1/k_t[SnCl_4]$

代入 R_p 式得

$R_p = k_pk_1/k_t[SnCl_4][CH_2=C(CH_3)_2]$

即 R_p 是水的零级，单体的一级反应。

④若$[SnCl_4]>>[H_2O]$，且 $k_i>>K_{络}$，则在引发反应中，生成络合物的反应为控制步骤，且$[SnCl_4]$基本恒定。

$R_i = K_{络}[H_2O][SnCl_4] = k_2[H_2O]$

稳定时：$k_t[HM^-(SnCl_4OH)^-] = k_2[H_2O]$

$[HM^+(SnCl_4OH)^-] = k_2/k_t[H_2O]$

代入 R_p 式得：

$R_p = k_pk_2/k_t[H_2O][CH_2=C(CH_3)_2]$

即 R_p 是 $SnCl_4$ 的零级、单体的一级反应。

5. 在搅拌下依次向装有四氢呋喃的反应釜中加入 0.2mol n-BuLi 和 20kg 苯乙烯。当单体聚合了一半时，向体系中加入 1.8gH_2O，然后继续反应。假如用水终止的和继续增长的聚苯乙烯的分子量分布指数均是 1，试计算

（1）水终止的聚合物的数均分子量；

(2) 单体完全聚合后体系中全部聚合物的数均分子量；

(3) 最后所得聚合物的分子量分布指数。

解一：(1)阴离子聚合的聚合度计算公式如下：

$\overline{X}_n=n([M]_0-[M])/[C]$，[C]为引发剂的浓度，[M]为 t 时刻单体的浓度，$[M]_0$ 为起始单体浓度，当采用丁基锂引发剂时，$n=1$。

以 1L 体积为计算，当单体聚合了一半时，参加反应的单体数为 20000/2=10000g，引发剂的物质的量为 0.2mol，即[C]=0.2，因此，

$$\overline{M}_{n_1}=\frac{\text{参加反应的单体的克数}\cdot n}{\text{活性中心摩尔数}}=\frac{20000/2}{0.2}=50000$$

(2) 单体完全转化后全部聚合物的数均分子量，仍然是个平均的概念，即指的是平均来讲每一个活性种所加上的单体的克数(若是数均聚合度，即为所加上的单体的个数)，不管中途是否加有终止剂，还是发生了其他不均匀增长

所以单体完全转化后全部聚合物的数均分子量 $\overline{M}_n$ 为

$$\overline{M}_n=\frac{\text{所有单体的克数}\cdot n}{\text{活性中心摩尔数}}=\frac{20000}{0.2}=100000$$

解二：整个体系由两种分子组成：

$$\begin{cases}\text{由水终止的大分子，其物质的量为 } 1.8/18=0.1\text{mol，分子量 } \overline{M}_{n_1} \text{ 为 } 50000\\ \text{没被水终止而继续增长所形成的大分子，其物质的量为 } 0.2-0.1=0.1\text{mol，分子量设为 } \overline{M}_{n_2}\end{cases}$$

$$\overline{M}_{n_2}=\overline{M}_{n_1}+\frac{\text{剩余单体的克数}\cdot n}{\text{剩余活性中心摩尔数}}=50000+\frac{20000/2}{0.2-0.1}=150000$$

这样，单体完全聚合后体系中全部聚合物的数均分子量为：

$$\overline{M}_n=\frac{\sum N_iM_i}{\sum N_i}=\frac{0.1\times50000+0.1\times150000}{0.1+0.1}=100000$$

(3) 已知在这一体系中存在两类分子，一是由水终止的大分子，另一是没被水终止而得以继续增长所形成的大分子，且已知这两类分子的分子量分布指数均为 1，说明它们各自均为均一体系，分子量都是单一值，分别求出这两种分子的物质的量和数均分子量，即可求得分子量分布指数 HI。

$$\begin{cases}\text{由水终止的大分子，其物质的量为 } 0.1\text{mol，分子量 } \overline{M}_{n_1} \text{ 为 } 50000\text{，单分布}\\ \text{没被水终止而继续增长所形成的大分子，其物质的量为 } 0.1\text{mol，分子量为 } 150000\text{，单分布}\end{cases}$$

所以最后所得聚合物的分子量分布指数为

$$\frac{\overline{M}_w}{\overline{M}_n}=\frac{\dfrac{\sum N_iM_i^2}{\sum N_iM_i}}{\dfrac{\sum N_iM_i}{\sum N_i}}=\frac{\dfrac{0.1\overline{M}_{n_1}^2+0.1\overline{M}_{n_2}^2}{0.1\overline{M}_{n_1}+0.1\overline{M}_{n_2}}}{\dfrac{0.1\overline{M}_{n_1}+0.1\overline{M}_{n_2}}{0.1+0.1}}=1.25$$

6. 用萘钠为引发剂，制备分子量为 354000 的聚 α-甲基苯乙烯 1.77kg，问需要多少克钠？

解：根据萘钠引发剂的反应

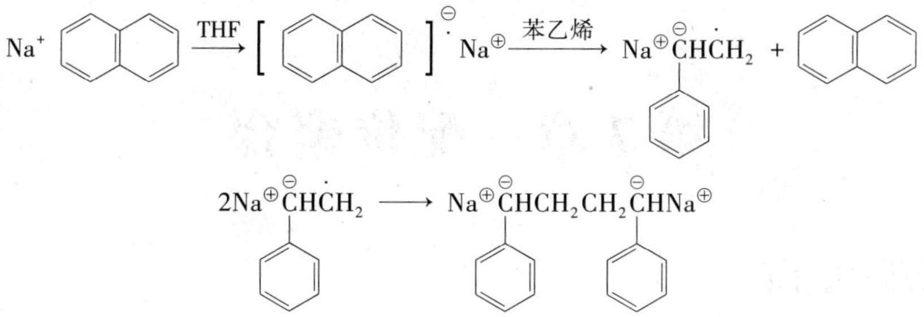

$\overline{M}_n=\dfrac{nW}{C}$，$W$ 为单体质量，C 为引发剂物质的量

代入数据：$354000=\dfrac{2\times1.77\times1000}{C}$

解得 $C=0.01$mol

需要钠为 0.01×23＝23g

7. 在－35℃以 $TiCl_4$ 为引发剂、水为共引发剂，异丁烯进行低温聚合，单体浓度对平均聚合度的影响，有下列数据

[M]/(mol/L)	0.667	0.333	0.278	0.145	0.059
DP	6940	4130	2860	2350	1030

根据以上数据计算速率常数比：k_{tr}/k_p 和 k_t/k_p。

解：由以上数据可得

1/[M]	1.499	3.003	3.597	6.897	16.949
1/*DP*	1.441	2.421	3.497	4.255	9.709

根据无链转移剂时聚合度公式 $\dfrac{1}{\overline{X}_n}=\dfrac{k_t}{k_p[M]}+C_m$

可知，以$\dfrac{1}{[M]}$对$\dfrac{1}{\overline{X}_n}$作图，所得直线斜率即为 k_t/k_p；截距即为 C_m，亦即 k_{tr}/k_p。

第 7 章　配位聚合

7.1　知识要点

1. 掌握 Ziegler-Natta 引发体系及特点，配位聚合的基本概念。
2. 理解：聚合物的立构规整性以及立构规整聚合物的性能。
3. 了解 α-烯烃的配位阴离子聚合机理。
4. 掌握 HDPE(高密度聚乙烯)和等规聚丙烯的生产原理。

7.2　名词解释

配位聚合(Coordination Polymerization)：单体与引发剂经过配位方式进行的聚合反应。具体的说，采用具有配位(或络合)能力的引发剂，单体首先在活性种的空位上配位(络合)并活化，然后插入烷基-金属键中进行链增长。简单地说，配位聚合包括配位、络合、插入、增长四个过程。配位聚合又有络合引发聚合或插入聚合之称。

定向聚合(Stereo-regular Polymerization)：任何聚合过程(包括自由基、阳离子、阴离子、配位聚合)或任何聚合方法(如本体、悬浮、乳液和溶液等)，只要它是经形成有规立构聚合物为主，都是定向聚合。定向聚合等同于立构规整聚合(Stereo-specific Polymerization)。

Ziegler-Natta 聚合(Ziegler-Natta Polymerization)：采用 Zigler-Natta 引发剂的任何单体的聚合或共聚合。

立体异构(Stereo-isomerism)：分子中原子的不同空间排布而产生不同的构型。可分为光学异构体和几何异构体。

构型(Configuration)：是由原子(或取代基)在手性中心或双键上的空间排布顺序不同而产生的立体异构。

构象(Conformation)：构象是对 C—C 单键内旋转异构体的一种描述，有伸展型、无规线团、螺旋型和折叠链等几种构象。

光学异构体(Optical Isomer)：又称对映体异构，由手性中心产生的异构体，分 R(右)型和 S(左)型。

几何异构体(Geometrical Isomer)：由双键而产生的异构体，即 Z(顺)式和 E(反)式。

手性中心(Chiral Center)：非对称取代的烯类单体或 α-烯烃聚合物分子链中的不对称的碳原子。

全同立构聚合物(Isotactic Polymer)：又称等规立构聚合物，各手性碳原子构型相同。以聚 α-烯烃为例，其中含有多个手性中心 C 原子，若各个手性中心 C 原子的构型相同，如 ~RRRR~或~SSSS~，就成为全同立构(等规)聚合物。

间同立构聚合物(Syndiotactic Polymer)：又称间规立构聚合物，相邻手性碳原子构型相反且交替排列。以聚 α-烯烃为例，若其中相邻的手性中心 C 原子的构型相反并且交替排列，如~RSRSRS~，则成为间同立构聚合物。

无规立构聚合物(Atactic Polymer)：手性碳原子构型呈无规排列的聚合物。以聚 α-烯烃为例，若其中的手性中心C原子的构型呈无规则排列，如~RRSRSSSRSSR~，则为无规聚合物。

顺式(Z)构型(Cis-configuration)、**反式(E)构型**(Anti-configuration)：当双键的两个碳原子各连接两个不同基团时，由于双键不能自由旋转，就有可能生成两种不同的由空间排列所产生的异构体。两个相同基团处于双键同侧的称作顺式，反之称作反式。

立构规整度(Stereo-regularity)：立构规整聚合物的质量占总聚合物质量的分率。

全同指数(Isotactic Index)：表征聚合物的立构规整程度的指数，即等规立体聚合物占总聚合物量的分率，以IIP表示。常用沸腾正庚烷的萃取剩余物所占分数来表示。

配位聚合引发体系(Initiator of Coordination Polymerization)：用于配位聚合的引发剂，这类引发剂在聚合过程中的作用不仅为聚合提供活性种，而且它可使增长插入的单体配位，达到立构规化的目的。配位聚合引发体系大致有四类：一是Ziegler-Natta型；二是π烯丙基过渡金属型；三是烷基锂引发剂；四是最近发展起来的茂金属引发剂。

Ziegler-Natta引发剂(Initiator of Ziegler-Natta)：Zigler-Natta引发剂是一大类引发体系的统称，通常由两个组分构成：主引发剂是Ⅳ~Ⅷ族过渡金属化合物，共引发剂是Ⅰ~Ⅲ族的金属有机化合物。

7.3 问答题

1. 简要解释以下概念和名词：

(1) 配位聚合和插入聚合

(2) 有规立构聚合和立构选择聚合

(3) 定向聚合和Ziegler-Natta聚合

(4) 光学异构、几何异构和构象异构

(5) 全同聚合指数

答：(1) 配位聚合是指单体分子首先在活性种的空位处配位，形成某些形式($\sigma-\pi$)的配位络合物。随后单体分子插入过渡金属(M_t)-碳(C)键中增长形成大分子的过程。这种聚合本质上是单体对增长链M_t—R键的插入反应，所以又常称插入聚合。

(2) 有规立构聚合。按照IUPAC(国际纯粹与应用化学联合会)的规定，有规立构聚合是指形成有规立构聚合物为主的聚合过程。因此任何聚合过程(包括自由基、阴离子、阳离子或配位聚合等)或任何聚合方法(如本体、悬浮、乳液和溶液聚合等)，只要它是以形成有规立构聚合物为主，都是有规立构聚合。而引发剂能优先选择一种对映体进入聚合物链的聚合反应，则称为立构选择聚合。

(3) 定向聚合和有规立构聚合是同义语，二者都是指形成有规立构聚合物为主的聚合过程。Ziegler-Natta聚合通常是指采用Ziegler-Natta型引发剂的任何单体的聚合或共聚合，所得聚合物可以是有规立构聚合物，也可以是无规聚合物。它经常是配位聚合，但不一定都是定向聚合。

(4) 分子式相同，但是原子相互联结的方式和顺序不同，或原子在空间的排布方式不用的化合物称作异构体。异构体有两类：一是因结构不同而造成的异构现象称结构异构(或称同分异构)；二是由于原子或原子团的立体排布不同而导致的异构现象称为立体异构。根据导致立体异构的因素不同，立体异构又分为：光学异构，即分子中含有手性原子(如手性C^*)，使物体与其镜像不能叠合，从而使之有不同的旋光性，这种空间排布不同的对映体称为光学异构体；几何异构(或称顺、反异构)是指分子中存在双键或环，使某些原子在空间的位置不同，从而导致立体结构不同(例如聚丁二烯中丁二烯单元的顺式和反式构型)；光学异构和几何异构均为构型异构。除非化学键断裂，这两种构型是不能相互转化的。构象异构：围绕单键旋转而产生的分子在空间不同的排列形式叫作构象。由单键内旋转造成的立体异构现象称构象异构。和构型一样，构象也是表示分子中原子在空间的排布形式，不同的是构象可以通过单键的内旋转而相互转变。各种异构体一般不能分离开来，但当围绕单键的旋转受阻时也可以分离。

(5) 根据 IUPAC 建议的命名法，光学异构体的对映体构型用 R(右)或 S(左)表示。即将手性中心(如手性碳)周围的四个原子或原子团(a、b、c、d)，按照次序规则的顺序即由 a→b→c→d 排列，假定观察者位于 d 的对面，若 a→b→c 是顺时针方向排列(或把手性碳原子比作汽车方向盘，d 在方向盘的连杆上，其他三个原子团 a、b、c 在方向盘上呈 a→b→c 顺时针排列)，这一构型就用 R 表示；若 a→b→c 呈反时针排列，则构型就为 S。手性碳的上述表示法称为序旋标记法。

(6) 全同聚合指数是一种立构规整度的表示方法，它是指全同立构聚合物占总聚合物(全同立构+无规)的分数。

2. 下列单体可否发生配位聚合？如可能，试写出相应引发剂体系和立构规整聚合物结构。

(1) $CH_2=CH—CH_3$

(2) $CH_3—CH=CH—CH_3$

(3) $CH_2=C(CH_3)_2$

(4) $CH_2=CH—CH=CH_2$

(5) 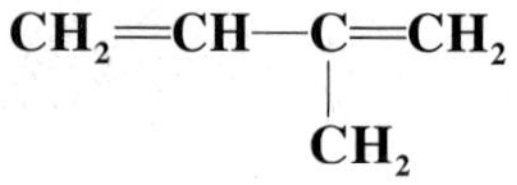

(6) $CH_2=CH—CH=CH—CH_3$

(7) 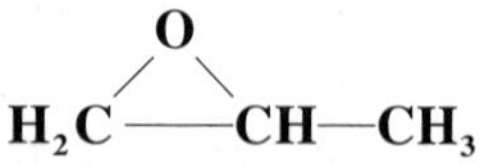

(8) $H_2N—(CH_2)_5—COOH$

(9) 环己烯

(10) 环戊烯

答：(1)、(4)、(5)、(6)、(7)和(10)所列单体在特定的引发剂和选定的聚合条件下，可以发生配位聚合，形成有规立构聚合物。所用的引发剂体系和相应的立构规整聚合物如下：

(1) $nCH_2=CH—CH_3 \xrightarrow{\alpha\text{-}TiCl_3/AlEt_2Cl} it\text{-}[CH_2CH(CH_3)]_n$

注：it 代表全同聚丙烯。

(4) $nCH_2=CH—CH=CH_2 \longrightarrow$

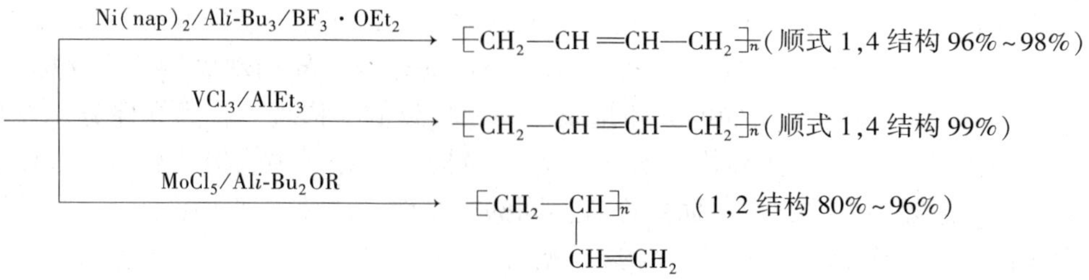

(5)

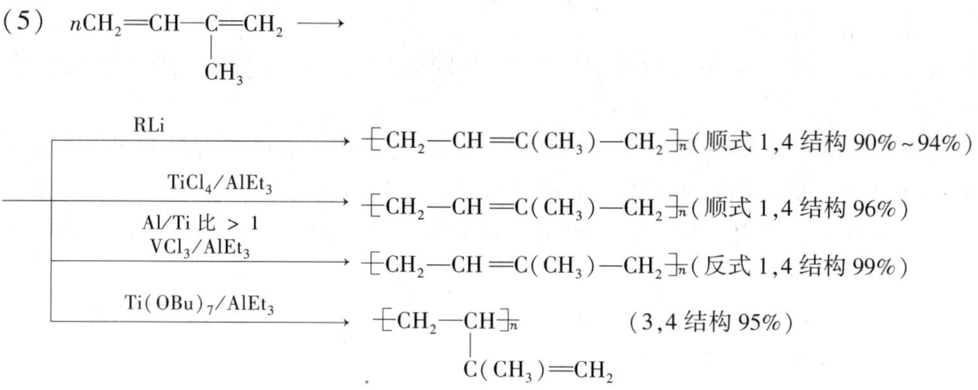

(6)

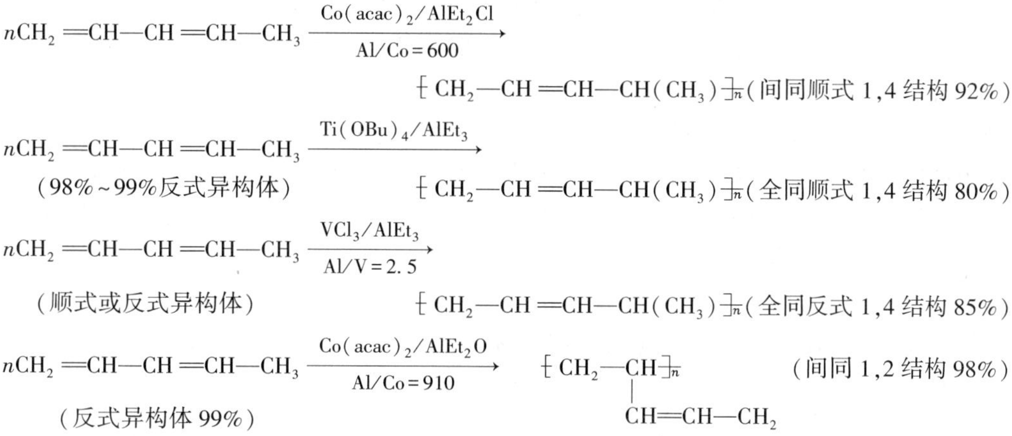

(7)

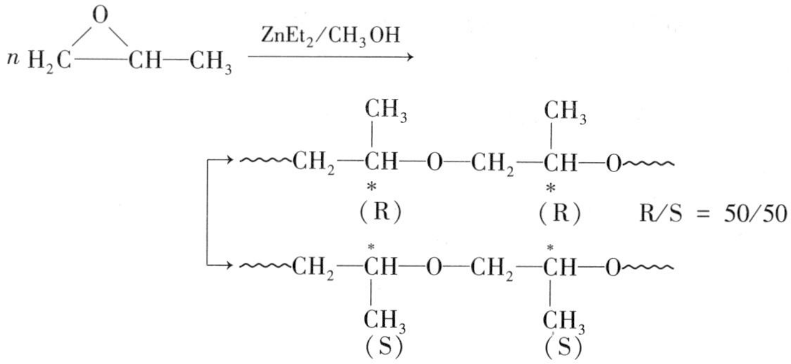

(10)

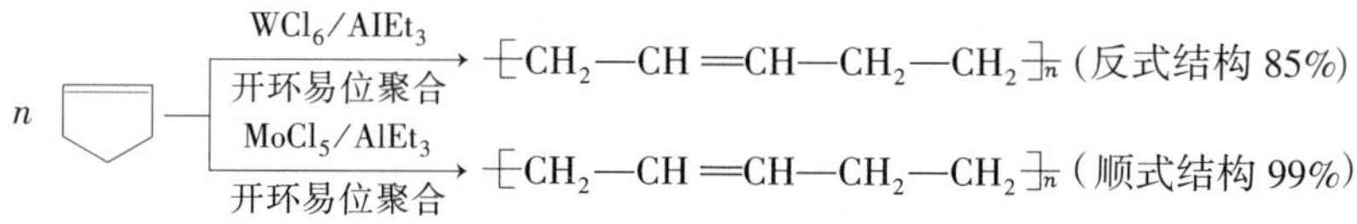

其他单体如(2)，由于是对称单体，且为1，2二取代，空间位阻较大；(3)无手性碳；(8)无手性碳，它们或不能发生配位聚合，或聚合(缩聚)后不能称之为立构规整聚合物。至于环己烯，由于热力学原因，是迄今尚不能聚合的唯一环烯烃单体。

3. 下列引发剂何者能引发乙烯、丙烯或丁二烯的配位聚合？形成何种立构规整聚合物？

(1) n-C_4H_9Li　　(2) α-$TiCl_3/AlEt_2Cl$　　(3) 萘-Na

(4) $(\pi$-$C_4H_5)NiCl$　　(5) $(\pi$-$C_3H_5)NiCl$　　(6) $TiCl_4/AlR_3$

答：引发剂(1)能引发丁二烯聚合，属配位阴离子聚合范畴。在非极性溶剂中形成顺式1,4含量为35%~40%的聚丁二烯，在极性溶剂中则形成1,2或反式1,4聚合物。但它们均不能引发乙烯或丙烯聚合。

引发剂(2)可引发丙烯的配位聚合，形成全同立构(约90%)聚丙烯。也可引发乙烯聚合。

引发剂(4)、(5)和(6)均可引发丁二烯的配位聚合，但(4)只能得环状低聚物，(5)可得顺式1,4含量大于90%的聚丁二烯，(6)却可得顺式1,4和反式1,4各半的聚合物；(6)虽也能引发丙烯的配位聚合，但不仅活性低，而且所得聚丙烯的全同聚合指数仅有30~60；引发剂(4)和(5)一般不能引发乙烯聚合，(6)却是引发乙烯聚合的常规引发剂。

4. α-烯烃和二烯烃的配位聚合，在选用Ziegler-Natta引发剂时有哪些不同？除过渡金属种类外，还需考虑哪些问题？

答：一般地说，由Ⅳ-Ⅵ族过渡金属卤化物、氧卤化物、乙酰丙酮或环戊二烯基过渡金属卤化物等与有机铝化物组成的引发剂，主要用于α-烯烃的配位聚合；而由Ⅷ族过渡金属如Co、Ni、Fe、Ru和Rh的卤化物或羧酸盐与有机铝化物如AlR_3、AlR_2Cl等组成的引发剂则主要用于二烯烃的配位聚合；例如：$CoCl_2/AlEt_2Cl$或$NiCl_2/AlEt_2Cl$容易使丁二烯聚合，但不能使乙烯或α-烯烃聚合；α-$TiCl_3/AlR_3$能使乙烯、丙烯聚合，并能制得全同聚丙烯，但用于丁二烯聚合，则得反式1,4聚合物；对α-烯烃有活性的引发剂，对乙烯聚合也有高活性；反之，则不一定。

在选择引发剂时，除考虑过渡金属的种类外，还需通过实验考察共引发剂与主引发剂的配比、单体与引发剂体系的匹配、引发剂在所用溶剂中的溶解性、引发剂/共引发剂/单体的加料顺序、陈化条件。一般聚合体系还需严格脱氧、脱水，否则将明显改变催化剂活性和聚合物的微观结构，甚至导致实验失败。

5. 使用Ziegler-Natta引发剂时，为保证实验成功，需采取哪些必要的措施？用什么方法除去残存的引发剂？怎样分离和鉴定全同聚丙烯。

答：由于Ziegler-Natta引发剂大都是过渡金属卤化物和有机铝化合物，它们遇到H_2O、O_2、CO_2等会发生剧烈反应，从而破坏引发剂，所以聚合时体系需保持干燥，所需试剂均需脱H_2O和O_2处理。溶剂不能含活泼氢和有害杂质。为防止空气进入，聚合需在高纯N_2保护下进行。残存的引发剂可通过加H_2O、醇或螯合剂来脱除，随后进行干燥。原则上讲，聚丙烯可用熔点、密度、红外光谱或溶剂萃取来鉴定其立构纯度。其中最常用的是沸腾庚烷萃取法和光谱法。

6. 解释催化剂和载体的作用。为改善α-$TiCl_3/AlEtCl_2$体系催化丙烯聚合的引发剂活性和提高聚丙烯的立构规整度，常添加哪些第三组分？

答：催化剂：是一种能够加快化学反应速度而其本身不参加反应的物质。催化剂优点：产品不需要分离处理催化剂；聚合压力低；聚合产品含氯根很少；既可液相也可气相聚合；根据不同配方的操作，制得范围较广泛的不同种类的产品。

载体：是催化剂活性物质的分散剂、黏合物或支持物。载体作用：增加催化剂的比表面面积，以提高催化剂活性；也可以使催化剂和载体发生某种化学反应而改变化学组成和结构，进而提高催化剂活性。

含O、N、S、P的给电子体(B:)，如$N(C_4H_9)_3$、$O(C_4H_9)_2$、$S(C_4H_9)_2$、$[(CH_3)_2N]_2P{=}O$、$P(C_4H_9)_3$和$\text{+}CH_2—CH_2—O\text{+}_n$、聚氧化丙烯等都是α-$TiCl_3/AlEtCl_2$体系有效的第三组分。但它们往往使聚合速率下降，全同指数IIP提高。后两种给电子体可在一定范围内使聚合速率和IIP同时提高。

7. 试简述 Natta 双金属机理和 Cossee-Arlman 单金属模型的基本论点、不同点和各自的不足之处。

答：(1) Natta 双金属机理的基本论点

① 离子半径小(Ⅰ→Ⅲ族)、电正性强的有机金属化合物在 $TiCl_3$ 表面上化学吸附，形成缺电子桥形配合物是聚合的活性种。

② 富电子的 α-烯烃在亲电子的过渡金属(如 Ti)上配位并引发。

③ 该缺电子桥形络合物部分极化后，配位的单体和桥形络合物形成六元环过渡态。

④ 当极化的单体插入 Al—C 键后，六元环结构瓦解，重新恢复到原来的四元环缺电子桥形络合物。由于聚合时是烯烃在 Ti 上配位，$CH_3CH_2^-$ 接到单体的 β-碳上，故称配位阴离子机理。

其主要特点是在 Ti 上引发，在 Al 上增长。

不足之处是：

① 由于活性种是双金属络合物，它不能解释单一过渡金属引发剂，如研磨的 $TiCl_3$、$TiCl_3$-N(n-C_4H_9)$_3$ 和 $TiCl_3$-I_2 可引发丙烯聚合的实验结果。

② 由于 Ti 上卤素很容易和 Al 上的烷基发生交换，因而凭借端基分析得出的结论值得商榷。

③ 未指明活性种上的空位对配位聚合的必要性，而且 Al—C 键上插入增长根据不足。

④ 未涉及立构规化的成因。

(2) Cossee-Arlman 单金属模型的主要论点

① 活性种是一个以 Ti^{3+} 为中心、并带有一个烷基(或增长链)、一个空位和四个氯的五配位正八面体单金属化合物。

② 活性种是通过 AlR_3 与五氯配位的 Ti^{3+} 发生烷基-氯交换而形成的。此时活性种上仍有一个可供单体配位的空位。

③ 引发和增长都是单体首先在 Ti^{3+} 的空位上配位，形成四元环过渡态，随后 R—Ti 和单体发生顺式加成，结果是单体在 Ti—C 键间插入增长，同时空位改变位置。

④ 对 Ti—R 键的断裂、单体配位、插入的能量变化进行了量化计算，并认为全同结构的成因是单体插入后的增长链，由于空间和能量上的有利条件又重新"飞回"到原来的空位上所造成的。

有待改进和需要完善之处是：

① 增长链"飞回"到原来空位的假定，在热力学上不够合理。

② Ⅰ-Ⅲ族金属有机共引发剂对 α-烯烃配位聚合的立构规整度的影响也难以解释。

Natta 机理和 Cossee-Arlman 模型的不同点如表 7-1 所示。

表 7-1　Natta 机理和 Cossee-Arlman 模型的不同点

项　　目	Natta 双金属机理	Cossee-Arlman 模型
活性种结构	空位不明确	单一金属，有一个空位
引发和增长	Ti 上引发，Al 上增长	引发、增长均在 Ti 上进行
立构规整化成因	未涉及	从 $TiCl_3$ 表面的立体化学作出解释
活性种的部位	不明确	有明确的几何结构
配位和聚合的能量变化	无	有

8. 试讨论丙烯进行自由基、离子和配位聚合时，能否形成高分子量聚合物？原因是什么？

答：(1)自由基聚合，由于丙烯上带有供电子基 CH_3，使 C ═C 双键上的电子云密度增大，不利于自由基的进攻，故很难发生自由基聚合，即使能被自由基进攻，由于很快发生如下退化链转移：

$$R\cdot + CH_2{=}CH{-}CH_3 \longrightarrow R{-}CH_2{-}(CH_3)CH\cdot \xrightarrow{\text{丙烯}} R{-}CH_2{-}CH_2{-}CH_3 + CH_2{=}CH{-}CH_3$$

形成稳定的 π 烯丙基自由基，它不能再引发单体聚合。

(2) 离子聚合，由于如上相同的原因，丙烯不利于 R^- 的进攻，不能进行阴离子聚合；丙烯虽有利于 R^+(或 H^+)的进攻，但由于下述原因，只能形成液体低聚物：

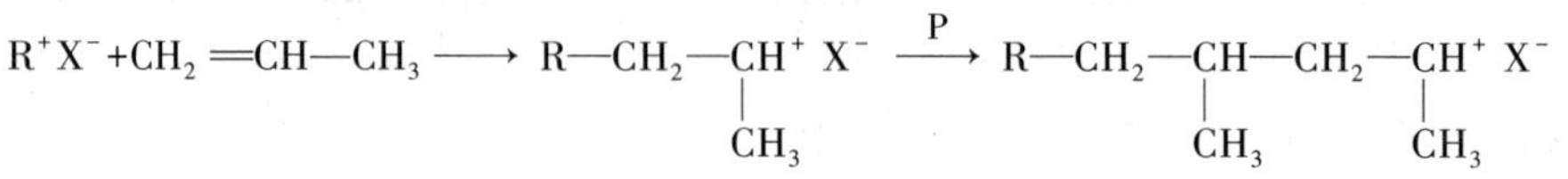

在阳离子聚合中，增长的 $\sim\!\sim\!CH^+(CH_3)\ X^-$ 容易重排为热力学上更加稳定的叔碳阳离子：

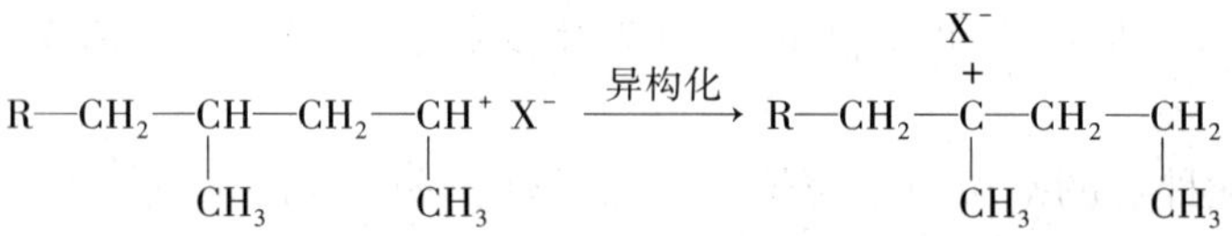

由于类似原因，最终形成支化低聚物；如果采用无机酸或含强亲核性负离子催化剂，往往发生加成反应形成稳定的化合物，例如：

$$CH_2{=}CH{-}CH_3 + HCl \longrightarrow Cl{-}H_2C{-}CH_2{-}CH_3$$

(3) 配位聚合，丙烯在 α-$TiCl_3/AlR_3$ 作用下发生配位聚合。在适宜条件下可形成高分子量结晶性全同聚丙烯。

9. 在用 Ziegler-Natta 催化剂催化 α-烯烃聚合的研究和生产中常用催化效率和催化活性来评价催化剂的优劣，二者的含义和结果是否相同，试给予说明。

答：催化效率(E)是指在整个聚合时间内、于某一定的聚合温度和压力下，每单位质量或毫摩尔的催化剂(如 Ti)所得聚合物(如 PE)的质量(g 或 kg)。其表达式为：E=g(或 kg) PE/(gTi 或 mmolTi)；

催化活性(α)是指单位质量或毫摩尔的催化剂在单位时间(t)、单位烯烃浓度或压力下所得聚合物(如 PE)的质量(g 或 kg)。其表达式为：E=g(或 kg)PE/(gTi 或 mmolTi · t · p)。

二者的含义不同，计算结果相差很大。

10. RLi 引发二烯烃聚合，为什么说它是阴离子聚合？又属于配位聚合范畴？

答：RLi 引发二烯烃(如丁二烯)聚合时，由于是 R^- 进攻单体的 α-C，并形成增长 C^-(碳阴离子活性种)，C^- 继续引发单体进行链增长过程，故常称阴离子聚合；RLi 引发丁二烯聚合，由于引发和链增长的每一步都是丁二烯首先与反离子 Li^+ 配位，并由配位方式决定形成何种立构规整结构的聚丁二烯，所以也属于配位聚合范畴。

11. 用 Ziegler-Natta 催化剂催化 α-烯烃聚合工业应用中的实施方法有哪些？

答：(1) 淤浆法

在庚烷等非极性溶剂中，在低的压力、温度(50~80℃)下进行聚合。由于聚合产物和引发剂都不溶于溶剂中而使聚合体系呈淤浆状，故称淤浆法。

(2) 本体聚合法

用液态单体(高压液化)本身作稀释剂进行的淤浆聚合。

(3) 气相法

温度为70~105℃，压力为2~3MPa，反应体系为引发剂、聚合物粉末及气相单体的混合物。优点是不使用溶剂，于是省去了溶剂的回收与精制等工序。

12. 丙烯合成聚丙烯用 Ziegler-Natta 引发剂与乙烯聚合采用的催化剂有什么不同？聚丙烯有哪些应用？

答：丙烯合成聚丙烯用 Ziegler-Natta 引发剂与乙烯聚合采用的催化剂不同的是，丙烯聚合的引发体系既要有高活性又要有高的定向性，为此引发体系中要添加第三组分来提高聚丙烯的等规度。

等规聚丙烯在主要的塑料品种中是最轻的(相对密度 d=0.90~0.91)，因而具有很高的强度/质量比。它的熔点较高(165~175℃)，最高使用温度达到120℃，与HDPE相比耐热性要好。聚丙烯的用途十分广泛，可以用作塑料(建筑、家具、办公设备、汽车、管道等)、薄膜(压敏胶带、包装膜、保鲜袋等)和纤维(地毯、无纺布、绳)。

13. 淤浆法生产聚丙烯的实际生产包含哪几个工序？绘制淤浆法生产聚丙烯的工艺流程图。

答：装置共分六个工序：己烷回收及催化剂配制；聚合；离心分离干燥；造粒和母料配制；包装；公用工程。

工艺流程见图7-1。

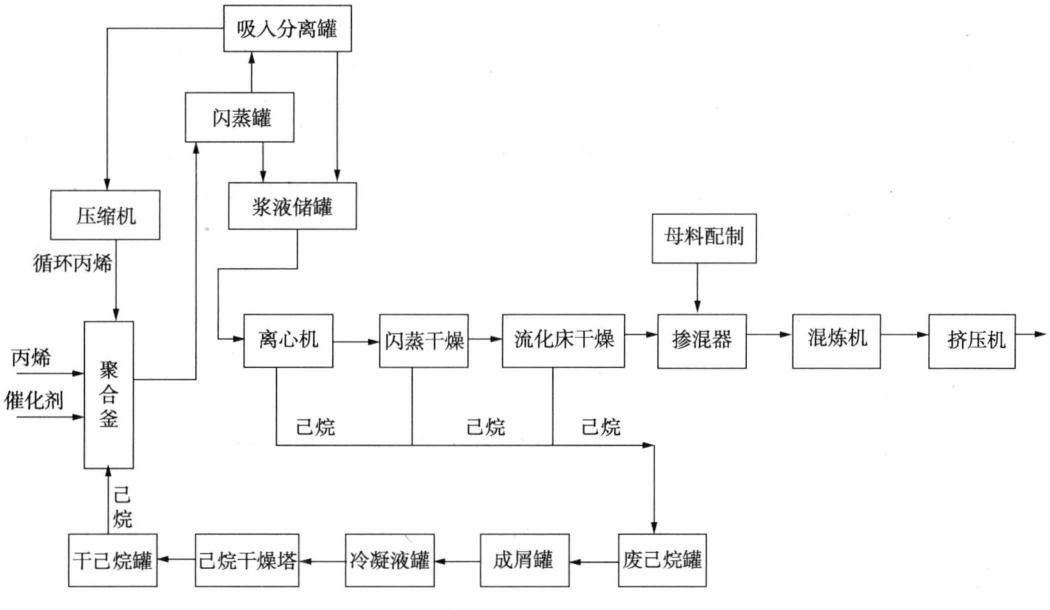

图7-1 淤浆法生产聚丙烯的工艺流程图

14. HDPE 和 LDPE、LLDPE 的生产方法有什么不同？

答：用 Ziegler-Natta 引发剂引发乙烯配位聚合，由于聚合条件温和、不易发生向大分子的链转移反应，产物基本无支链，所以称线型聚乙烯。其具有较高的结晶度和较高的密度(0.94~0.96)，因此又称高密度聚乙烯(HDPE)。与之相反，高温高压法自由基聚合得到的聚乙烯，由于产物支化度高而具有较低的结晶度和较低的密度(0.91~0.93)，故称低密度聚乙烯(LDPE)。

线型低密度聚乙烯(LLDPE)为采用乙烯与少量α-烯烃(如1-丁烯、1-己烯、1-辛烯等)进行配位共聚合，所得产物分子链结构仍属线型，但因带有侧基而密度降低，所以称线型低密度聚乙烯(LLDPE)。它具有HDPE的性能，又具有LDPE的特性。由于抗撕裂强度比LDPE高，膜可以更薄，可以省料20%以上。

15. 简述淤浆法生产低压高密度聚乙烯(HDPE)的聚合原理及工艺流程

答：以中国石油辽阳石化分公司低压高密度聚乙烯(简称HDPE)装置为例，乙烯单程转化率可达98%以上，工艺流程见图7-2。

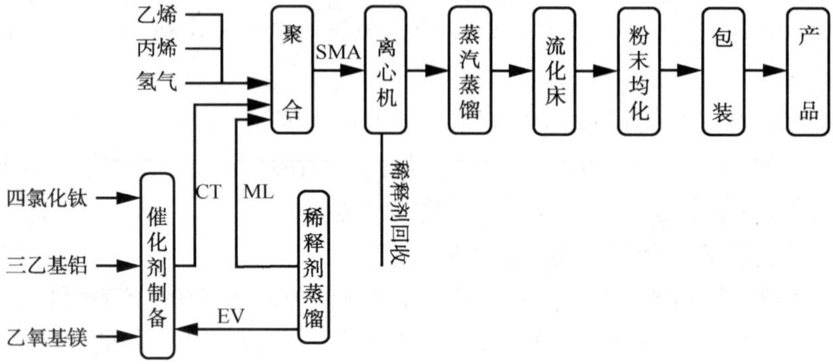

图7-2 淤浆法生产低压高密度聚乙烯(HDPE)的工艺流程图

装置以蒸汽裂解所产乙烯为主要原料，以丙烯为共聚单体，采用沸程在125~170℃的链烷烃作为溶剂，用乙氧基镁作为载体化的Ziegler-Natta催化剂(CT)体系进行淤浆聚合，用氢气调节产品熔体流动速率，用丙烯调整产品密度。Ziegler-Natta催化剂为三乙基铝和四氯化钛。SMA为含有乙烯、丙烯、氢气、催化剂和溶剂的悬浮液。ML为含有溶剂和HDPE、石蜡的母液。EV为用来配置催化剂的链烷烃溶剂。在生产过程中约80%的溶剂(稀释剂)直接循环使用。

聚合原理：聚合反应采用Ziegler-Natta高效催化剂，催化剂耗量小，而单体转化率较高，聚合机理为链锁聚合机理中的配位聚合，聚合方法是悬浮聚合(淤浆法)，溶剂采用链烷烃稀释剂；用氢气做链转移剂来调节分子量，用共聚单体丙烯来调节密度。

16. 生产的聚乙烯有哪些应用？

答：①注塑产品：可加工成为工业用的各种法兰、阀门等小配件及民用生活中的小制件。

② 吹塑产品：可加工成为工业用和民用的各种大、中、小空件及容器，也可大量加工为农业用吹塑薄膜。

③ 挤塑产品：可加工成为工农业生产及民用的各种板管和单丝等。

④ 氯化聚乙烯专用料：作为生产氯化聚乙烯的原料。氯化聚乙烯(以下简称CPE)作为新型高分子材料，广泛应用于家电、计算机、化学建材、线材等领域。

17. 在实际生产中，解释用 H_2 来调节HDPE分子量的原理。

答：增长链 $M_t—CH_2CH_2$ 其中向 H_2 的链转移反应在工业上被用来调节产物分子量，即 H_2 是分子量调节剂，相应过程称为“氢调”。根据加入 H_2 的量，HDPE分子量的降低程度不同。在实际生产中，用熔体流动速率来确定 H_2 的加入量。

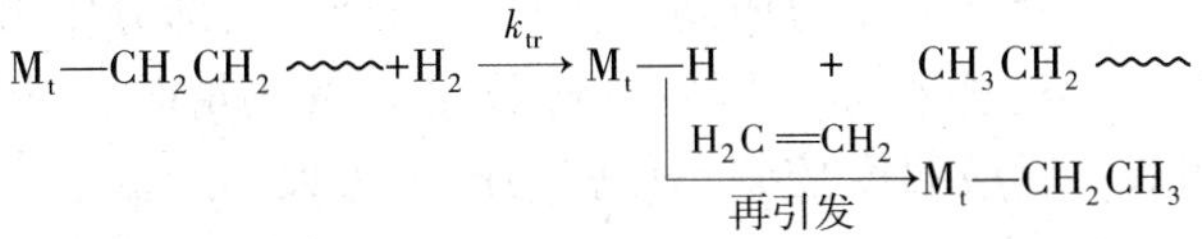

18. 简述聚乙烯生产中的原料及其作用。

答：①乙烯(EE)聚合单体：

主要指标：EE≥99.9%，CH_4 和 C_2H_6≤0.1%，CO≤5×10^{-6}，CO_2≤10×10^{-6}，CO 对反应有影响，H_2O≤10×10^{-6}。

② 丙烯：聚合共聚单体。主要调节密度，同时增加共聚单体量，则熔体流动速率也有所提高。

共聚产品特点：使高结晶度的 HDPE 大分子链上引入了丙烯或丁烯，使其主链上增加了甲基支链或乙基支链，破坏其分子排列的规整性，降低了结晶度，从而降低了密度，使 HDPE 产品的物理性能发生变化，密度越高，树脂硬度、屈服强度、刚性、软化点越高，但透气，透明、抗应力开裂性能下降，提高了伸长率和冲击强度。

③ 氢气(H_2)：分子链转移剂，其作用是调节熔体流动速率，反映树脂在熔融状态下流动性能，H_2 量大，分子量小，流动性好。

④ $TiCl_4$：主催化剂，性质极活泼，与 H_2O 剧烈反应，放热，无色液体，在潮湿空气中放出烟雾。

⑤ 三乙基铝(ATE)：助催化剂，活化剂。与空气接触着火，与水剧烈反应。

⑥ 乙氧基镁：载体，接触空气分解，白色粉末。

⑦ 采用乙氧基镁为载体的高效催化剂(2 万~8 万倍)，2 万~8 万 g 聚乙烯/g 钛。

⑧ 稀释剂(EV)：无色液体，特点是沸点高，挥发损失小。悬浮液液相部分，起传热、分散、输送作用。是多组分链烷烃混合物(C_8~C_{11})。密度 0.73~0.75g/mL，含水<5×10^{-6}，沸程：125~170℃。

19. 聚乙烯产品需要控制的产品指标是什么?

答：

① 熔体流动速率：热塑性塑料在一定的温度和负荷下，熔体每 10min 通过标准口模的质量。聚乙烯产品指标范围：熔体流动速率 0.2~50g/10min。

② 密度：在规定温度下单位体积物质的质量，单位为 kg/m^3 或 g/cm^3。高密度聚乙烯密度 0.940~0.960g/cm^3。

③ 堆密度：在规定的试验条件下，测定单位体积的聚乙烯粉末或颗粒的质量，其堆密度数值可为树脂的包装或贮存所需的容积提供依据。催化剂的粒度对产品的堆密度有影响，与产品的牌号有关。

④ 筛分：此方法是使粉末样品通过一系列不同孔径的筛子，测量筛上的筛留物质量，而求得样品的粒度质量百分率分布。

⑤ 产品蜡含量：在规定的条件下，在沸腾的正庚烷中萃取聚乙烯试样，从而求得蜡在试样中所占的百分数。

20. 影响聚乙烯聚合反应的因素有哪些？什么是爆聚？

答：影响聚乙烯聚合反应的因素：

① 反应单体的纯度(乙烯、丙烯、氢气)；②聚合反应温度；③聚合反应压力；④溶剂(母液)质量；⑤催化剂质量；⑥其他因素。

当聚合反应不正常时，聚合釜压力增高，将釜内的悬浮液部分压出，这样造成反应器上部空间保留大量乙烯气，当这些乙烯气发生反应放出大量热量时，催化剂进料如果调整不当、冷却水阀没及时调节，反应温度控制不住就易产生爆聚。

21. 画出聚合釜的典型结构。

解：聚合釜的典型结构见图 7-3。

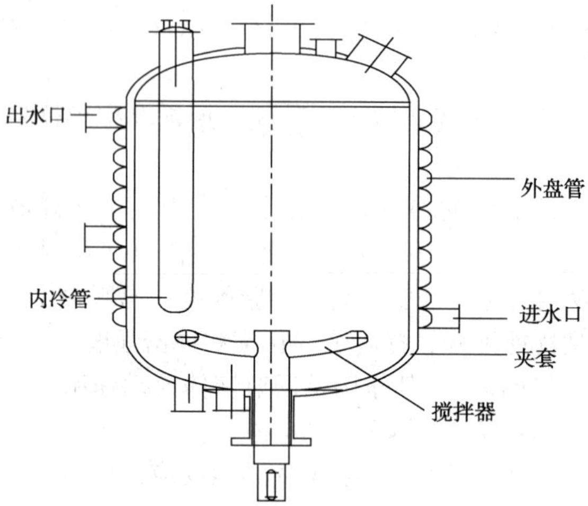

图 7-3　聚合釜的典型结构图

第8章　聚合物化学反应

8.1　知识要点

1. 掌握：聚合物的反应活性及其影响因素。

2. 理解：聚合物的相似转变，如纤维素的脂化，聚乙烯的氯化，含芳环高分子的取代反应等。

3. 掌握聚合度变大的化学转变，如交联、接枝、嵌段共聚、扩链等。

4. 掌握聚合度变小的化学反应，如降解(包括解聚、无规断链等)，老化及防老措施。

8.2　名词解释

聚合物化学反应(Chemical Reaction of Polymer)：研究聚合物分子链上或分子链间官能团相互转化的化学反应过程。聚合物的化学反应根据聚合物的聚合度和基团的变化(侧基和端基)可分为相似转变、聚合物变大的反应及聚合物变小的反应。

功能高分子(Functional Polymer)：是指具有传递、转换或储存物质、能量和信息的高分子。其结构特征是聚合物上带有特殊功能基团，其中聚合物部分起着载体的作用，不参与化学反应。按功能的不同，可分为化学功能高分子、物理功能高分子和生物功能高分子。

高分子试剂(Polymeric Reagent)：也称反应性高分子，即高分子试剂上的基团起着化学试剂的作用，它是各类高分子的化学试剂的总称。

高分子催化剂(Polymeric Catalyst)：将能起催化剂作用的基团接到高分子母体上，高分子本身不发生变化，但能起催化低分子反应。这种催化剂称作高分子催化剂。

低分子基质(Low Molecular Matrixes)：低分子反应物中的特定基团与保护试剂作用后受到保护不再参与主反应，这种受到保护的低分子反应物称作低分子基质。

高分子基质(Polymeric Matrixes)：将要准备反应的低分子化合物以共价键形式结合到聚合物载体上，得到高分子基质。

接枝(Grafting)：通过化学反应，在某些聚合物主链上接上结构、组成不同的支链，这一过程称为接枝，形成的产物称为接枝共聚物。

嵌段(Blocking)：形成嵌段共聚物的过程。

扩链(Chain-enlarging)：分子量不高的聚合物，通过适当的方法，使多个大分子连接在一起，分子量因而增大的过程称为扩链。

交联(Cross-linking)：聚合物在光、热、辐射或交联剂作用下，分子链间形成共价键，产生凝胶或不溶物，这一过程称为交联。交联有化学交联和物理交联。交联的最终目的是提高聚合物的性能。如橡胶的硫化等。

交联剂(Cross-linking Agent)：使聚合物交联的试剂。

降解(Degradation)：是聚合度分子量变小的化学反应的总称。它是高分子链在机械力、热、超声波、光、氧、水、化学药品、微生物等作用下，发生解聚、无规断链及低分子物脱除等反应。

老化(Aging)：聚合物及其制品在加工、贮存及使用过程中，物理化学性质及力学性能逐步变坏，这种现象称老化。橡胶的发黏、变硬或龟裂，塑料制品的变脆、破裂等都是典型的聚合物老化现象。导致老化的物理因素是热、光、电、机械应力等。化学因素是氧、酸、碱、水以及生物霉菌的侵袭，实际上，老化是上述各因素的综合作用的结果。

8.3 问答题

1. 聚合物化学反应有哪些特征？与低分子化学反应有什么区别？

解：与低分子化合物相比，由于聚合物分子量高，结构和分子量又有多分散性，因此聚合物在进行化学反应时有以下几方面特征：

① 如反应前后聚合物的聚合度不变，由于原料的原有官能团往往和产物在同一分子链中，也就是说，分子链中官能团很难完全转化，此类反应需以结构单元作为化学反应的计算单元。

② 如反应前后的聚合物的聚合度发生变化，则情况更为复杂。这种情况常发生在原料聚合物主链中有弱键、易受化学试剂进攻的部位，由此导致裂解或交联。

③ 与低分子反应不同，聚合物化学反应的速度还会受到大分子在反应体系中的形态和参加反应的相邻基团等的影响。

④ 对均相的聚合物化学反应，常为扩散控制，溶剂起着重要的作用。对非均相反应则情况更为复杂。

2. 聚合物化学反应有哪两种基本类型？

答：聚合物化学反应主要有以下两种基本类型：

① 分子量基本不变的反应，通常称为相似转变。高分子量的母体聚合物，在缓和的条件下，使基团转化为另一种基团，或把另一种基团引到分子链上，这种反应往往仅适用于分子链不含弱键的聚合物。

② 分子量变大的反应，如交联、接枝、嵌段、扩链等。

3. 聚合物降解有几种类型？热降解有几种情况？评价聚合物的热稳定性指标是什么？

答：① 聚合物的降解有热降解、机械降解、超声波降解、水解、化学降解、生化降解、光氧化降解、氧化降解等。

② 热降解有解聚、无规断链和取代基的消除反应等。

③ 评价聚合物热稳定性的指标为半寿命温度 T_h。聚合物在该温度下真空加热 40~50min（或 30min），其质量减少一半。

4. 聚合物老化的原因有哪些？

解：聚合物或其制品在使用或贮存过程中，由于环境的影响，其性能逐渐变坏的现象统称为老化。导致老化的原因主要是力、光、热、氧、潮气、霉及化学试剂的侵蚀等许多因素的综合作用。

5. 从乙酸乙烯酯单体到维尼纶纤维，需经哪些反应？每一反应的要点和关键是什么？写出反应式。做纤维用与做悬浮聚合分散剂使用的聚乙烯醇有何差别？

答：（1）须经自由基聚合发应、醇解反应及缩醛化反应。

（2）各步反应要点和关键如下：

① 自由基聚合反应

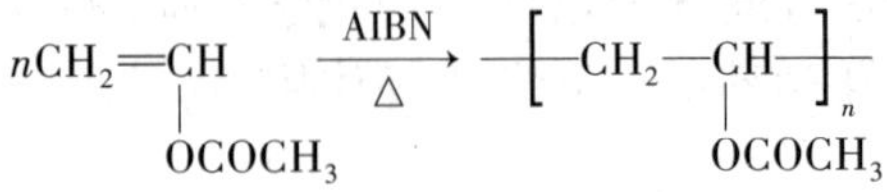

要点：用甲醇为溶剂进行溶液聚合以制取适当分子量的聚乙酸乙烯酯溶液。

关键：选择适宜的反应温度，控制转化率，用甲醇调节分子量，且基本不存在不能被醇解的乙酸乙烯酯侧基。

② 醇解反应：

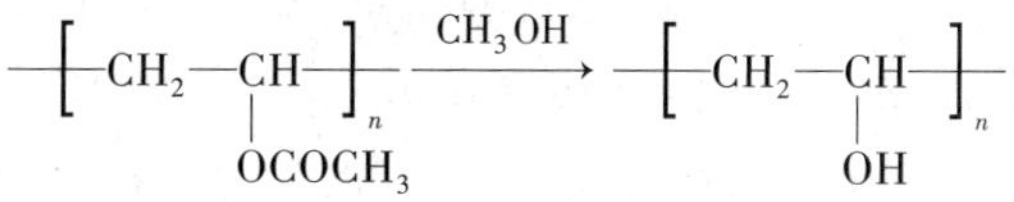

要点：用醇、碱或甲醇钠作催化剂，在甲醇溶液中醇解。

关键：控制醇解度在98%以上。

③ 缩醛化反应(包括分子内和分子间)

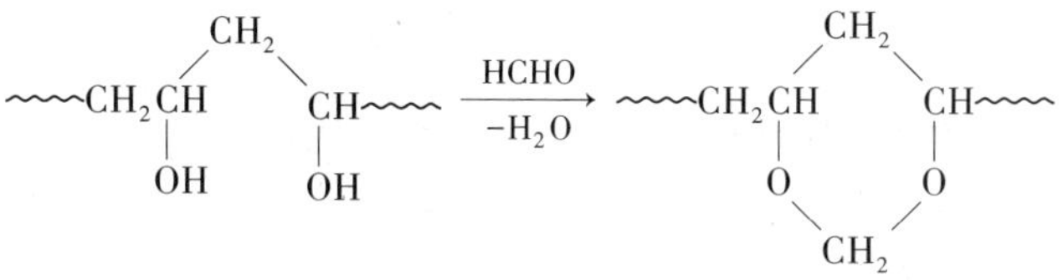

要点：用酸作催化剂在甲醛水溶液中反应。

关键：缩醛化程度必须接近90%。

纤维用和悬浮聚合分散剂用的聚乙烯醇的差别在于醇解度不同。前者要求醇解度高(98%~99%)以便缩醛化。后者要求醇解度中等(87%~89%)，以使水溶性好。

6. 将PMMA、PAN、PE、PVC四种聚合物进行热降解反应，分别得到何种产物？

答：聚甲基丙烯酸甲酯(PMMA)进行热解反应时发生解聚，主要产物为单体。

聚乙烯(PE)进行热解反应时发生无规降解，主要产物为不同聚合度的低聚物。

聚氯乙烯(PVC)进行热解反应时首先脱HCl，生成分子主链中带烯丙基氯的聚合物；长期热解则进一步发生环化交联甚至碳化反应。

聚丙烯腈(PAN)进行热解反应时首先发生主链环化，然后脱氢生成梯型聚合物。进一步热解脱氢后生成碳纤维。

7. 用化学反应式表示下列各反应：

(1) 聚乙烯的氯化；

(2) 1,4-聚异戊二烯的氯化；

(3) 聚乙烯的氯磺化；

(4) SBS加氢；

(5) HBr作用下1,4-聚异戊二烯的环化。

答：

(1)

$$\sim\sim CH_2 \sim\sim + Cl\cdot \longrightarrow \sim\sim \dot{C}H \sim\sim + HCl$$

$$\sim\sim \dot{C}H \sim\sim + Cl_2 \longrightarrow \sim\sim CHCl \sim\sim + Cl\cdot$$

(2)

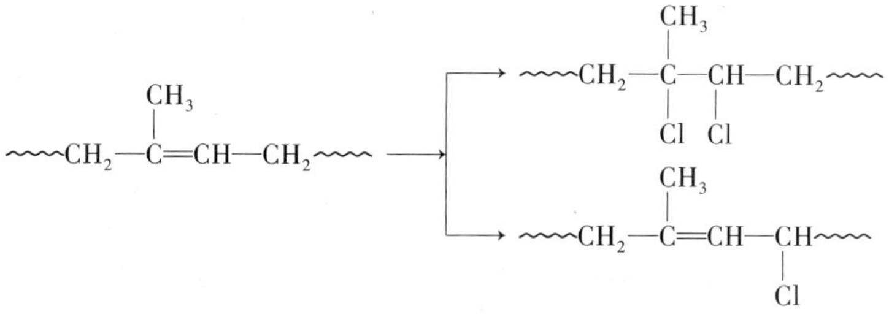

(3) 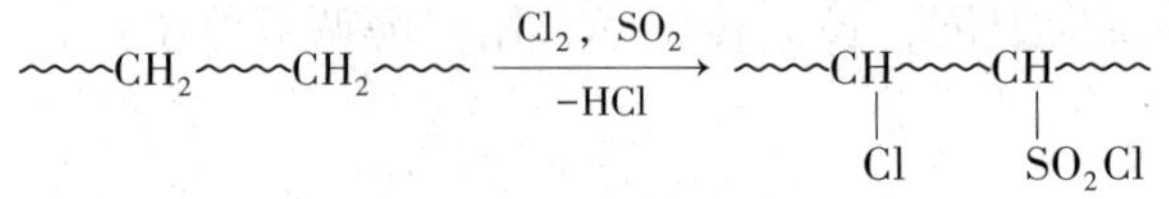

(4) 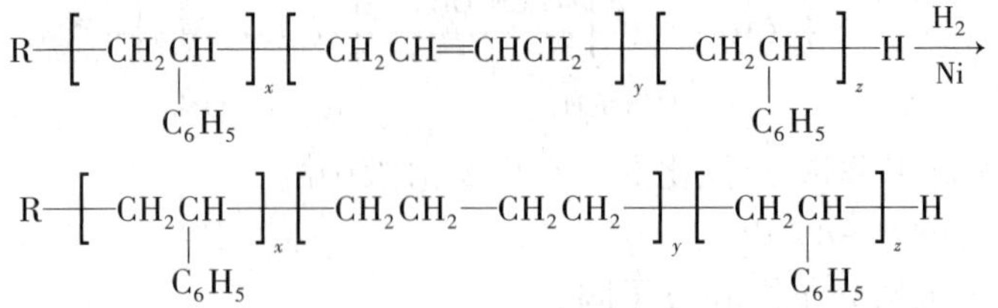

(5) 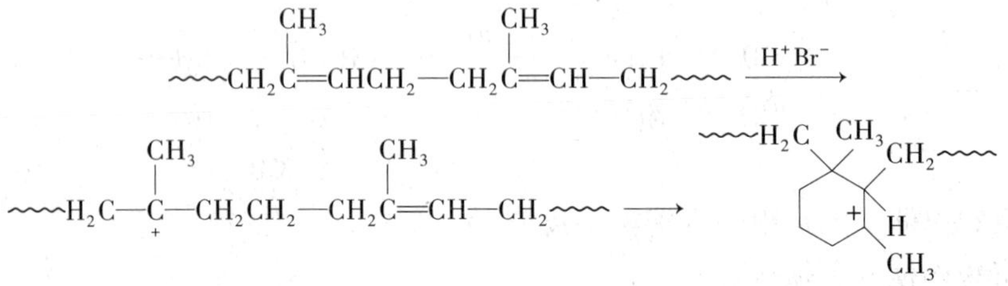

8. 橡胶为什么要经过塑炼后再进一步加工？

答：由于橡胶分子量通常很大，为了使它易与配合剂混合均匀及便于后序成型加工，所以要先进行塑炼以达到降低分子量提高塑化的目的。

9. 解释下列现象：

(1) 聚苯乙烯磺化时除产生 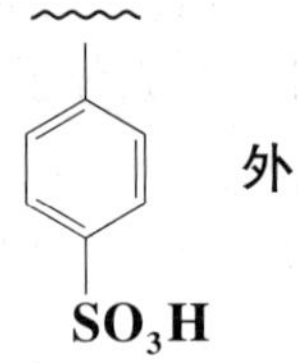 **外，还会产生不溶的脆性产物；**

(2) 聚甲基丙烯酸甲酯在碱性溶液中水解速率逐渐增加；

(3) 聚丙烯酰胺在碱性溶液中水解速率逐渐减小；

(4) 通过直接酰化合成均相二乙酸纤维素非常困难。

答：(1) 因为发生如下交联反应：

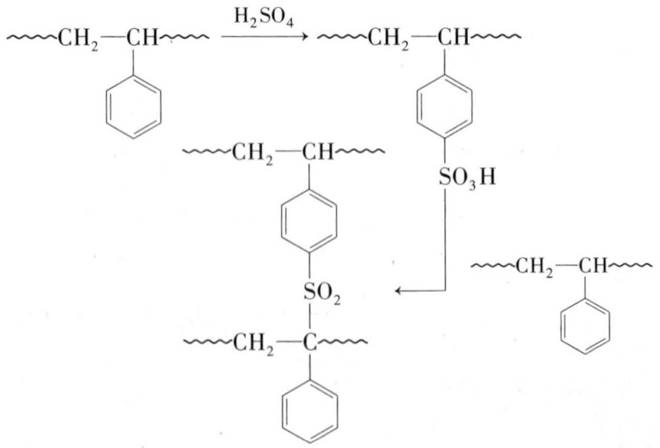

(2) 因为分子链上已水解的邻近—COO—侧基可作亲核试剂促进反应

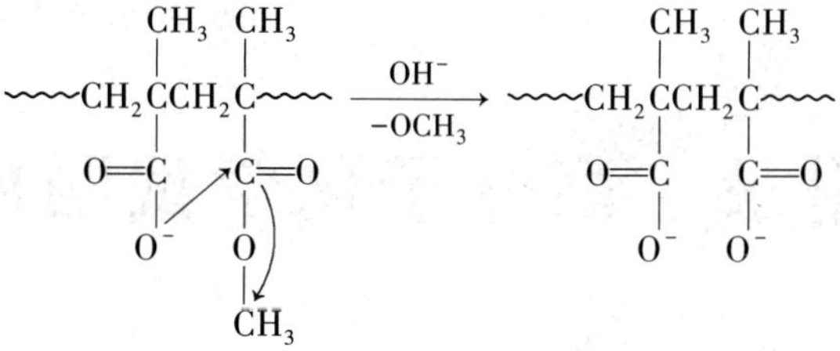

(3) 因为分子链上已水解的邻近—COO^-基排斥亲核试剂 OH^-的进攻

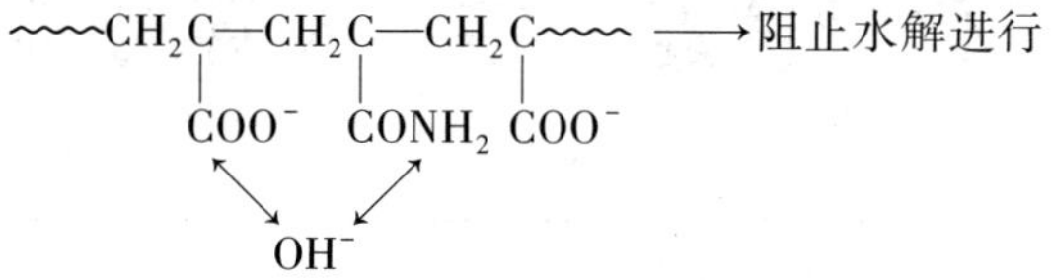

(4) 因为直接酰化时纤维素在反应混合物中不溶解，这样就会导致生成一些纤维素链是完全酰化的，而另一些是完全没有酰化的非均相产物，故常用可溶性的三乙酸纤维素的控制水解来间接制备均相的二乙酸纤维素。

附录　高分子化学试题库

高分子化学试题、答案及评分标准(1)

一	二	三	四	五	六	总分

一、名词解释(每小题 2 分，共 14 分)

1. 活性种

打开单体的 π 键，使链引发和增长的物质。活性种可以是自由基，也可以是阳离子和阴离子。

2. 基团数比 r

缩聚反应中，两单体的起始官能团数之比。

3. 半衰期

引发剂分解至起始浓度一半时所需的时间。

4. 线型缩聚

在聚合反应过程中，用 2-2 或 2 官能度体系的单体作原料，随着聚合度逐步增加，最后形成高分子的聚合反应。

5. 共聚物组成

将大分子链上两种结构单元的比例称为共聚物组成。

6. Zigler-Natta 引发剂

Zigler-Natta 引发剂是一大类引发体系的统称，通常有两个组分构成：主引发剂是ⅣB~ⅧB 族过渡金属化合物。共引发剂是ⅠA~ⅢA 族的金属有机化合物。

7. 立构规整性聚合物

立体结构是全同或间同立构以及由 C═C 双键引起的顺式结构和反式结构的聚合物。

二、填空(每空 1 分，共 10 分)

1. 按反应机理分，聚合反应可以分为<u>　逐步聚合　</u>和<u>　连锁聚合　</u>两类。

2. 影响缩聚物聚合度的因素有基团数比、<u>　反应程度　</u>和<u>　平衡常数　</u>。

3. 竞聚率为自由基共聚合中单体的<u>　均聚与共聚链增长速率常数　</u>之比。

4. n-C_4H_9Li，BF_3+H_2O 中，属于阳离子引发剂的有<u>　BF_3+H_2O　</u>。工业化阳离子聚合代表品种有<u>　聚异丁烯　</u>。

5. 悬浮法生产聚氯乙烯，聚合速率主要由<u>　引发剂浓度　</u>来调节，分子量主要由<u>　温度　</u>来控制。

6. 抗冲聚苯乙烯采用<u>　溶液接枝共聚合　</u>方法制得。

三、单项选择(每题1分，共10分)

1. 采用下列___A___单体制备缩聚物，其熔点较高。

A. 己二胺和己二酸　　B. 己二胺和癸二酸　　C. 己二酸和己二醇

2. 三种自由基聚合的引发剂，活性最高的引发剂是___B___。

A. BPO　　B. 氧化-还原引发体系　　C. AIBN

3. 取代基对单体活性和自由基活性的影响，说法正确的是___A___。

A. 共轭效应大的单体活性高　B. Q值相差大，容易共聚　C. e值相差大，不容易共聚

4. 生产聚丙烯，应采用的催化剂是___A___。

A. $TiCl_3-Al(C_2H_5)_3$　　B. $TiCl_4-Al(C_2H_5)_3$　　C. $TiCl_4-Al(C_2H_5)_2Cl$

5. 等物质的量二元酸和二元胺进行缩聚，平衡常数$K=400$，在密闭体系中不除去副产物水，聚合度能达到___A___。

A. 21　　B. 20　　C. 18

6. 自由基聚合的机理特征是___B___。

A. 快引发、慢增长、速终止　B. 慢引发、快增长、速终止　C. 慢引发、快增长、易终止

7. 用作聚氯乙烯抗冲击改性剂的是___C___。

A. 含10%~20%Cl的CPE　B. 20%~30%Cl的CPE　C. 30%~40%Cl的CPE

8. 合成聚合物的分子量分布指数不同，其中___B___的分布宜窄。

A. 塑料　　B. 合成纤维　　C. 橡胶

9. 对于萘钠引发的化学计量聚合，其平均聚合度取决于___C___。

A. 引发剂浓度和单体浓度之比　　B. 2/单体浓度

C. 单体浓度和引发剂浓度之比

10. 生产丁苯橡胶，应选用的聚合方法为___B___。

A. 悬浮聚合　B. 乳液聚合　C. 本体聚合　D. 溶液聚合

四、判断下列烯类单体能否聚合，若能聚合适合于何种机理聚合？自由基聚合、阳离子聚合还是阴离子聚合？分别说明理由(10分)

$ClCH=CHCl$　$CH_2=CHC_6H_5$　$CH_2=CHCH_3$　$CH_2=CHCl$　$CH_2=CH—OCOCH_3$

答：$ClCH=CHCl$　不能聚合。因为1,2双取代，使得空间位阻大。(2分)

$CH_2=CHC_6H_5$　自由基聚合、阳离子聚合还是阴离子聚合都可以。共轭体系。(2分)

$CH_2=CHCH_3$　不能进行自由基聚合，因为烯丙基自由基的自阻聚作用(或者说CH_3的供电性弱)。但是能进行配位(阴离子)聚合。(2分)

$CH_2=CHCl$　能进行自由基聚合。因为Cl原子吸电子性弱。(2分)

$CH_2=CH—OCOCH_3$　能进行自由基聚合。吸电子基团。(2分)

五、问题讨论(32分)

1. 写出尼龙66的合成方程式，简述影响尼龙66聚合度的因素、聚合度的控制方法并解释这样控制的原因。(8分)

答：$n\text{HOOC}(CH_2)_4\text{COOH}+n\text{NH}_2(CH_2)_6\text{NH}_2 \longrightarrow \text{HO}\mathrm{[}\text{OC}(CH_2)_4\text{COHN}(CH_2)_6\text{NH}\mathrm{]}_n\text{H}$(3分)

聚合过程：① 在溶液中进行预缩聚。(1分)

② 熔融缩聚。(1分)

聚合度的控制方法：① 盐调配保证两单体的等摩尔比。(1分)

② 单官能团单体封端控制分子量。(1分)

③ 真空减压排水，提高分子量。(1分)

2. 试解释降解的概念，研究降解的目的是什么？（4分）

答：降解：分子量变小的反应。（2分）

研究降解的目的：（2分）

（1）天然橡胶硫化成型前的塑炼以降低分子量、废聚合物的高温裂解以回收单体；

（2）探讨老化机理，根据降解产物研究聚合物结构。

3. 以R·为引发剂自由基，写出M_1和M_2单体进行自由基共聚合的三基元反应、M_1单体的竞聚率和M_2单体的竞聚率方程式。（8分）

答：（1）链引发：$R\cdot + M_1 \rightarrow RM_1\cdot$

$R\cdot + M_2 \rightarrow RM_2\cdot$（2分）

（2）链增长：$\sim\sim M_1\cdot + M_1 \xrightarrow{k_{11}} \sim\sim M_1\cdot$

$\sim\sim M_1\cdot + M_2 \xrightarrow{k_{12}} \sim\sim M_2\cdot$

$\sim\sim M_2\cdot + M_1 \xrightarrow{k_{21}} \sim\sim M_1\cdot$（2分）

$\sim\sim M_2\cdot + M_2 \xrightarrow{k_{22}} \sim\sim M_2\cdot$

（3）链终止：$\sim\sim M_1\cdot + \cdot M_1\sim\sim \longrightarrow \sim\sim M_1M_1\sim\sim$

$\sim\sim M_1\cdot + \cdot M_2\sim\sim \longrightarrow \sim\sim M_1M_2\sim\sim$（2分）

$\sim\sim M_2\cdot + \cdot M_2\sim\sim \longrightarrow \sim\sim M_2M_2\sim\sim$

$r_1 = \dfrac{k_{11}}{k_{12}}$（1分）

$r_2 = \dfrac{k_{22}}{k_{21}}$（1分）

4. 画出SBS三嵌段分子结构示意图及聚合物名称，写出SBS的用途及简要制备过程。（4分）

答：SSSS ~~~~ BBBB ~~~~ SSS　　苯乙烯-丁二烯-苯乙烯嵌段共聚物（2分）

SBS用途：热塑性弹性体（1分）

制备过程：依次加入苯乙烯、丁二烯、苯乙烯共聚。

5. 本体聚合法制备甲基丙烯酸甲酯（PMMA）实验的配方体系组成是什么？自动加速现象是怎样产生的？制备PMMA各阶段的温度应怎样控制？为什么？（8分）

答：制备PMMA配方体系组成：甲基丙烯酸甲酯、过氧化苯甲酰（BPO）。（2分）

自动加速现象产生原因：反应到中期，体系黏度增大，引起聚合反应速率增大。（4分）

反应温度控制：① 先控制在75~80℃，进行预聚，防止暴聚。

② 分段聚合来控制散热。在30~50℃聚合较长时间，然后高温90~100℃处理，提高单体转化率。（2分）

六、计算（24分）

1. 由2.5mol癸二酸和2.5mol丁二醇合成$\overline{M}_n = 6000$的聚酯，试作下列计算：

（1）两基团数完全相等，忽略端基对$\overline{M}_n$的影响，求终止缩聚的反应程度P。（保留三位有效数字）（4分）

（2）另加相当于丁二醇物质的量为1.5%的乙酸，求获得同一数均聚合度所需要的反应程度。（保留三位有效数字）（4分）

解：(1) H$\lbrack$O—$(CH_2)_4$OOC—$(CH_2)_8$CO$\rbrack_n$OH （2 分）

$\overline{M}_0=128$

$\overline{X}_n=\overline{M}_n/128=47$ （1 分）

$\overline{X}_n=1/1-P$ （1 分）

$P=0.979$

(2) 乙酸物质的量为 2.5×1.5%＝0.0375

$r=N_a/N_b+2N_b'=2.5\times2/2.5\times2+2\times0.0375=0.985$ （1 分）

$\overline{X}_n=(1+r)/1+r-2rP$ （3 分）

$47=(1+0.985)/1+0.985-2\times0.985P$

$P=0.986$

2. 绘制下列二种二元共聚物的组成曲线，并分析曲线(2)的共聚物组成随转化率变化的趋势：(6 分)

(1) $r_1=10$，$r_2=0.1$ (2 分)；

(2) $r_1=0.44$，$r_2=0.05$ (4 分)

解：对于曲线(2)由于 $r_1<1$，$r_2<1$，$r_1\cdot r_2<1$，为有恒比共聚点的非理想共聚。

恒比点：

$F_1=f_1=(1-r_2)/2-r_1-r_2=(1-0.05)/2-0.44-0.05=0.63$ （3 分）

转化率变化的趋势如图附录-1 所示。(1 分)

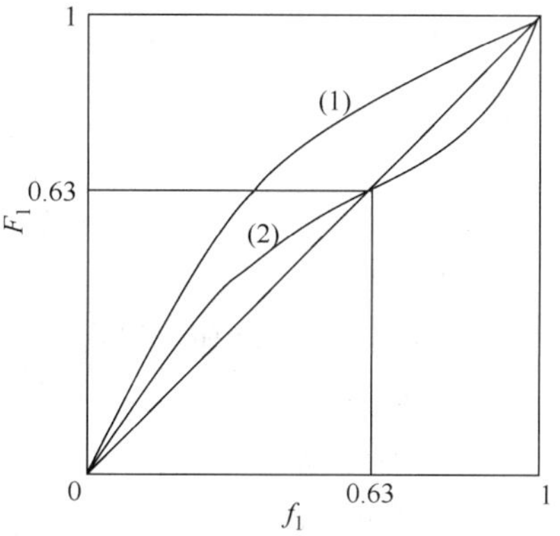

图附录-1 聚合物组成随转化率变化趋势

3. 采用 AIBN 引发单体 M_1 在苯中进行溶液聚合反应($C=0.77$，$D=0.23$，C 和 D 分别代表偶合终止和歧化终止的分数)，单体的浓度[M]为 3.5mol/L，AIBN 浓度[I]为 0.02mol/L，$C_M=7.4\times10^{-5}$；$C_I=2.5\times10^{-4}$；链引发速率 R_i 为 5.2×10^{-10}mol/(L·s)，产物的平均聚合度为 3500，试计算：动力学链长 ν 和聚合反应速率 R_p。(保留 4 位有效数字)(6 分)

解：$1/\overline{X}_n=(C/2+D)/\nu+C_M+C_I\times[I]/[M]$

$1/3500=(0.77/2+0.23)/\nu+7.4\times10^{-5}+2.5\times10^{-4}\times0.02/3.5$

$\nu=2925$ （3 分）

$R_p=\nu R_i=2925\times5.2\times10^{-10}=1.521\times10^{-6}$mol(L·s) （2 分）

4. 采用 1.2mol 乙二醇、3.5mol 邻苯二甲酸酐和 1.5mol 甘油进行缩聚反应，当反应程度达到 0.78 时体系是否出现凝胶化现象？按 Carothers 法。(4 分)

解：设乙二醇为 A，邻苯二甲酸酐为 B，甘油为 C

$N_Af_A=1.2\times2=2.4$

$N_Bf_B=3.5\times2=7.0$

$N_Cf_C=1.5\times3=4.5$

$N_Af_A+N_Cf_C=2.4+4.5=6.9<N_Bf_B$

$f=2(N_Af_A+N_Cf_C)/(N_A+N_B+N_C)=2\times6.9/(1.2+3.5+1.5)=2.226$ （2 分）

$P_c=2/f=0.898>0.78$ 没有出现凝胶化现象（2 分）

高分子化学试题、答案及评分标准(2)

一	二	三	四	五	六	总分

一、名词解释(每小题2分，共14分)

1. 聚合速率

以单位时间内单体的消耗量或聚合物的生成量表示。

2. 平均官能度

单体混合物中每一个分子平均带有的官能团数。即单体所带有的全部官能团数除以单体总数。

3. 单体转化率

参加反应的单体与起始单体的物质的量的比值或单体转化为聚合物的分率即为转化率。

4. 凝胶点

出现凝胶化现象时的反应程度称作凝胶点。

5. 共聚合

由两种或多种单体共同参加的聚合反应即为共聚合。

6. 溶液聚合

是指单体和引发剂溶于适当溶剂的聚合。

7. 配位聚合

单体与引发剂经过配位方式进行的聚合反应。具体讲，单体先在活性种的空位上配位(络合)并活化，然后插入烷基-金属键中。

二、填空(每空1分，共10分)

1. 自由基聚合反应中，随反应时间增加，聚合物分子量__不变__，延长反应时间主要作用是__提高单体转化率__。

2. Ziegler-Natta引发剂是一大类引发体系的统称，通常由两个组分构成：主引发剂是__ⅣB-ⅧB过渡金属化合物__，共引发剂是__ⅠA-ⅢA金属有机化合物__。

3. 两单体共聚，其竞聚率分别为$r_1=0$，$r_2=0$，则所获得共聚物类型为__交替共聚物__。

4. 线型缩聚的机理是__逐步__和__可逆__。

5. n-C_4H_9Li、BF_3+H_2O中，属于阴离子引发剂的有__n-C_4H_9Li__，工业化阴离子聚合的代表品种有__SBS__。

6. 水溶性引发剂主要用于__乳液__聚合体系。

三、单项选择(每题1分，共10分)

1. 合成聚合物的分子量分布指数不同，其中__A__的分布较宽。

A. 橡胶　　B. 合成纤维　　C. 塑料

2. 三种自由基聚合的引发剂，活性最高的引发剂是__A__。

A. $t_{1/2}=1h$　　B. $t_{1/2}=3h$　　C. $t_{1/2}=6h$

3. 自由基共聚中，活性较大的是＿C＿。

A. 苯乙烯单体和苯乙烯自由基　　B. 乙酸乙烯酯单体和苯乙烯自由基

C. 苯乙烯单体和乙酸乙烯酯自由基　D. 乙酸乙烯酯单体和乙酸乙烯酯自由基

4. 逐步聚合的实施方法中，＿A＿方法最常用。

A. 熔融聚合　　B. 溶液聚合　　C. 固相缩聚

5. 等物质的量的二元酸和二元醇进行缩聚，$K=4$，在密闭体系中不除去副产物水，聚合度能达到＿A＿。

A. 3　　B. 5　　C. 10

6. 自由基聚合反应，为提高聚合速率，通常采用的最佳措施是＿A＿。

A. 增加引发剂浓度　　B. 提高聚合温度

7. 减缓自动加速现象过早出现的措施是在＿B＿。

A. 在不良溶剂中聚合　　B. 在良溶剂中聚合　　C. 采用沉淀聚合方法

8. 悬浮法生产聚氯乙烯，引发剂浓度增加，其分子量＿C＿。

A. 增加　　B. 减小　　C. 不变

9. 活性阴离子聚合的机理特征是＿A＿。

A. 快引发、慢增长、无终止　　B. 慢引发、快增长、无终止、无转移

C. 慢引发、快增长、易终止

10. 生产丁基橡胶，应选用的聚合方法和主要单体为＿C＿。

A. 配位聚合/异丁烯　　B. 阴离子聚合/异丁烯　　C. 阳离子聚合/异丁烯

四、判断下列烯类单体能否聚合，若能聚合适合于何种机理聚合？自由基聚合、阳离子聚合还是阴离子聚合？分别说明理由。(10 分)

$CH_3CH{=}CHCH_3$　$CH_2{=}C(CH_3)COOCH_3$　$CH_2{=}CHCH_3$　$CF_2{=}CFCl$

$CH_2{=}C(CH_3){-}CH{=}CH_2$

答：$CH_3CH{=}CHCH_3$　不能聚合。原因：1,2 双取代，空间位阻大。(2 分)

$CH_2{=}C(CH_3)COOCH_3$　自由基聚合。原因：1,1 双取代。(2 分)

$CH_2{=}CHCH_3$　配位聚合，不能进行自由基聚合。原因：$-CH_3$基供电性弱。(2 分)

$CF_2{=}CFCl$　自由基聚合。原因：F 的原子半径小。(2 分)

$CH_2{=}C(CH_3){-}CH{=}CH_2$　三种机理均可。原因：为共轭体系。(2 分)

五、问题讨论(32 分)

1. 写出聚酯的合成方程式，简述影响聚酯聚合度的因素、聚合度的控制方法并解释这样控制的原因。(14 分)

答：(1) 采用直接酯化法

$(n+1)HO{-}(CH_2)_2{-}OH + nHOOC{-}C_6H_4{-}COOH$　(6 分)

$\xrightarrow{-H_2O} H{+}O{-}(CH_2)_2{-}OCO{-}C_6H_4{-}CO{+}_nOH + (2n-1)H_2O$

$\xrightarrow{-HOCH_2CH_2OH} H{+}O{-}(CH_2)_2{-}OCO{-}C_6H_4{-}CO{+}_nO{-}(CH_2)_2OH + 2nH_2O$

(2) 影响因素及控制

① 酯化和预缩聚阶段。脱除小分子 H_2O，控制聚合度，重复单元的个数 $x=1\sim4$。(2 分)

② 后缩聚阶段，提高真空度，脱除乙二醇，控制聚合度，$n=100\sim200$。(2 分)

③ 适当的催化剂浓度，提高反应速率。(2 分)

④ 控制反应温度，防止热降解和副产物二甘醇产生。(2 分)

2. 写出典型自由基聚合的 3 个基元反应。(8 分)

答：基元反应：链引发：(1) [I]$\longrightarrow$2R·

(2) R· +M $\longrightarrow$ RM·

链增长：RM· +M $\longrightarrow$ RM_n·

链终止：RM_n· +RM_m· $\longrightarrow$ $R_{m+n}M$

3. 实验采用什么方法测定聚合速率？聚合速率曲线分哪 4 个阶段(画出曲线，并标明各阶段名称)？指出聚合中期产生自动加速现象的原因。(10 分)

答：测定聚合速率的方法：比体积(比容)法—膨胀计法，其测定原理为利用聚合过程的体积收缩与转化率 C 的线性关系。

自由基聚合的一般过程包括诱导期、聚合初期、聚合中期、聚合后期。转化率与时间曲线为 S 形。见图附录-2。自动加速现象出现在聚合中期，此时，单体转化率 $C>20\%$。

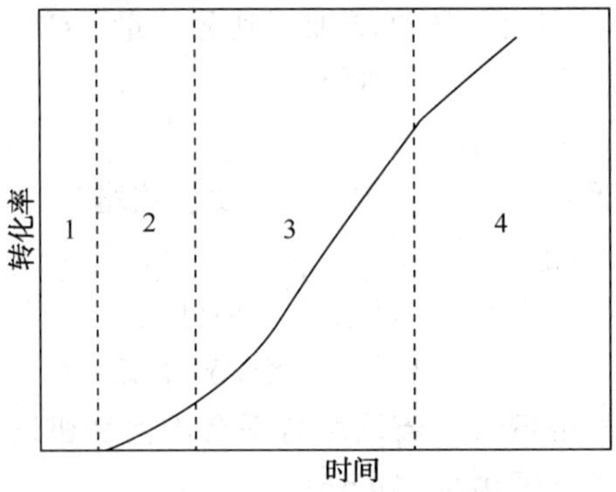

图附录-2 转化率与时间曲线

1—诱导期：初级自由基为阻聚杂质所终止，聚合速率为 0，如除净阻聚杂质，可消除诱导期；

2—聚合初期(匀速聚合)：理论研究多在转化率在 5%～10%阶段，认为在此阶段自由基浓度近似不变，工业上指转化率在 10%～20%阶段；

3—聚合中期(加速期)：转化率≤90%；

4—聚合后期(减速期)：工业上进行终点控制

六、计算(24 分)

1. 由 3mol 丁二醇和 3mol 癸二酸合成 $\overline{M}_n=8000$ 的聚酯，试作下列计算：

在缩聚过程中，如果有 0.3%(摩尔分数)的丁二醇脱水成乙烯而损失，求达到同一数均聚合度所需的反应程度 P？(6 分)(保留三位有效数字)

解：$H\!\left[O—(CH_2)_4OOC—(CH_2)_8CO\right]_nOH$ (2 分)

$M_0=128$

$\overline{X}_n=\overline{M}_n/128=63$ (1 分)

丁二醇的物质的量为 3×(1-0.3%)= 2.991mol

$r=2.991\times2/3\times2=0.997$

$\overline{X}_n=(1+r)/(1+r-2rP)$ (3 分)

$63=(1+0.997)/(1+0.997-2\times0.997P)$

$P=0.986$

2. 曲线绘制下列四种二元共聚物的组成曲线，同时说明其所属共聚类型：（8 分）

（1）$r_1=10$，$r_2=0.1$；（2）$r_1=0$，$r_2=0$；（3）$r_1=0.40$，$r_2=0.55$；（4）$r_1=55$，$r_2=0.01$。

解：（1）理想共聚

（2）交替共聚

（3）由于 $r_1<1$，$r_2<1$，$r_1 \cdot r_2<1$，为有恒比共聚点的非理想共聚。

恒比点：

$F_1=f_1=(1-r_2)/(2-r_1-r_2)=(1-0.55)/(2-0.40-0.55)=0.43$

（4）非理想共聚

二元共聚物的组成曲线见图附录-3。

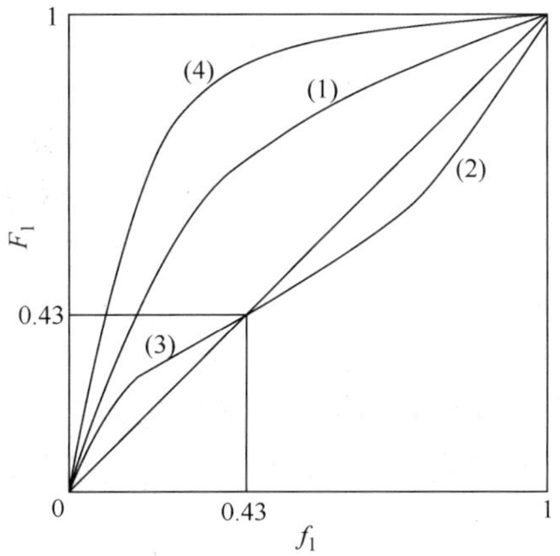

图附录-3　二元共聚物的组成曲线

3. 采用 AIBN 引发苯乙烯在苯中进行溶液聚合反应(偶合终止)，单体的浓度[M]为 1.5mol/L，苯的浓度[S]为 9.2mol/L，$C_M=8.0\times10^{-5}$，$C_S=2.8\times10^{-6}$，链引发速率为 4.0×10^{-8}mol/L·s，产物的平均聚合度为 7000，试计算：动力学链长 ν。(保留四位有效数字)(4 分)

解：$1/\overline{X}_n=1/2\nu+C_M+C_S\times[S]/[M]$

$1/7000=1/2\nu+8.0\times10^{-5}+2.8\times10^{-6}\times9.2/1.5$

$\nu=10944$（4 分）

4. 制备醇酸树脂的配方为 0.9mol 甘油、0.5mol 邻苯二甲酸酐和 0.8mol 己二酸进行缩聚反应，问能否不产生凝胶而反应完全？按 Carothers 法。(6 分)

解：设甘油为 A，邻苯二甲酸酐为 B，己二酸为 C

$N_A f_A=0.9\times3=2.7$

$N_B f_B=0.5\times2=1.0$

$N_C f_C=0.8\times2=1.6$

$N_B f_B+N_C f_C=1.0+1.6=2.6<N_A f_A$

$f=2(N_B f_B+N_C f_C)/(N_A+N_B+N_C)=2\times2.6/(0.9+0.5+0.8)=2.364$（4 分）

$P_c=2/f=0.846$(1 分)，反应程度小于 0.846 时可以不产生凝胶而反应完全。(1 分)

高分子化学试题、答案及评分标准(3)

一	二	三	四	五	六	总分

一、名词解析(每小题4分，共20分)

1. 多分散性和分布指数

多分散性：聚合物是分子量不等的同系物的混合物，其分子量或聚合度是一平均值。这种分子量的不均一性称为分子量的多分散性。

分布指数：由于高聚物具有多分散性，因此它的分子量具有一定的分布。分子量分布一般用分布指数表示，即重均分子量与数均分子量的比值。用来表征分子量分布的宽度或多分散性。

2. 反应程度与单体转化率

反应程度：参加反应的官能团数占起始官能团数的分率。

单体转化率：单体转化为聚合物的分率，等于转化为聚合物的单体量除以单体总量。

在缩聚中用反应程度概念来描述反应的程度。在自由基聚合中用单体转化率来描述反应的程度。

3. 均聚物与共聚物

均聚物：由单体和自身进行聚合反应而制备的聚合物。

共聚物：由两种或两种以上单体间进行聚合而制备的聚合物。

4. 引发剂和引发剂效率

引发剂：在聚合体系中能够形成活性中心的物质。

引发剂效率：用于引发聚合消耗的部分引发剂占引发剂分解消耗总量的分率称为引发剂效率。

5. 活性聚合和化学计量聚合

活性聚合：当单体转化率达到100%时，聚合仍不终止，形成具有反应活性的聚合物(活性聚合物)的聚合称作活性聚合。

化学计量聚合：阴离子的活性聚合由于其聚合度可由单体和引发剂的浓度定量计算确定，因此也称为化学计量聚合。

二、填空(每空1分，共10分)

1. <u>自由基聚合</u>、<u>阴离子聚合</u>、<u>阳离子聚合</u>、配位聚合属于连锁聚合反应机理。

2. 影响线型缩聚聚合度的三个因素分别是平衡常数、基团数比和<u>反应程度</u>。

3. 自由基聚合中，在单体浓度一定时，为提高聚合速率而采用的最好方法是<u>提高引发剂浓度</u>。

4. 乳液聚合常用的阴离子乳化剂为<u>十二烷基磺酸钠</u>。乳液聚合中常用的非离子乳化剂为<u>OP-10</u>和平平加。

5. 在自由基共聚反应中，利用两个单体的<u>竞聚率</u>值不同来判断两个单体的活性大小。

6. 高顺式1,4-聚异戊二烯按阴离子机理聚合，应选用__丁基锂-烷烃__做引发剂。

7. 聚合物在光、热、辐射或交联剂作用下，分子链间形成共价键，产生凝胶或不溶物，这一过程称为交联，其最终目的是__提高聚合物的力学性能__。

三、选择填空(每空1分，共5分)

1. 下列单体进行自由基聚合，活性最高的单体是__A__。

A. $CH_2=CH—CH=CH_2$　B. $CH_2=CHCN$　C. $CH_2=CHCOOCH_3$　D. $CH_2=CHCl$

2. 下列三种单体分别进行本体聚合，出现自动加速现象最早的体系是__C__。

A. 甲基丙烯酸甲酯　B. 苯乙烯　C. 氯乙烯

3. 合成热塑性酚醛树脂，下列正确的说法是__B__。

A. 甲醛过量　B. 苯酚过量　C. 固化时不用固化剂

4. 下列单体共聚时，不易发生共聚合的体系是__A__。

A. 乙酸乙烯酯+苯乙烯　B. 丁二烯+苯乙烯　C. 乙酸乙烯酯+氯乙烯

5. 天然橡胶的塑炼属于降解类型中的__C__。

A. 热降解　B. 化学降解　C. 力化学降解

四、指出下列烯类单体选择了哪一种或几种已经工业化生产的连锁聚合机理，并写出采用何种聚合方法制备各单体相对应的聚合物。(10分)

$CH_2=CHCl$　$CH_2=CHCN$　$CH_2=C(CH_3)_2$　$CF_2=CF_2$

$CH_2=C(CH_3)—CH=CH_2$

答：$CH_2=CHCl$　聚合机理：自由基聚合；聚合方法：悬浮聚合；聚合物名称：聚氯乙烯。

$CH_2=CHCN$　聚合机理：自由基聚合；聚合方法：溶液聚合；聚合物名称：聚丙烯腈。

$CH_2=C(CH_3)_2$　聚合机理：阳离子聚合；聚合方法：悬浮聚合(或淤浆聚合)；聚合物名称：聚异丁烯。

$CF_2=CF_2$　聚合机理：自由基聚合；聚合方法：溶液聚合；聚合物名称：聚四氟乙烯。

$CH_2=C(CH_3)—CH=CH_2$　聚合机理：阴离子聚合；聚合方法：溶液聚合；聚合物名称：聚异戊二烯。

五、问题讨论(35分)

1. 写出直接酯化法合成聚酯的反应方程式，并说明实际生产中如何进行聚酯的合成反应？(10分)

答：$n$mol对苯二甲酸和$(n+1)$mol过量乙二醇的缩聚反应（4分）

$$(n+1)HO—(CH_2)_2—OH+nHOOC—C_6H_4—COOH \longrightarrow H\!\left[O—(CH_2)_2—OCO—C_6H_4—CO\right]_{n}OH+(2n-1)H_2O \longrightarrow H\!\left[O—(CH_2)_2—OCO—C_6H_4—CO\right]_{n}O—(CH_2)_2OH+2nH_2O$$

工艺控制：

① 在酯化反应器中进行酯化，酯化率达到95%，聚合度$\overline{X}_n=1\sim4$（2分）

② 在预缩聚反应器中进行预缩聚，需要减压排除小分子提高反应程度，反应温度$T=274\sim275$℃；真空度$p=2000\sim3000$Pa（2分）

③ 在终缩聚反应器中进行终缩聚，进一步提高真空度，p为$60\sim130$Pa，聚合度$\overline{X}_n=100\sim200$。(2分)

2. 在乙酸乙烯酯自由基聚合反应中，如何解释加入的少量苯二烯是乙酸乙烯酯自由基聚合的阻聚剂？（5 分）

答：～～～ VAc · +苯乙烯（S）⟶ ～～～ VAcS ·　　　　(1)

～～～ VAc · +VAc（乙酸乙烯酯）⟶ ～～～ VAc ·　　　　(2)

～～～ VAcS · +S ⟶ ～～～ VAcS ·　　　　(3)

～～～ VAcS · +VAc ⟶ ～～～ VAc ·　　　　(4)

乙酸乙烯酯自由基聚合反应如(2)所示，当加入少量苯乙烯后，由于苯乙烯单体(S)活性大于乙酸乙烯酯单体(VAc)，因此聚合反应立刻会由反应(2)转化为反应(1)，从而生成苯乙烯自由基。由于苯乙烯单体非常活泼而苯乙烯自由基的活性很低，很难再引发乙酸乙烯酯单体聚合反应(4)，进而难以得到乙酸乙烯酯均聚物，所以说加入少量苯乙烯为乙酸乙烯酯自由基聚合的阻聚剂。

3. 画出悬浮法合成聚苯乙烯的实验装置图。写出配方体系。聚乙烯醇的作用是什么？实验成功与否与哪些因素有关？（10 分）

答：配方体系：苯乙烯、BPO、水、聚乙烯醇。

基元反应：链引发：(1) [I]⟶2R ·

(2) R · +M ⟶ RM ·

链增长：RM · +M ⟶ RM_n ·

链终止：RM_n · +RM_m · ⟶ $R_{m+n}M$

实验装置图见图附录-4。

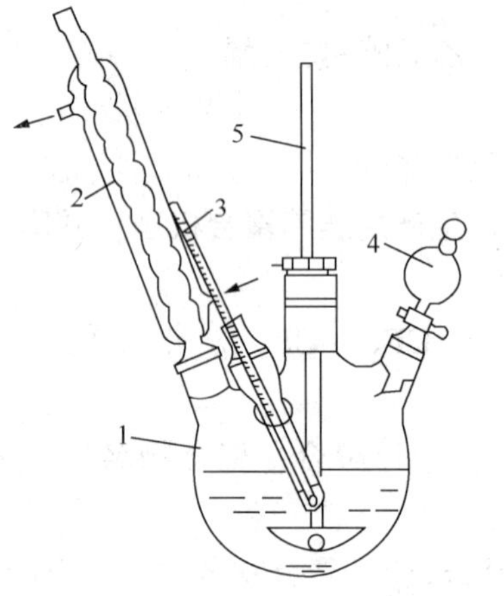

图附录-4　合成聚苯乙烯实验装置图

1—三口瓶；2—冷凝管；3—温度计；4—滴液漏斗；5—搅拌器

聚乙烯醇的作用：作为分散剂，防止聚苯乙烯粒子黏结在一起。

注意问题：通过控制反应的温度和搅拌速度、分散剂的用量，可以得到大小均一、白色的粒子。搅拌速度变化会导致聚苯乙烯粒子黏结在一起，实验失败，得不到颗粒状聚苯乙烯。

4. 写出采用配位聚合生产聚丙烯的原料体系组成及作用、聚合方法。衡量聚合活性的参数是什么？（5 分）

答：原料组成：丙烯——单体；$TiCl_3-Al(C_2H_5)_2Cl$——引发剂；氢气——分子量调节剂。

溶剂：正己烷。

聚合方法：淤浆聚合（或悬浮聚合）。

聚合活性表示方法：gPP/gTi，或 gPP/$gTiCl_3$。

5. 写出阴离子聚合的总反应通式，说明工业上生产 SBS 的体系组成及简要生产过程。（5 分）

答：阴离子聚合反应：

$$A^{\ominus}B^{\oplus}+M \longrightarrow AM^{\ominus}B^{\oplus} \xrightarrow{M} AM_n^{\ominus}B^{\oplus}$$

工业上合成嵌段共聚物 SBS（又称作热塑性弹性体）的常用方法为活性阴离子聚合。其中 S 代表苯乙烯链段，分子量为 1 万~1.5 万；B 代表丁二烯链段，分子量为 5 万~10 万。

工业上生产 SBS 采用丁基锂(C_4H_9Li)-烃类溶剂体系，保证顺式 1,4 结构。一般采用三步法合成，即依次加入苯乙烯、丁二烯、苯乙烯(记作 S—B—S)，相继聚合，形成 3 个链段。苯乙烯和丁二烯的加入量按链段长度预先定量。

六、计算(20 分)

1. 制备醇酸树脂的配方为 1.20mol 季戊四醇，0.50mol 邻苯二甲酸酐，0.45mol 丙三羧酸[$C_3H_5(COOH)_3$]，问能否不产生凝胶而反应完全？(5 分)

解：设季戊四醇为 A，邻苯二甲酸酐为 B，丙三羧酸为 C

$N_A f_A = 1.2\times4 = 4.8$

$N_B f_B = 0.5\times2 = 1.0$

$N_C f_C = 0.45\times3 = 1.35$

$N_B f_B + N_C f_C = 1.0+1.35 = 2.35 < N_A f_A$

$f = 2(N_B f_B + N_C f_C)/(N_A + N_B + N_C) = 2\times2.35/(1.2+0.5+0.45) = 2.186$ (4 分)

$P_c = 2/f = 0.915$ (1 分)

反应程度小于 0.915 时可以不产生凝胶而反应完全。(1 分)

2. 两单体共聚，$r_1 = 0.52$，$r_2 = 0.24$，绘制该二元共聚物的组成曲线，在此种情况下，如何控制共聚物组成？(5 分)

解：由于 $r_1<1$，$r_2<1$，$r_1 \cdot r_2<1$，为有恒比共聚点的非理想共聚。二元共聚物组成曲线见图附录-5。

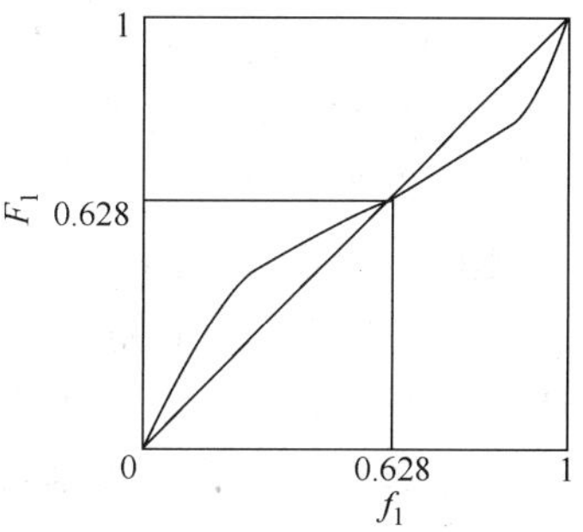

图附录-5　二元共聚物组成曲线

恒比点：

$F_1 = f_1 = (1-r_2)/(2-r_1-r_2) = (1-0.24)/(2-0.52-0.24) = 0.628$

在恒比点投料，$f_1^0 = 0.628$ 时，共聚物组成与单体转化率无关。

3. 由 2.5mol 癸二酸和 2.5mol 丁二醇合成 $\overline{M}_n = 6000$ 的聚酯，另加丁二醇物质的量的 1.5%的乙酸，求所需要的反应程度？(10 分)(保留三位有效数字)

解：$H\!\left[O—(CH_2)_4OOC—(CH_2)_8CO\right]_n\!OH$ (3 分)

$M_0 = 128$

$\overline{X}_n = \overline{M}_n/128 = 47$ (2 分)

乙酸的物质的量为 $2.5\times1.5\% = 0.0375$mol

$r = N_a/(N_b + 2N_b') = 2.5\times2/(2.5\times2+2\times0.0375) = 0.985$ (2 分)

$\overline{X}_n = (1+r)/(1+r-2rP)$ (3 分)

$47 = (1+0.985)/(1+0.985-2\times0.985P)$

$P = 0.986$

高分子化学试题、答案及评分标准(4)

一	二	三	四	五	六	总分

一、名词解释(每小题 4 分，共 20 分)

1. 高分子和单体

单体：合成聚合物所用的低分子的原料。

高分子：由许多相同的、结构简单的单元通过共价键重复键接而成的分子量很大的化合物。通常是分子量为 $10^4 \sim 10^6$的化合物。

2. 离子聚合和自由基聚合

属于连锁聚合机理，当活性种为离子时，引发单体进行的聚合为离子聚合；当活性种为自由基时，引发单体进行的聚合为自由基聚合。

3. 热塑性塑料和热固性塑料

热塑性塑料：是线型和支链型聚合物，受热即软化或熔融，冷却即固化定型，这一过程可反复进行。聚苯乙烯(PS)、聚氯乙烯(PVC)、聚乙烯(PE)等均属于此类。

热固性塑料：在加工过程中形成交联结构，再加热也不软化和熔融。酚醛树脂、环氧树脂、脲醛树脂等均属于此类。

4. 线型缩聚和体型缩聚

线型缩聚：在聚合反应过程中，如用 2-2 或 2 官能度体系的单体作原料，随着聚合度逐步增加，最后形成高分子的聚合反应。线型缩聚形成的聚合物为线型缩聚物，如涤纶、尼龙等。

体型缩聚：参加反应的单体，至少有一种单体含有两个以上的官能团，反应中形成的大分子向三个方向增长，得到体型结构的聚合物的这类反应。

5. 全同指数和立构规整度

立构规整度：立构规整聚合物的质量占总聚合物质量的分率，包括全同和间同立构。

全同指数(聚丙烯的等规度)：表征聚合物的立构规整程度的指数，即有规立体聚合物占总聚合物量的分率，以 IIP 表示。

二、填空(每空 1 分，共 10 分)

1. 自由基聚合常用的聚合方法包含__本体聚合__、__悬浮聚合__、__乳液聚合__、__溶液聚合__。

2. M_1和 M_2两单体共聚，根据大分子的微结构，共聚物有无规、交替、__接枝__和嵌段四种类型。

3. 降解是__分子量__变小的化学反应的总称。

4. 苯乙烯聚合，若按阳离子机理聚合，应选用__BF_3和水__做引发剂。

5. 乙酸乙烯酯乳液聚合反应选用的引发剂为__过硫酸钾或过硫酸铵__。

6. __引发剂__是影响聚合物立构规整度的关键因素。

7. 丁基橡胶的主要原料为异丁烯和少量__异戊二烯__。

三、选择填空(每空1分，共5分)

1. 在乙酸乙烯酯自由基聚合中，加入少量的苯乙烯，对聚合速率的影响为__B__。

A. 增加　　B. 减少　　C. 无影响

2. 阳离子聚合往往在低温下聚合，原因是__B__。

A. 链转移常数小，提高分子量　　B. 链转移常数大，提高分子量

C. 容易链终止来控制分子量

3. 三种自由基聚合的引发剂，在60℃下的半衰期如下，活性最高的引发剂是__C__。

A. 70h　　B. 40h　　C. 2h

4. 阴离子聚合，链的终止方式为__B__。

A. 双基终止　　B. 无链终止，成活性聚合　　C. 链转移终止

5. 等物质的量二元酸和二元醇进行缩聚，$K=4$，在开放体系中除去副产物水，反应程度能达到100%，聚合度 $\overline{X}_n$ 为120时，体系中残留的水为__D__mol/L。

A. 4×10^{-4}　　B. 2.56×10^{-4}　　C. 1.39×10^{-4}　　D. 2.78×10^{-4}

四、问题讨论(65分)

1. 从反应速率和分子量角度说明影响线型平衡缩聚反应的因素有哪些?(5分)

答：① 升高温度使聚合物聚合度降低，过高的温度会导致副反应发生。

② 反应初期需要一定正压，防止单体挥发损失，反应后期逐渐减压排除小分子以提高聚合度。

③ 尽可能提高单体浓度，以保证获得较高的聚合度，单体纯度要高。

④ 适度搅拌，排除小分子副产物，提高聚合度。

⑤ 连续通入惰性气体，防止氧化反应发生，同时排除小分子副产物。

2. 写出实际生产中尼龙66的合成反应式，并说明反应的工艺过程、主要参数及分子量的控制方法?(10分)

答：$n\text{HOOC(CH}_2)_4\text{COOH}+n\text{NH}_2(\text{CH}_2)_6\text{NH}_2 \longrightarrow \text{HO}\!\left[\text{OC(CH}_2)_4\text{COHN(CH}_2)_6\text{NH}\right]_n\text{H}+(2n-1)\text{H}_2\text{O}$　(3分)

工艺过程：由于尼龙66平衡常数 K 较大(约400)，可以在水中进行预缩聚。将少量乙酸加入到60%~80%(质量分数)尼龙66盐的水浆液中，在密闭系统内，预缩聚至反应程度为0.8~0.9，然后慢慢升温至熔点(265℃以上)进一步进行熔融缩聚，最后在2700Pa的减压条件下完成终缩聚，提高尼龙66的分子量达到1.2万~1.8万。

分子量的控制方法：

① 盐调配保证两单体的等摩尔比。(1分)

② 后缩聚采用熔融缩聚，到反应后期往往要在高温高真空下进行，目的是为了脱除小分子，使反应向正方向移动，提高产物分子量。(2分)

③ 单官能团单体(乙酸)封端控制分子量。(1分)

3. 在自由基聚合反应中，氯乙烯悬浮聚合采用何种方法调节分子量?说明原因。(5分)

答：$1/\overline{X}_n=1/\nu(1/2\nu)+C_M+C_I\times[I]/[M]+C_S\times[S]/[M]$

式中　$\overline{X}_n$——无链转移时的聚合度；

ν——动力学链长；

C_M——向单体转移的链转移常数；

C_I——向引发剂转移的链转移常数；

C_S——向溶剂转移的链转移常数；

[I]——引发剂浓度；

[S]——引发剂浓度；

[M]——单体浓度。

氯乙烯自由基聚合中，C_M很大，公式中其他项的值远远小于C_M，即氯乙烯自由基聚合时终止方式主要是链自由向单体转移终止。并且C_M随温度的变化而变化，因此聚合物的分子量用聚合温度来控制。

4. 写出采用配位聚合生产高密度聚乙烯(HDPE)的原料体系组成及作用、聚合方法及产品用途。(10分)

答：原料组成：乙烯——单体；少量丙烯；$TiCl_4-Al(C_2H_5)_3$——引发剂；氢气——分子量调节剂。

溶剂：正己烷。

载体：乙氧基镁。

聚合方法：最通常的生产方法是淤浆法或气相法，也有少数用溶液法生产。

聚合活性表示方法：gPE/gTi，或 gPE/$gTiCl_4$。

产品应用：HDPE 是一种结晶度高、非极性的热塑性树脂。用于挤出包装薄膜、绳索、编织袋、渔网、水管；注塑低档日用品及外壳、非承载荷构件、周转箱；挤出吹塑容器、中空制品、瓶子。

5. 写出阳离子聚合反应的反应通式，并分析为什么阳离子聚合反应一般需要在很低温度下进行才能得到高分子量的聚合物？(10分)

答：阳离子聚合反应：(5分)

$$A^{\oplus}B^{\ominus}+M \longrightarrow AM^{\oplus}B^{\ominus} \xrightarrow{M} AM_n^{\oplus}B^{\ominus}$$

因为阳离子聚合的活性种一般为碳阳离子。碳阳离子很活泼，极易发生重排和链转移反应。向单体的链转移常数($C_M \approx 10^{-2} \sim 10^{-4}$)比自由基聚合($C_M \approx 10^{-4} \sim 10^{-5}$)大的多。为了减少链转移反应的发生，提高聚合物的分子量，所以阳离子反应一般需在低温下进行。(5分)

6. 乳液聚合中乳化剂的作用是什么？乳液聚合的优点是什么？至少举出3种已工业化的聚合物品种。(10分)

答：乳液聚合中乳化剂的作用：①降低表面张力，使单体分散成细小液滴。②在液滴或胶粒表面形成保护层，防止凝聚，使乳液稳定。③形成胶束，使单体增溶，聚合发生在胶束里。

乳液聚合的突出优点：①聚合速率和分子量可以同时提高。②胶乳可以直接使用。

已经工业化的聚合物品种：丁苯、丁腈、氯丁等合成橡胶，ABS、MBS 等工程塑料和抗冲改性剂，聚四氟乙烯塑料，糊用聚氯乙烯树脂。

7. 判断下列单体工业化采用何种机理聚合？并写出相应聚合物的名称及聚合方法、反应方程式。(10分)

(1) $CH_2{=}CHC_6H_5$　　(2) $CH_2{=}CH_2$和少量 $CH_2{=}CH{-}OCOCH_3$

答：(1) $CH_2{=}CHC_6H_5$

自由基聚合机理。聚苯乙烯。悬浮聚合。(2 分)

(2) $CH_2{=\!=}CH_2$和少量 $CH_2{=\!=}CH{-\!-}OCOCH_3$

自由基共聚机理。EVA(乙烯和乙酸乙烯酯共聚物)。乳液聚合。(3 分)

合成 EVA 的聚合反应方程式:(3 分)

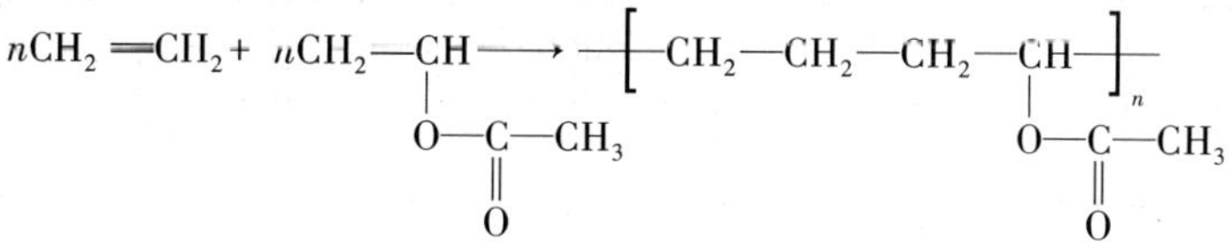

8. 离子聚合能生产哪些聚合物品种?(5 分)

答:丁基橡胶、聚异丁烯、聚丁二烯、聚异戊二烯、单分散聚苯乙烯。

高分子化学试题、答案及评分标准(5)

一	二	三	四	五	六	总分

一、名词解释(每小题2分，共10分)

1. 自动加速现象

聚合中期随着聚合的进行，聚合速率逐渐增加，出现自动加速现象。自动加速现象主要是体系黏度增加所引起的。

2. 半衰期

引发剂分解至起始浓度一半时所需的时间。

3. 线型缩聚

在聚合反应过程中，用2-2或2官能度体系的单体作原料，随着聚合度逐步增加，最后形成高分子的聚合反应。

4. 共聚物组成

将大分子链上两种结构单元的比例称为共聚物组成。

5. Zigler-Natta引发剂

Zigler-Natta引发剂是一大类引发体系的统称，通常由两个组分构成：主引发剂是ⅣB～ⅧB族过渡金属化合物，共引发剂是ⅠA～ⅢA族的金属有机化合物。

二、填空(每空1分，共10分)

1. 按反应机理分，聚合反应可以分为<u>逐步聚合</u>和<u>连锁聚合</u>两类。

2. 竞聚率为自由基共聚合中单体的<u>均聚与共聚链增长速率常数之比</u>。

3. n-C_4H_9Li，BF_3+H_2O中，属于阳离子引发剂的有<u>BF_3+H_2O</u>。工业化阳离子聚合代表品种有聚异丁烯和<u>丁基橡胶</u>。

4. 悬浮法生产聚氯乙烯，聚合速率主要由<u>引发剂浓度</u>来调节，分子量主要由<u>温度</u>来控制。

5. 聚乙酸乙烯酯的制备采用<u>$K_2S_2O_8$(或$NH_4S_2O_8$)</u>作为引发剂，其聚合方法采用<u>乳液聚合</u>方法。

6. 溶液聚合要求溶剂的链转移常数<u>小</u>。

三、单项选择(每题1分，共10分)

1. 下列聚丙烯品种中，<u>B</u>用于管材和注塑件最好?

A. *IIP* 83　　B. *IIP* 95　　C. 无规聚丙烯

2. 三种自由基聚合的引发剂，活性最高的引发剂是<u>C</u>。

A. BPO　　B. AIBN　　C. 氧化-还原引发体系

3. 取代基对单体活性和自由基活性的影响，说法正确的是<u>A</u>。

A. Q值相差大，难以共聚　B. 共轭效应大的单体活性小　C. e值相差大，不容易共聚

4. 合成生产聚丙烯，应采用的催化剂是<u>C</u>。

A. $TiCl_4$-$Al(C_2H_5)_2Cl$　　B. $TiCl_4$-$Al(C_2H_5)_3$　　C. α-$TiCl_3$-$Al(C_2H_5)_3$

5. 2mol 二元酸和 2mol 二元胺进行缩聚，$K=400$，在敞开体系中聚合度为 150 时，体系残留水为__A__。

A. 0.036mol/L　　B. 0.038mol/L　　C. 0.039mol/L

6. 自由基聚合的机理特征是__B__。

A. 快引发、慢增长、速终止　　B. 慢引发、快增长、速终止

C. 慢引发、快增长、易终止

7. 用作聚氯乙烯抗冲击改性剂的是__C__。

A. 含 10%~20%Cl 的 CPE　B. 20%~30%Cl 的 CPE　C. 30%~40%Cl 的 CPE

8. 合成聚合物的分子量分布指数不同，其中__B__的分布宜窄。

A. 塑料　　B. 合成纤维　　C. 橡胶

9. 对于萘钠引发的化学计量聚合，其平均聚合度取决于__C__。

A. 2 倍引发剂浓度/单体浓度　　B. 引发剂浓度/单体浓度

C. 2 倍单体浓度/引发剂浓度

10. 生产分子量单分散 PS，应选用的聚合方法为__B__。

A. 阳离子聚合　　B. 阴离子聚合　　C. 自由基聚合　　D. 配位聚合

四、判断题(每题 1 分，共 10 分)

1. 从聚合机理角度，体型缩聚研究的主要内容为凝胶点的控制。(√)

2. 自由基聚合中，在单体浓度一定时，为提高聚合速率而采用的最好方法是提高温度。(×)

3. 两单体共聚，其竞聚率分别为 $r_1=1$，$r_2=1$，则所获得共聚物类型为理想恒比共聚。(√)

4. 在自由基聚合反应中，烯类单体取代基的共轭效应越强，其自由基的活性越低。(√)

5. 分子量分布指数的值大，用来表示聚合物的分子量分布窄。(×)

6. 自由基共聚中，苯乙烯单体是乙酸乙烯酯聚合的阻聚剂，说明苯乙烯单体比乙酸乙烯酯单体活泼。(√)

7. 过氧化苯甲酰引发剂在 50~60℃温度下聚合比较有效。(×)

8. 自由基聚合中，有链转移发生时，聚合物的分子量下降。(√)

9. 立体结构是全同或间同立构以及由 C═C 双键引起的顺式结构和反式结构的聚合物。(√)

10. 橡胶硫化的目的是双键交联，提高橡胶的弹性和强度，如乙丙橡胶、丁腈橡胶、天然橡胶。(×)

五、判断下列烯类单体的工业化聚合机理属于一种或几种机理聚合(自由基聚合、阳离子聚合还是阴离子聚合、配位聚合)？(10 分)

$CH_2{=}CHC_6H_5$　$CH_2{=}CH_2$　$CH_2{=}CHCOOH$　$CH_2{=}CH{-}OCOCH_3$　$CF_2{=}CF_2$

答：$CH_2{=}CHC_6H_5$　自由基聚合、阳离子聚合还是阴离子聚合都可以。(2 分)

$CH_2{=}CH_2$(HDPE)　能进行配位聚合。(2 分)

$CH_2{=}CHCOOH$　能进行自由基聚合。(2 分)

$CH_2{=}CH{-}OCOCH_3$　能进行自由基聚合。(2 分)

$CF_2{=}CF_2$ 能进行自由基聚合。(2 分)

六、简答题(30 分)

1. 简述尼龙 66 制备过程中分子量的控制方法?(5 分)

答:溶液缩聚中,盐调配保证两单体的等摩尔比。(2 分)

熔融缩聚中,单官能团单体封端控制分子量。(2 分)

反应后期往往要在高温高真空减压排水,使反应向正方向移动提高分子量。(1 分)

2. 降解包含哪 5 种类型?(5 分)

答:① 热降解;

② 力化学降解;

③ 水解、化学降解和生化降解;

④ 氧化降解;

⑤ 光降解和光氧化降解。

3. 哪几种情况不需要控制共聚物组成?控制共聚物组成的方法有哪些?(10 分)

答:(1) 不需要控制共聚物组成的情况

交替共聚、理想恒比共聚和在恒比点的共聚,共聚物组成不随转化率变而变,不需要控制共聚物组成。(4 分)

(2) 共聚物组成的控制方法

① 按恒比点投料。(2 分)

② 控制转化率的一次投料法。(2 分)

③ 补加活泼单体法。(2 分)

4. 在乙酸乙烯酯自由基聚合反应中,如何解释加入少量苯乙烯,则难以得到乙酸乙烯酯均聚物?(5 分)

答:~~~~ VAc · +苯乙烯(S)⟶ ~~~~ VAcS ·　　(1)

~~~~ VAc · +VAc(乙酸乙烯酯)⟶ ~~~~ VAc ·　　(2)

~~~~ VAcS · +S ⟶ ~~~~ VAcS ·　　(3)

~~~~ VAcS · +VAc ⟶ ~~~~ VAc ·　　(4)(4 分)

苯乙烯单体活性大于乙酸乙烯酯单体,乙酸乙烯酯自由基活性很高,它与高活性的苯乙烯单体一旦形成苯乙烯自由基[式(1)],由于苯乙烯自由基的活性很低,很难再引发乙酸乙烯酯单体聚合[式(4)],因此难以得到乙酸乙烯酯均聚物。(1 分)

5. 本体聚合法制备甲基丙烯酸甲酯(PMMA)各阶段的温度应怎样控制?(5 分)

答:① 在 90~95℃预聚致转化率为 10%~20%,成为黏度不高的浆液。这时黏滞的预聚物不易漏模,体系未出现自动加速现象。

② 降温灌倒无机玻璃平板模中,在 40~50℃下缓慢聚合使转化率达到 90%,低温缓慢聚合的目的在于与散热速度相适应。此外,温度过高,易产生气泡。

③ 再逐步升温至 100~120℃进行高温后处理,使残余单体充分聚合。

七、计算(20 分)

1. 由 2. 5mol 癸二酸和 2. 5mol 丁二醇合成 $\overline{M}_n=7000$ 的聚酯,试作下列计算:

(1) 两基团数完全相等,忽略端基对 $\overline{M}_n$ 的影响,求终止缩聚的反应程度 P?(保留三位有效数字)(5 分)
~~~~

（2）另加丁二醇物质的量的 1.2%的乙酸，求获得同一数均聚合度所需要的反应程度？（保留三位有效数字）(5 分)

解：(1) $H\!\left[O-(CH_2)_4OOC-(CH_2)_8CO\right]_nOH$ （2 分）

$M_0=256$

$n=7000/256$

$\overline{X}_n=2n=55$ （1 分）

$\overline{X}_n=1/1-P$ （1 分）

$P=0.982$

（2）乙酸的物质的量为 $2.5\times1.2\%=0.03$mol

$r=N_a/(N_b+2N_b')=2.5\times2/(2.5\times2+2\times0.03)=0.988$ （2 分）

$\overline{X}_n=(1+r)/(1+r-2rP)$ (3 分)

$55=(1+0.988)/(1+0.988-2\times0.988P)$

$P=0.988$

2. 绘制下列二种二元共聚物的组成曲线，并分析曲线(2)的共聚物组成随转化率变化的趋势：(10 分)

（1）$r_1=0.1$，$r_2=10$(4 分)　　（2）$r_1=0.40$，$r_2=0.05$(6 分)

解：汇制的二元共聚物的组成曲线见图附录-6。

曲线(1)为理想共聚。

曲线(2)由于 $r_1<1$，$r_2<1$，$r_1\cdot r_2<1$，为有恒比共聚点的非理想共聚。

恒比点：

$F_1=f_1=(1-r_2)/(2-r_1-r_2)=(1-0.05)/(2-0.40-0.05)=0.61$ （3 分）

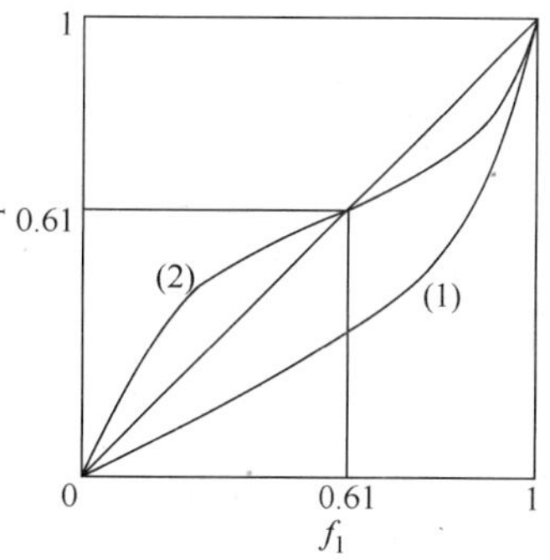

图附录-6　二元共聚物组成曲线

转化率变化的趋势：

当初始投料比 f_1^0 小于恒比点 $f_1=0.61$ 时，共聚曲线在对角线上方，此时 M_1 单体消耗快，因此随着转化率增加 f_1 减少，因此共聚物组成 F_1 也减少；相反，当初始投料比 f_1^0 大于恒比点 $f_1=0.61$ 时，共聚曲线在对角线下方，此时 M_2 单体消耗快，因此随着转化率增加单体组成 f_1 增大，因此 F_1 也增大。

高分子化学试题、答案及评分标准(6)

一	二	三	四	五	六	总分

一、名词解释(每小题 2 分，共 10 分)

1. 聚合速率

以单位时间内单体的消耗量或聚合物的生成量表示。

2. 共聚合

由两种或两种以上单体共同参加的连锁聚合反应。形成的聚合物中含有两种或多种单体单元。

3. 单体转化率

参加反应的单体与起始单体的摩尔比值或单体转化为聚合物的分率即为转化率。

4. 凝胶化现象

体型缩聚反应进行到一定程度时，体系黏度将急剧增大，迅速转变成不溶、不熔、具有交联网状结构的弹性凝胶的过程，即出现凝胶化现象。

5. 活性聚合

当单体转化率达到100%时，聚合仍不终止，形成具有反应活性的聚合物(活性聚合物)的聚合称作活性聚合。

二、填空(每空 1 分，共 10 分)

1. 自由基聚合反应中，延长反应时间的主要作用是提高<u>　单体转化率　</u>，其分子量变化<u>　很小　</u>(很大或很小)。

2. 聚氯乙烯、聚乙烯、聚酯、聚丁二烯这些聚合物中耐老化性能最好的是<u>　聚乙烯　</u>。

3. 两单体共聚，其竞聚率分别为 $r_1=0$，$r_2=0$，则所获得共聚物类型为<u>　交替共聚物　</u>。

4. 在自由基聚合反应中，决定单体和自由基活性的因素是取代基的<u>　共轭效应　</u>、<u>　极性效应　</u>和位阻效应。

5. $n\text{-}C_4H_9Li$，BF_3+H_2O 中，属于阴离子引发剂的有<u>　$n\text{-}C_4H_9Li$　</u>，工业化阴离子聚合的代表品种有<u>　SBS 三嵌段共聚物　</u>。

6. 在聚合物化学反应中，交联使聚合物的分子量变<u>　大　</u>。

7. 油溶性引发剂用于<u>　本体聚合　</u>和悬浮聚合方法中。

三、单项选择(每题 1 分，共 10 分)

1. 采用下列<u>　B　</u>单体制备缩聚物，其熔点较高。

A. 己二胺和癸二酸　　B. 己二胺和己二酸　　C. 己二酸和己二醇

2. 三种自由基聚合的引发剂，活性最高的引发剂是<u>　A　</u>。

A. $t_{1/2}=1\text{h}$　　B. $t_{1/2}=6\text{h}$　　C. $t_{1/2}=3\text{h}$

3. 自由基共聚中，聚合物 EVA 的原料单体是<u>　C　</u>。

A. 丙烯和乙烯　　B. 乙酸乙烯酯和苯乙烯

C. 乙烯和乙酸乙烯酯

4. 逐步聚合的实施方法中，__C__方法最常用。

A. 固相缩聚　　B. 溶液聚合　　C. 熔融聚合

5. 等物质的量二元酸和二元醇进行缩聚，$K=4$，在密闭体系中不除去副产物水，反应程度能达到__C__。

A. 0.9　　B. 0.92　　C. 0.67　　D. 1.0

6. 乙烯和丙烯配位聚合反应，用下列__A__进行分子量的调节。

A. H_2　　B. 用醇　　C. H_2O

7. 减缓自动加速现象过早出现的措施是在__C__。

A. 在不良溶剂中聚合　B. 采用沉淀聚合方法　C. 在良溶剂中聚合

8. 自由基聚合中，引发剂的用量范围为单体质量的__B__。

A. 1%~2%　　B. 0.1%~2%　　C. 3%~4%

9. 活性阴离子聚合的机理特征是__A__。

A. 快引发、慢增长、无终止　　B. 慢引发、快增长、无终止、无转移

C. 慢引发、快增长、易终止

10. 生产高顺式顺丁橡胶，应选用的聚合方法和引发剂为__C__。

A. 阳离子聚合/丁基锂　　B. 阴离子聚合/丁基锂

C. 配位聚合/Zigler-Natta 引发剂

四、判断题(每题 1 分，共 10 分)

1. 悬浮聚合的反应机理为自由基聚合。(√)

2. 橡胶塑炼的目的是降低分子量，提高在成型加工中的塑化程度。(√)

3. 配位聚合生产聚乙烯的引发体系是 $TiCl_4$-$Al(C_2H_5)_3$。(√)

4. 抗冲聚苯乙烯(HIPS)是通过聚合物的接枝反应制备的，接枝产物的主链为聚苯乙烯，支链为聚丁二烯。(×)

5. 自由基聚合用的引发剂 BPO 和过硫酸盐-亚硫酸氢钠中，活性最高的引发剂是过硫酸盐-亚硫酸氢钠。(√)

6. 塑料、橡胶和合成纤维的分子量分布指数不同，其中橡胶的分布宜宽。(√)

7. 等物质的量二元酸和二元胺进行缩聚，$K=400$，在开放体系中除去副产物水，欲获得数均聚合度为 100，则体系中残留的水分至少为 0.04mol/L。(√)

8. 自由基聚合中期产生自动加速现象的原因是由黏度减小引起的。(×)

9. 合成低密度聚乙烯，应采用的聚合方式是自由基聚合。(√)

10. 纤维用聚乙烯醇的醇解度为 $DH>90\%$，悬浮聚合分散剂用的聚乙烯醇的醇解度为 $DH=80\%$。(√)

五、判断下列烯类单体能否聚合，若能聚合适合于何种机理聚合(自由基聚合、阳离子聚合、阴离子聚合或配位聚合)?(10 分)

$CH_3CH{=}CHCH_3$　$CH_2{=}C(CH_3){-}CH{=}CH_2$

$CH_2{=}C(CH_3)COOCH_3$　$CH_2{=}CHCH_3$　$CF_2{=}CFCl$

答：$CH_3CH{=}CHCH_3$　　不能聚合

$CH_2{=}C(CH_3){-}CH{=}CH_2$　　阴离子和配位聚合

$CH_2{=}C(CH_3)COO\ CH_3$　　自由基聚合

$CH_2{=}CHCH_3$　　配位聚合

$CF_2{=}CFCl$　　　　　　　　　　自由基聚合

六、正确书写下列聚合反应方程式（10 分）。

1. $n$mol 甲苯二异氰酸酯和$(n+1)$mol 丁二醇合成聚氨酯的缩聚反应（5 分）

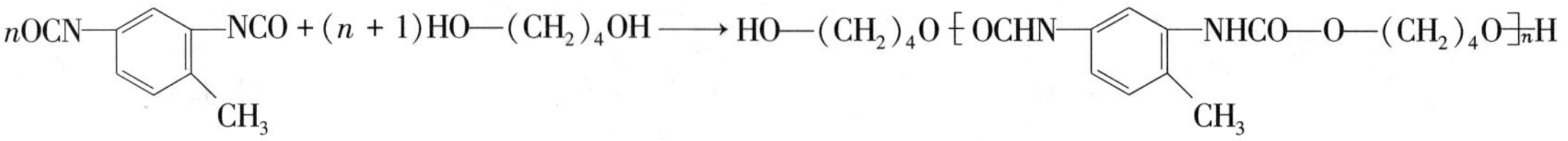

2. $x\text{CH}_2{=}\text{CH—C}_6\text{H}_5 + y\text{CH}_2{=}\text{CH—CH}{=}\text{CH}_2 + z\text{CH}_2{=}\text{CH—C}_6\text{H}_5 \longrightarrow$（5 分）

$$\text{⫷}\text{CH}_2\text{—}\underset{\text{C}_6\text{H}_5}{\text{CH}}\text{⫸}_x\text{⫷}\text{CH}_2\text{—CH}{=}\text{CH—CH}_2\text{⫸}_y\text{⫷}\underset{\text{C}_6\text{H}_5}{\text{CH}}\text{—CH}_2\text{⫸}_z$$

七、问题讨论（25 分，每题 5 分）

1. 简述聚酯、不饱和聚酯、醇酸树脂的组成及其应用？（5 分）

答：聚酯是由高纯对苯二甲酸与乙二醇直接酯化制得，瓶级聚酯用于生产饮料瓶，纤维级聚酯可用于纺丝。

不饱和聚酯是由马来酸酐、邻苯二甲酸酐、二元醇共聚而成的结构预聚物，再加苯乙烯稀释，即成树脂商品，进一步用来制备增强塑料。

醇酸树脂由甘油、邻苯二甲酸酐、干性油缩聚而成，属于无规预聚物，主要用作溶剂型涂料。

2. 竞聚率 $r_1=\infty$，$r_1=0$，$r_1<1$ 的含义是什么？（5 分）

答：$r_1=\infty$　表示只能均聚不能共聚。（2 分）

$r_1=0$　表示只能共聚不能均聚。（1 分）

$r_1<1$，$k_{11}<k_{12}$　表示共聚倾向大于均聚倾向。（2 分）

共聚物的结构不同，性能不同。因此控制共聚物的组成均一，才能得到性能一致的聚合物。（1 分）

3. 为什么活性阴离子聚合又称计量聚合？活性阴离子聚合有哪些应用？（5 分）

答：活性阴离子聚合的平均聚合度可以由单体浓度和引发剂的浓度计算出来，因此又称计量聚合。（2 分）

活性阴离子聚合的应用（3 分）：①合成窄分子量聚合物；②制备嵌段聚合物；③制备带有特殊官能团的遥爪聚合物。

4. 自由基共聚生产哪些品种（举出 4 个实例）？自由基共聚的意义？为什么要控制共聚物的组成？如何控制共聚物的组成？（10 分）

答：(1) 自由基共聚生产的代表品种：丁苯橡胶，丁腈橡胶，EVA，SBS 嵌段共聚物。（4 分）

(2) 自由基共聚生产的意义：通过共聚合对聚合物进行改性，扩大聚合物的品种。（2 分）

(3) 因为材料的结构决定性能，因此为获得均一组成的共聚物，需要控制共聚物的组成，从而使共聚物材料的性能均一。（2 分）

(4) 控制共聚物的组成通过控制转化率的一次投料法和补加活性单体法。（2 分）

八、计算（15 分）

1. 采用 AIBN 引发苯乙烯在苯中进行溶液聚合反应（偶合终止），单体的浓度[M]为 1.5mol/L，苯的浓度[S]为 9.5 mol/L，$C_M=8.0\times10^{-5}$，$C_S=3.0\times10^{-6}$，链引发速率 C_I 为

4.0×10^{-8} mol/L · s，产物的平均聚合度为 8000，试计算：动力学链长 v。(保留四位有效数字)(5 分)

解：$1/\overline{X}_n=1/2\nu+C_M+C_s\times[S]/[M]$

$1/8000=1/2\nu+8.0\times10^{-5}+3.0\times10^{-6}\times9.5/1.5$

$\nu=19231$(5 分)

2. 制备醇酸树脂的配方为 0.9 mol 甘油、0.6mol 邻苯二甲酸酐和 0.8 mol 己二酸进行缩聚反应，问如何避免产生凝胶化现象？按 Carothers 法。(10 分)

解：设甘油为 A，邻苯二甲酸酐为 B，己二酸为 C

$N_Af_A=0.9\times3=2.7$

$N_Bf_B=0.6\times2=1.2$

$N_Cf_C=0.8\times2=1.6$

$N_Bf_B+N_Cf_C=1.2+1.6=2.8>N_Af_A$

$f=2N_Af_A/(N_A+N_B+N_C)=2\times2.7/(0.9+0.6+0.8)=2.348$(5 分)

$P_c=2/f=0.852$(3 分)

控制反应程度小于 0.852 时可以避免产生凝胶化现象。(2 分)

高分子化学试题、答案及评分标准(7)

一	二	三	四	五	六	总分

一、名词解释(每小题2分，共10分)

1. 连锁聚合

通过反应活性中心与单体加成生成新的反应活性中心，如此反复生成聚合物链的聚合过程。根据活性中心的不同，可分为自由基聚合、阳离子聚合、阴离子聚合、配位聚合。

2. 降解

降解是聚合度分子量变小的化学反应的总称。

3. 竞聚率

是均聚和共聚链增长速率常数之比，$r_1=k_{11}/k_{12}$，$r_2=k_{22}/k_{21}$，竞聚率用来直观地表征两种单体的共聚倾向。

4. 数均聚合度

聚合度是一统计平均值。以结构单元数为基准，即聚合物大分子链上所含结构单元数目的平均值表示，记作$\overline{X}_n$。

5. 交联

聚合物在光、热、辐射或交联剂作用下，分子链间形成共价键，产生凝胶或不溶物，这一过程称为交联。交联有化学交联和物理交联。交联的最终目的是提高聚合物的性能。

二、填空(每空1分，共10分)

1. 高分子化合物的分子量的多分散性用分散指数来表示，其表示方法为<u>$\overline{M}_w/\overline{M}_n$</u>(列式表示)。

2. 自由基聚合的引发剂的活性用<u>半衰期或($t_{1/2}$)</u>来表示。

3. 聚苯乙烯悬浮聚合采用的引发剂为<u>BPO</u>。

4. 两单体共聚，其竞聚率分别为$r_1=0$，其含义为<u>只能与其他单体共聚，不能均聚</u>。

5. 阳离子聚合的活性种很活泼，因此阳离子聚合往往在低温下(−100℃)进行，其目的在于减弱<u>链转移反应</u>，提高分子量。

6. 在缩聚反应中，随者反应程度增加，n聚体和m聚体缩合成<u>$n+m$</u>聚体。

7. 水溶性引发剂用于自由基聚合中的<u>乳液聚合</u>和水溶液聚合方法中。

8. 丙烯聚合得到聚丙烯，采用的催化剂为<u>$TiCl_3$-$Al(C_2H_5)_2Cl$</u>，载体为<u>$MgCl_2$</u>。

9. 聚氯乙烯的降解方式为<u>热降解</u>。

三、选择填空(每空1分，共10分)

1. 自由基聚合中加入链转移剂的作用是使聚合物的分子量(B)。

A. 增加　　B. 减少　　C. 不变

2. 合成LDPE，应采用的聚合方式是(A)

A. 自由基聚合　　B. 阳离子聚合　　C. 配位聚合

3. 自由基聚合中，下列引发剂中，(　B　)活性最大。

A. 过氧化碳酸二环己酯　　B. 过硫酸钾-亚铁盐　　C. BPO

4. 从统计角度看自由基聚合反应，分子量瞬时能达到很高，单体的转化率随聚合时间的增加而(　B　)。

A. 不变　　B. 增加　　C. 减少

5. 自由基聚合反应，产生自动加速现象时，体系黏度(　C　)。

A. 不变　　B. 减少　　C. 增加

6. 悬浮法生产聚氯乙烯的分子量调节，采用调节(　B　)方法

A. 引发剂浓度　　B. 链转移常数　　C. 时间

7. 合成聚乙烯醇所用的单体为(　A　)。

A. 乙酸乙烯酯　　B. 乙烯醇　　C. 环氧丙烷

8. Q-e 方程中的 Q 代表(　A　)

A. 共轭效应　　B. 极性效应　　C. 位阻效应

9. 聚苯乙烯的分子量 $\overline{M}_n$ 为 15 万，其平均聚合度为(　A　)。

A. 1442　　B. 1095　　C. 1121

10. 常用丁二烯 $r_1=0.01$ 和苯乙烯 $r_2=0.1$ 制备丁苯橡胶，其共聚类型为(　B　)。

A. 趋向于理想共聚　　B. 趋向于交替共聚　　C. 趋向于嵌段共聚

四、写出下列聚合物的合成方程式(10 分)

1. 合成 EVA 的聚合反应方程式(3 分)。

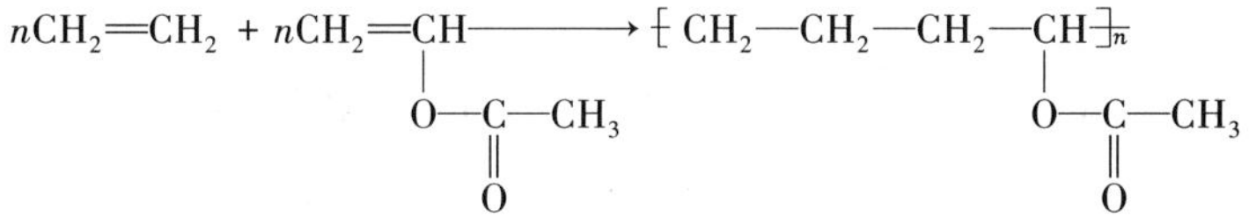

2. 丁基橡胶的制备反应　(4 分)

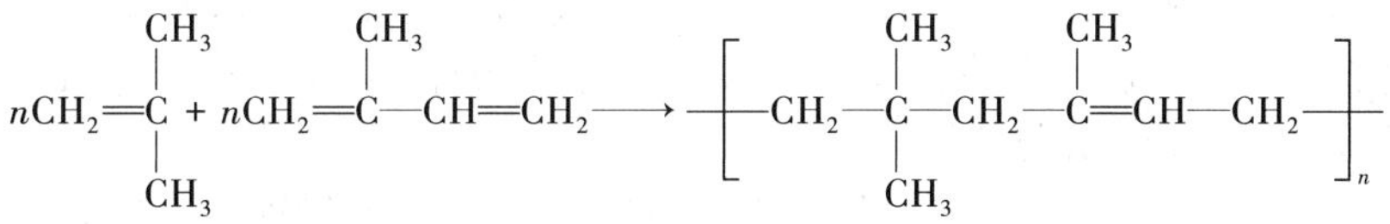

3. 合成顺丁橡胶的聚合反应方程式(3 分)

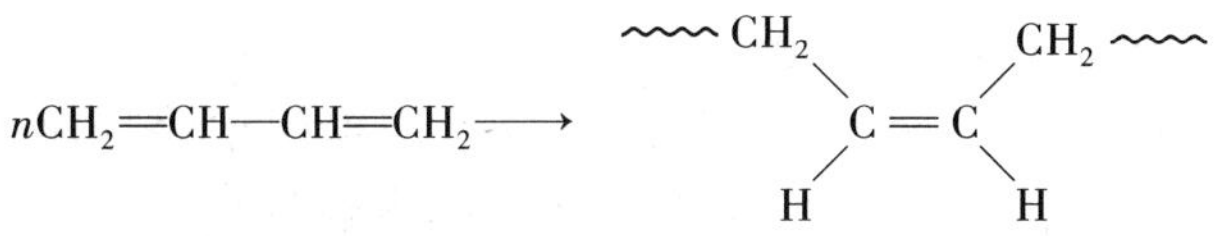

五、问题讨论(35 分)

1. 工业上合成嵌段共聚物 SBS 采用哪种聚合方法？S、B 各代表哪种单体的链段？单体原料加入的顺序是什么？(共 5 分)

答：采用活性阴离子聚合方法。(2 分)

S 代表苯乙烯链段；B 代表丁二烯链段。(2 分)

单体原料加入的顺序是：S，B，S(1 分)

2. 画出采用本体聚合方法合成 PMMA 的实验装置图，并结合自动加速现象说明制备有机玻璃板的实际生产过程？(10 分)

答：实验装置图见图附录-7。

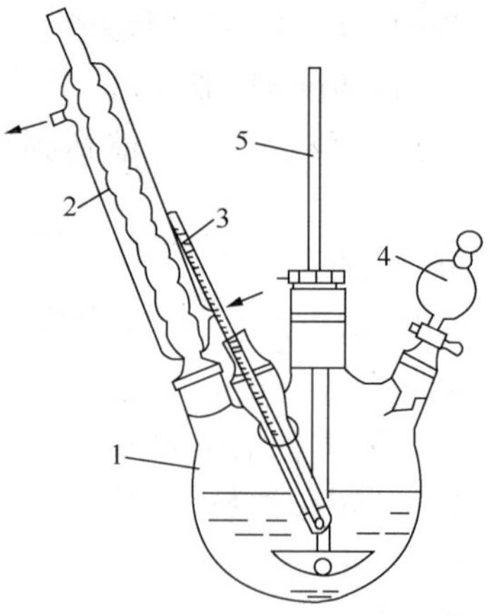

图附录-7　本体聚合法合成 PMMA 实验装置图(5 分)

1—三口瓶；2—冷凝管；3—温度计；4—滴液漏斗；5—搅拌器

(1) 在 90~95℃预聚致转化率为 10%~20%，成为黏度不高的浆液。这时黏滞的预聚物不易漏模，体系未出现自动加速现象。

(2) 降温灌倒无机玻璃平板模中，在 40~50℃下缓慢聚合使转化率达到 90%，低温缓慢聚合的目的在于与散热速度相适应。此外，温度过高，易产生气泡。

(3) 再逐步升温至 100~120℃进行高温后处理，使残余单体充分聚合。(5 分)

3. (共 10 分)写出关于尼龙 66 的单体及聚合反应方程式(3 分)；试述尼龙 66 的生产过程中如何保证原料的等摩尔比，如何控制其分子量？(6 分)用做纤维的尼龙 66，其分子量大致范围？(1 分)

答：$n\mathrm{HOOC(CH_2)_4COOH}+n\mathrm{NH_2(CH_2)_6NH_2} \longrightarrow \mathrm{HO{\left[OC(CH_2)_4COHN(CH_2)_6NH \right]}_n H}+(2n-1)\mathrm{H_2O}$(3 分)

实际生产中分子量的控制方法：

己二酸和己二胺中和成尼龙 66 盐，保证两单体的等摩尔比，在溶液中进行预缩聚。(2 分)

后缩聚采用熔融缩聚，到反应后期往往要在高温高真空下进行，目的是为了脱除小分子，使反应向正方向移动，提高产物分子量。(2 分)

尼龙 66 盐中另加少量单官能团乙酸或微过量己二酸进行缩聚，由封锁封基来控制分子量。(2 分)

用做纤维的尼龙 66，其分子量大约为 12000~18000。(1 分)

4. (共 10 分) (1) 什么是 Ziegler-Natta 引发剂？(2) 配位聚合生产聚丙烯采用淤浆法，淤浆聚合的含义是什么？(3) 氢气的作用是什么？(4) 衡量聚合活性的参数是什么？

(5) 配位聚合引发剂使用中的注意事项是什么？

答：(1) Ziegler-Natta 引发剂：是一大类引发体系的统称，通常由两个组分构成。主引发剂是Ⅳ~Ⅷ族过渡金属化合物。共引发剂是Ⅰ~Ⅲ族的金属有机化合物。(2 分)

(2) 淤浆聚合的含义：生成的聚丙烯不能溶解在溶剂正己烷中，体系呈现淤浆状。(2 分)

(3) 氢气作为分子量调节剂(2 分)

(4) 聚合活性表示方法：gPP/gTi（或 gPP/$\mathrm{gTiCl_3}$）。(2 分)

(5) 注意事项：体系中无水、醇、氧气、二氧化碳、一氧化碳。(2 分)

六、计算(25 分)

1. 由 2mol 丁二醇和 2mol 己二酸合成 $\overline{M}_n=5000$ 的聚酯，试作下列计算：

在缩聚过程中，如果有0.5%(摩尔分数)丁二醇脱水成乙烯而损失，求达到同一数均聚合度所需的反应程度 P？(保留三位有效数字)(10分)

解：$n\text{HO—(CH}_2)_4\text{—OH} + n\text{HOOC—(CH}_2)_4\text{—COOH}$

$$\longrightarrow \text{H}\!\left[\text{O—(CH}_2)_4\text{—COO—(CH}_2)_4\text{—CO}\right]_n\text{OH}+(2n-1)\text{H}_2\text{O}\ (2\text{分})$$

$M_0=(88+112)/2=100$

$\overline{X}_n=\overline{M}_n/100=50$(2分)

丁二醇的物质的量为 $2\times(1-0.5\%)=1.99$mol(1分)

$r=1.99\times2/2\times2=0.995$(2分)

$\overline{X}_n=(1+r)/(1+r-2rP)$(3分)

$50=(1+0.995)/(1+0.995-2\times0.995P)$

$P=0.982$

2.(共8分)1.8 mol 甘油、1.1 mol 乙二醇和3.6 mol 邻苯二甲酸酐进行缩聚反应，当反应程度达到0.85时体系是否出现凝胶化现象？按 Carothers 法。(保留四位有效数字)

解：(1)(6分)

$$\bar{f}=\frac{2N_Bf_B}{N_A+N_B+N_c}=\frac{2(3.6\times2)}{1.1+1.8+3.6}=\frac{14.4}{6.5}=2.2154$$

$$P_c=\frac{2}{\bar{f}}=0.9028$$

(2)由于 $P=0.85$ 小于凝胶点 P_c，因此并未出现凝胶化。(2分)

3.(共7分)单体(M_1)与单体(M_2)在苯中共聚，已知 $r_1=0.34$，$r_2=0.62$。

(1)计算恒比共聚点。(2)画出共聚物的组成曲线。

(3)采用怎样的投料方法，单体(M_1)与单体(M_2)配比为多少才能得到组成均一的共聚物？

解：(1) $F_1=(1-r_2)/(2-r_1-r_2)=(1-0.62)/(2-0.62-0.34)=0.365$

$F_1=f_1=0.365$(3分)

(2)共聚物组成曲线见图附录-8。(2分)

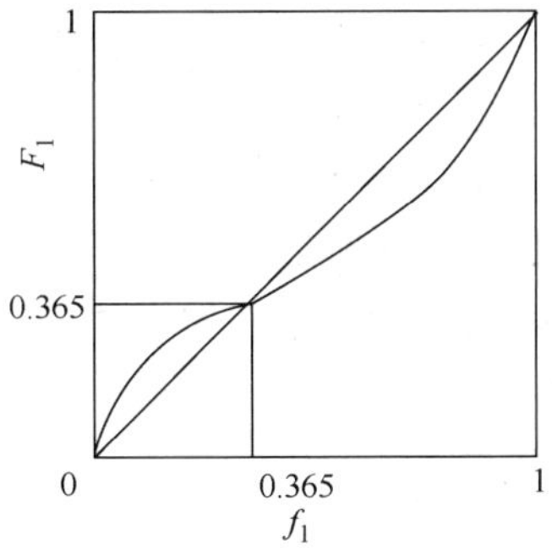

图附录-8　共聚物组成曲线

(3)在恒比点投料，单体(M_1)与单体(M_2)的配比=0.365/0.635=36.5/63.5，能得到组成均一的共聚物。(2分)

高分子化学试题、答案及评分标准(8)

一	二	三	四	五	六	总分

一、名词解释(每小题2分，共10分)

1. 乳液聚合

是单体在水中分散成乳液状而进行的聚合，体系由单体、水、水溶性引发剂、水溶性乳化剂组成。

2. 阻聚剂

能够使每一自由基都终止，形成非自由基物质，或形成活性低、不足以再引发单体的自由基的试剂，它能使聚合完全停止。

3. 缩聚反应

即缩合聚合反应，单体经多次缩合而聚合成大分子的反应。该反应常伴随着小分子的生成。

4. 全同指数

表征聚合物的立构规整程度的指数，即有规立体聚合物占总聚合物量的分率，以 IIP 表示。

5. 老化

聚合物及其制品在加工、贮存及使用过程中，物理化学性质及力学性能逐步变坏，这种现象称老化。

二、填空(每空1分，共10分)

1. 缩聚反应按单体的官能度不同可分为<u>　线型缩聚　</u>和体型缩聚两大类。

2. 控制共聚物组成的方法有<u>　控制转化率的一次投料法　</u>和<u>　补加活性单体法　</u>。

3. 在体型缩聚反应中，要求单体的官能度体系为其中至少有一种单体的官能度大于<u>　2　</u>。

4. 乙烯聚合得到聚乙烯所用的催化剂为<u>　$TiCl_4$-$Al(C_2H_5)_3$　</u>。在聚乙烯合成中，加入氢气的目的是<u>　降低　</u>聚合物的分子量，进而改变聚乙烯的熔体流动速率。

5. 根据引发剂的溶解性，油溶性引发剂用于<u>　本体聚合　</u>和悬浮聚合方法中。

6. 聚合物的平均聚合度变大的化学反应有嵌段、扩链和<u>　接枝　</u>。

7. 阴离子聚合中，单体一经引发成阴离子活性种，就进行链增长，由于其聚合物链无终止，直至单体耗尽，仍然保持活性，因此又称为<u>　活性阴离子聚合　</u>。

8. 能够生产高顺式及高等规度的立构规整性聚合物的聚合反应类型为<u>　配位聚合　</u>。

三、选择填空(每空1分，共10分)

1. 应用得最广的阴离子聚合引发体系为(　A　)。

A. n-C_4H_9Li-烷烃-四氢呋喃　　B. n-C_4H_9Li-烷烃　　C. 萘钠-四氢呋喃

2. 自由基共聚合可得到(　A　)共聚物。

A. 无规共聚物　　B. 嵌段共聚物　　C. 交替共聚物

3. 乙酸乙烯酯和苯乙烯进行自由基共聚合，下列说法正确的是(　C　)。

A. 产物主要是聚乙酸乙烯酯，还有少量乙酸乙烯酯和苯乙烯的共聚物

B. 前期产物是聚乙酸乙烯酯，后期产物是聚苯乙烯

C. 前期产物是聚苯乙烯，后期产物是聚乙酸乙烯酯

4. 下列聚合体系中，非均相聚合体系为（ A ）

A. 丙烯腈以水为溶剂的溶液聚合

B. 乙酸乙烯酯以甲醇为溶剂的溶液聚合

C. 甲基丙烯酸甲酯的本体聚合

5. 聚酯常采用逐步聚合的（ B ）方法。

A. 溶液聚合　　B. 熔融聚合　　C. 固相缩聚

6. 对于丁基锂引发的化学计量聚合，其平均聚合度取决于（ A ）。

A. 单体浓度和引发剂浓度之比　　B. 2/单体浓度

C. 引发剂浓度和单体的浓度之比

7. 悬浮聚合分散剂用的聚乙烯醇的醇解度为（ C ）。

A. $DH=50\%$　　B. $DH=90\%$　　C. $DH=80\%$

8. 丁基橡胶的原料组成是（ C ）

A. 丁烯和异戊二烯　　B. 异丁烯和丁二烯　　C. 异丁烯和异戊二烯

9. 橡胶硫化的目的是双键交联，提高橡胶的弹性和强度，如（ A ）。

A. 丁腈橡胶　　B. PVC　　C. 乙丙橡胶

10. 乳液聚合生产聚乙酸乙烯酯，OP-10 的作用是（ B ）

A. 分散剂　　B. 乳化剂　　C. 保护胶体

四、正确书写下列聚合反应方程式（10 分）

1. 有机玻璃制备反应（2 分）

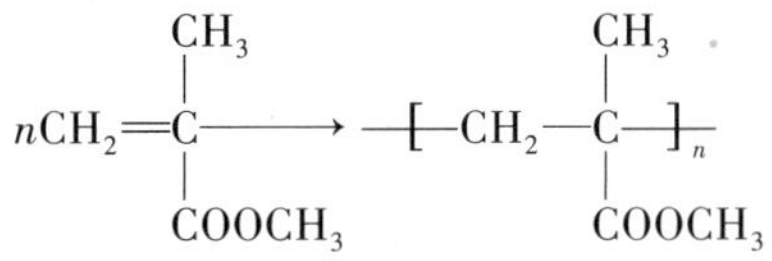

2. 写出丁腈橡胶的聚合反应方程式（3 分）

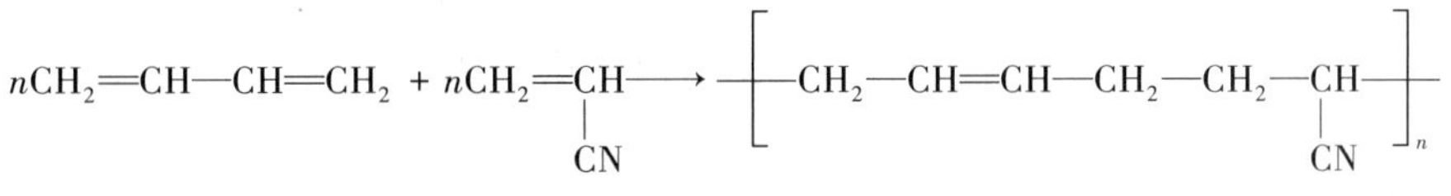

3. 写出阴离子聚合的总反应通式（2 分）

$$A^{\ominus}B^{\oplus}+M \longrightarrow AM^{\ominus}B^{\oplus} \xrightarrow{M} AM_n^{\ominus}B^{\oplus}$$

4. 丙烯酰胺的水溶液聚合（3 分）

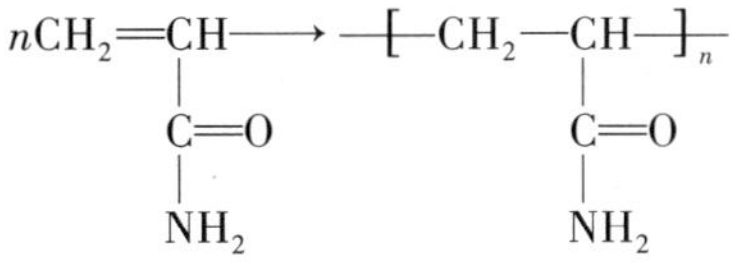

五、问题讨论：（35 分）

1. 写出 ABS 树脂的主链和支链分子结构示意图。ABS 的用途有哪些？（5 分）

答：主链：PB 为聚丁二烯；侧链：聚丙烯腈（PAN）和聚苯乙烯（PS）。

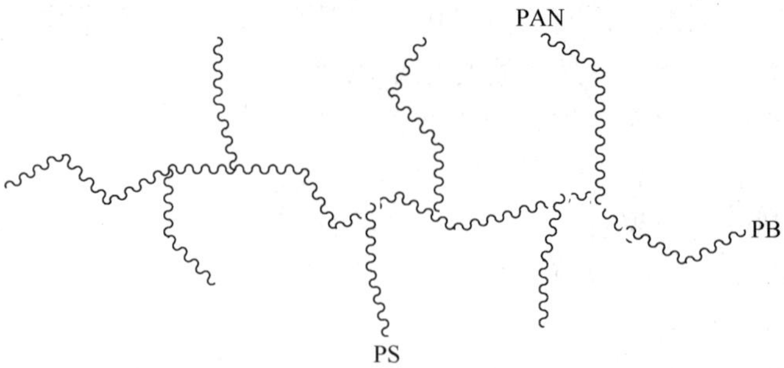

(3 分)

用途：ABS 具有强度和韧性，可作为汽车保险杠材料。(2 分)

2. (共 10 分) 研究共聚合反应的意义是什么？$r_1<1$ 的含义是什么？举出 4 种常见的共聚物代表品种。为什么要控制共聚物的组成？

答：(1) 研究共聚合反应的意义：通过共聚合对聚合物进行改性，扩大聚合物的品种。(2 分)

(2) $r_1<1$，$k_{11}<k_{12}$，表示共聚倾向大于均聚倾向。(2 分)

(3) 常见共聚物代表品种：丁苯橡胶，丁腈橡胶，EVA，SBS 嵌段共聚物。(4 分)

(4) 因为材料的结构决定性能，因此为获得均一组成的共聚物，需要控制共聚物的组成，从而使共聚物材料的性能均一。(2 分)

3. 悬浮法合成聚苯乙烯中控制粒度的两大重要因素是什么？比较悬浮法合成聚苯乙烯和聚氯乙烯出现自动加速现象的早晚，并说明原因。(5 分)

答：(1) 控制粒度的因素：分散剂和搅拌速度。(2 分)

(2) 悬浮法合成聚苯乙烯出现自动加速现象比聚氯乙烯的晚，因为单体苯乙烯是聚苯乙烯的良溶剂，因此体系的黏度低，不易发生自动加速现象。(3 分)

4. 以偶氮二异丁腈为引发剂，写出氯乙烯聚合的各基元反应。悬浮法生产聚氯乙烯，其分子量如何调节？(10 分)

答：(1) 链引发：(2 分)

$$(CH_3)_2—\underset{CN}{\underset{|}{C}}—N{=}N—\underset{CN}{\underset{|}{C}}—(CH_3)_2 \longrightarrow 2(CH_3)_2—\underset{CN}{\underset{|}{C}}—N\cdot\ (R\cdot)$$

$$R\cdot + CH_2{=}\underset{Cl}{\underset{|}{CH}} \longrightarrow R—CH_2—\underset{Cl}{\underset{|}{CH}}\cdot$$

(2) 链增长：(2 分)

$$R—CH_2—\underset{Cl}{\underset{|}{CH}}\cdot + CH_2{=}\underset{Cl}{\underset{|}{CH}} \longrightarrow R—CH_2—\underset{Cl}{\underset{|}{CH}}\!\left(CH_2—\underset{Cl}{\underset{|}{CH}}\right)_n CH_2—\underset{Cl}{\underset{|}{CH}}\cdot$$

(3) 链终止：(偶合) (2 分)

$$\sim\sim CH_2—\underset{Cl}{\underset{|}{CH}}\cdot + \cdot\underset{Cl}{\underset{|}{CH}}—CH_2\sim\sim \longrightarrow \sim\sim CH_2—\underset{Cl}{\underset{|}{CH}}—\underset{Cl}{\underset{|}{CH}}—CH_2\sim\sim$$

(4) 向单体的链转移：(2 分)

$$\sim\sim CH_2—\underset{Cl}{\underset{|}{CH}}\cdot + CH_2{=}\underset{Cl}{\underset{|}{CH}} \longrightarrow \sim\sim CH_2—\underset{Cl}{\underset{|}{CH_2}} + CH_2{=}\underset{Cl}{\underset{|}{C}}\cdot$$

(5) 其分子量由温度调节，升高温度，分子量下降。(2 分)

5. 影响线型缩聚物的因素有哪些？对于可逆平衡缩聚反应，为什么到反应后期往往要

在高温高真空下进行？（5 分）

答：影响线型缩聚物的因素：

① 反应程度(1 分)；

② 平衡常数(1 分)；

③ 单体基团数比(1 分)。

对于可逆平衡缩聚反应，到反应后期往往要在高温高真空下进行，目的是为了脱除小分子，使反应向正方向移动，提高产物分子量。(2 分)

六、计算(25 分)

1. (共 10 分) 1.8 mol 乙二醇、1.2 mol 甘油和 3.2 mol 邻苯二甲酸酐进行缩聚反应，

(1) 解释凝胶化现象。(2) 并从缩聚反应体系角度分析产生凝胶化现象的根本原因。(3) 当反应程度达到 0.9 时体系是否出现凝胶化现象？按 Carothers 法(保留四位有效数字)。

解：

(1) 体型缩聚反应进行到一定程度时，体系黏度将急剧增大，迅速转变成不溶、不熔、具有交联网状结构的弹性凝胶的过程，即出现凝胶化现象。(2 分)

(2) 产生凝胶化现象的根本原因为体系中含有 3 官能度的原料甘油，因此有能力形成三维网状大分子。(2 分)

(3) 设乙二醇为 A，甘油为 B，邻苯二甲酸酐为 C，

$N_A f_A = 1.8 \times 2 = 3.6$

$N_B f_B = 1.2 \times 3 = 3.6$

$N_C f_C = 3.2 \times 2 = 6.4$

$N_A f_A + N_B f_B = 3.6 + 3.6 = 7.2 > N_C f_C$

$f = 2N_C f_C / (N_A + N_B + N_C) = 2 \times 6.4 / (1.8 + 1.2 + 3.2) = 2.065$(4 分)

$P_c = 2/f = 0.968 > 0.9$，没有出现凝胶化现象。(2 分)

2. 以过氧化二特丁基作引发剂，在 60℃ 研究苯乙烯聚合，苯乙烯溶液浓度[M]为 1.0mol/L，苯的浓度[S]为 9.5mol/L，过氧化物浓度[I]为 0.01mol/L，引发和聚合的初速度分别为 $R_i = 2.0 \times 10^{-11}$ mol/(L·s)和 $R_p = 1.6 \times 10^{-7}$ mol/(L·s)。试计算(fk_d)，初期动力学链长 ν，初期聚合度($\overline{X}_n$)。平均聚合度 $\overline{X}_n$。计算时采用下列数据和条件：$C_M = 8.0 \times 10^{-5}$，$C_I = 3.0 \times 10^{-4}$，$C_S = 2.0 \times 10^{-6}$，设苯乙烯聚合为双基偶合终止，苯乙烯-苯体系为理想溶液。(10 分)

解：

(1)

$R_i = 2.0 \times 10^{-11}$ mol/(L·s)

$R_i = 2fk_d[I]$

$fk_d = \dfrac{R_i}{2[I]} = \dfrac{2.0 \times 10^{-11}}{2 \times 0.01} = 1 \times 10^{-9}$(2 分)

$R_p = 1.6 \times 10^{-7}$ mol/(L·s)

$\nu = \dfrac{R_p}{R_i} = 8000$(2 分)

60℃，苯乙烯双基偶合终止。若无链转移，则

$\overline{(X_n)_0}=2\nu=16000$(2 分)

若同时发生单体、引发剂和溶剂转移，则按下式计算：

$$\frac{1}{\overline{X_n}}=\frac{1}{(X_n)_0}+C_M+C_I\frac{[I]}{[M]}+C_S\frac{[S]}{[M]}$$

$$=\frac{1}{16000}+8.0\times10^{-5}+3.0\times10^{-4}\times\frac{0.01}{1.0}+2.0\times10^{-6}\times\frac{9.5}{1.0}$$

$$=1.645\times10^{-4}$$

$\overline{X_n}=6079$(4 分)

3.(共 5 分)单体(M_1)与 单体(M_2)在苯中共聚，已知 $r_1=0.75$，$r_2=0.25$，若 $[M_1]=0.70mol/L$，$[M_2]=0.30mol/L$，(1)计算恒比共聚点；(2)计算起始时的共聚物组成 F_1，$F_1=(r_1f_1^2+f_1f_2)/r_1f_1^2+2f_1f_2+r_2f_2^2$

解：(1) 由于 $r_1<1$，$r_2<1$，$r_1\cdot r_2<1$，为有恒比共聚点的非理想共聚。

恒比点

$F_1=f_1=(1-r_2)/(2-r_1-r_2)=(1-0.25)/(2-0.75-0.25)=0.75$(3 分)

(2) 单体的初始投料比

$f_1^0=[M_1]/([M_1]+[M_2])=0.7/(0.7+0.3)=0.7$

以初始投料进行计算，则将 f_1^0 代入下式中的 f_1，即 $f_1=f_1^0=0.7$，此时 $f_2=1-f_1=1-0.7=0.3$，则起始时的共聚物组成 F_1 为：

$$F_1=\frac{r_1f_1^2+f_1f_2}{r_1f_1^2+2f_1f_2+r_2f_2^2}=0.71\text{(2 分)}$$

高分子化学试题、答案及评分标准(9)

一	二	三	四	五	六	总分

一、名词解释(每小题2分，共14分)

1. 连锁聚合

通过反应活性中心与单体加成生成新的反应活性中心，如此反复生成聚合物链的聚合过程。

2. 阻聚剂

能够使每一自由基都终止，形成非自由基物质，或形成活性低、不足以再引发的自由基的试剂，它能使聚合完全停止。

3. 高分子化合物

由许多简单的结构单元以共价键结合而成的分子量在1万以上的化合物。

4. 分子量分布指数

重均分子量与数均分子量的比值。即用来表征分子量分布的宽度或多分散性。

5. 聚合度

聚合物大分子链上所含结构单元数目的平均值。

6. 凝胶化现象

体型缩聚反应进行到一定程度时，体系黏度将急剧增大，迅速转变成不溶、不熔、具有交联网状结构的弹性凝胶的过程，即出现凝胶化现象。

7. 化学计量聚合

阴离子的活性聚合由于其聚合度可由单体和引发剂的浓度定量计算确定，因此也称为化学计量聚合。

二、填空(每空1分，共10分)

1. 两单体共聚，其竞聚率分别为 $r_1=1$，$r_2=1$，则所获得共聚物类型为__理想共聚__。

2. __凝胶点__的控制是体型缩聚的关键。

3. 苯乙烯悬浮聚合采用的分散剂为__聚乙烯醇__。

4. 异丁烯聚合的引发剂为__BF_3-H_2O__，聚合反应机理为__阳离子聚合__。

5. 引发丙烯配位聚合的引发剂为__$TiCl_3-Al(C_2H_5)_3$__。

6. 癸二酸和己二胺进行缩聚，所得产物称__尼龙610__。

7. 在自由基聚合反应中，决定单体和自由基活性的因素是取代基的__共轭效应__、__诱导效应__、__位阻效应__。

三、单项选择(每题1分，共10分)

1. 癸二酸与下列化合物__B__反应，能形成体型聚合物。

A. 乙醇　　B. 季戊四醇　　C. 乙二醇　　D. 己二胺

2. 只有在聚合反应后期才能得到高分子量的聚合物，其聚合反应是__D__。

A. 自由基聚合　　B. 阴离子聚合　　C. 配位聚合　　D. 缩聚反应

3. 自由基聚合中，下列引发剂中，<u> B </u>活性最大。

A. 过氧化碳酸二环己酯　　B. 过硫酸钾-亚铁盐

C. BPO

4. 线型缩聚反应，单体的转化率随聚合时间的增加而<u> A </u>。

A. 不变　　B. 增加　　C. 减少

5. 线型缩聚反应的首要条件是<u> A </u>。

A. 2-2 体系　　B. 2-1 体系　　C. 2-3 体系

6. 自由基聚合反应，产生自动加速现象时，所得到的聚合物的分子量分布<u> C </u>。

A. 不变　　B. 变窄　　C. 变宽

7. 若聚合反应温度对聚合速率和分子量影响均较小，是因为<u> B </u>。

A. 聚合热小　　B. 引发剂分解活化能低C. 反应是放热反应

8. 下列聚丙烯品种中，<u> A </u>力学强度最好?

A. IIP 95　　B. IIP 83　　C. 无规聚丙烯

9. 苯乙烯聚合，若按阴离子机理聚合，应选用<u> C </u>做引发剂。

A. BPO　　B. BF_3-H_2O　　C. 萘-Na

10. 合成聚乙烯醇所用的单体为<u> A </u>。

A. 乙酸乙烯酯　　B. 乙烯醇　　C. 环氧乙烷

四、判断下列烯类单体能适用于何种机理聚合，自由基聚合、阳离子聚合还是阴离子聚合？并说明理由。(10 分)

CH_2═CHCl　CH_2═CH_2　CH_2═CHCN　CF_2═CF_2　CH_2═C(CH_3)—CH ═CH_2

答：CH_2═CHCl：适合自由基聚合，Cl 原子是吸电子基团，也有共轭效应，但均较弱。(2 分)

CH_2═CH_2：只能在高温高压下自由基聚合。无取代基，无诱导效应。(2 分)

CH_2═CHCN：自由基及阴离子聚合，CN 为吸电子基团。(2 分)

CF_2═CF_2：自由基聚合，对称结构，但氟原子半径小。(2 分)

CH_2═C(CH_3)—CH ═CH_2：三种机理均可，共轭体系。(2 分)

五、正确书写下列聚合反应方程式，指出聚合机理，并且为聚合物命名(10 分)

1. $x\mathrm{CH_2{=}CH{-}C_6H_5} + y\mathrm{CH_2{=}CH{-}CH{=}CH_2} + z\mathrm{CH_2{=}CH{-}C_6H_5} \longrightarrow$

$$\mathrm{{-}\!\!\!(\,CH_2{-}\underset{\displaystyle C_6H_5}{\underset{|}{CH}}\,)\!\!\!{-}_{x}\;{-}\!\!\!(\,CH_2{-}CH{=}CH{-}CH_2\,)\!\!\!{-}_{y}\;{-}\!\!\!(\,\underset{\displaystyle C_6H_5}{\underset{|}{CH}}{-}CH_2\,)\!\!\!{-}_{z}}$$ (方程式 2 分)

SBS 嵌段共聚物(1 分)　　阴离子聚合(2 分)

2. $n\mathrm{HOCH_2CH_2OH} + n\mathrm{HOOCC_6H_4COOH} \longrightarrow$

$$\mathrm{H{-}\!\!\!(\,O{-}CH_2CH_2{-}O{-}\overset{\displaystyle O}{\overset{\|}{C}}{-}C_6H_4{-}\overset{\displaystyle O}{\overset{\|}{C}}\,)\!\!\!{-}_{n}OH}$$ (方程式 2 分)

聚对苯二甲酸乙二醇酯(1 分) 逐步聚合(或缩聚)(2 分)

六、问题讨论(20 分)

1. 根据大分子中结构单元的排列，二元共聚物有哪四种类型，并分别写出各种类型共聚物结构单元的示意式。研究共聚合的意义是什么？(7 分)

答：无规共聚物：~~~~ $M_1M_2M_1M_1M_2$ ~~~~(1 分)

交替共聚物：~~~~ $M_1M_2M_1M_2M_1M_2$ ~~~~（1 分）

嵌段共聚物：~~~~ $M_1M_1M_1M_1M_1M_2M_2M_1M_1M_1M_1$ ~~~~（1 分）

接枝共聚物：~~~~ $M_1M_1M_1M_1M_1M_1M_1$ ~~~~（1 分）

研究共聚合的意义：

① 测定单体、自由基的活性。（1 分）

② 通过单体共聚，增加聚合物品种。（1 分）

③ 改进大分子的结构性能。（1 分）

2. 在乙酸乙烯酯自由基聚合反应中，如何解释加入少量苯乙烯，则难以得到乙酸乙烯酯均聚物？（7 分）

答：

~~~~ VAc · +苯乙烯(S)⟶~~~~ VAcS ·　　(1)

~~~~ VAc · +VAc(乙酸乙烯酯)⟶~~~~ VAc ·　　(2)

~~~~ VAcS · +S ⟶~~~~ VAcS ·　　(3)

~~~~ VAcS · +VAc ⟶~~~~ VAc ·　　(4)

（4 分）

苯乙烯单体活性大于乙酸乙烯酯单体，乙酸乙烯酯自由基活性很高，它与高活性的苯乙烯单体一旦形成苯乙烯自由基，由于苯乙烯自由基的活性很低，很难再引发乙酸乙烯酯单体聚合，因此难以得到乙酸乙烯酯均聚物。（3 分）

3. 影响线型缩聚物的因素有哪些？对于可逆平衡缩聚反应，为何到反应后期往往要在高温高真空下进行？（6 分）

答：影响线型缩聚物的因素：

① 反应程度；（1 分）

② 平衡常数；（1 分）

③ 单体基团数比。（1 分）

对于可逆平衡缩聚反应，到反应后期往往要在高温高真空下进行，目的是为了脱除小分子，使反应向正方向移动，提高产物分子量。（3 分）

七、计算（26 分）

1. 等物质的量的二元醇和二元酸缩聚，另加乙酸 1.5%（摩尔分数），$P=0.995$ 和 0.998 时聚酯的聚合度多少？两种不同反应程度下聚合度的值变化说明什么问题？（8 分）

解：假设二元醇与二元酸的物质的量各为 1mol，则乙酸的物质的量为 0.015mol。$N_a=2\text{mol}$，$N_b=2\text{mol}$，$N'_b=0.015\text{mol}$

$$r=\frac{N_a}{N_b+2N'_b}=\frac{2}{2+2\times0.015}=0.985\text{（2 分）}$$

当 $P=0.995$ 时，

$$\overline{X_n}=\frac{1+r}{1+r-2rP}=\frac{1+0.985}{1+0.985-2\times0.985\times0.995}=79.88\text{（2 分）}$$

当 $P=0.998$ 时，

$$\overline{X_n}=\frac{1+r}{1+r-2rP}=\frac{1+0.985}{1+0.985-2\times0.985\times0.998}=104.8\text{（2 分）}$$

说明提高反应程度，能提高聚合物的分子量（或聚合度）。（2 分）

2. 单体(M_1)与单体(M_2)在苯中共聚，已知 $r_1=0.75$，$r_2=0.25$，若 $[M_1]=0.70\text{mol/L}$，

$[M_2]=0.30$mol/L，(1)计算恒比共聚点(4 分)；(2)画出共聚物的组成曲线(2 分)；(3)计算起始时的共聚物组成 F_1。(4 分)(共 10 分)

解：(1) 由于 $r_1<1$，$r_2<1$，$r_1 \cdot r_2<1$，为有恒比共聚点的非理想共聚。

恒比点

$F_1=f_1=(1-r_2)/(2-r_1-r_2)=(1-0.25)/(2-0.75-0.25)=0.75$(4 分)

(2) 共聚物组成曲线见图附录-9(2 分)

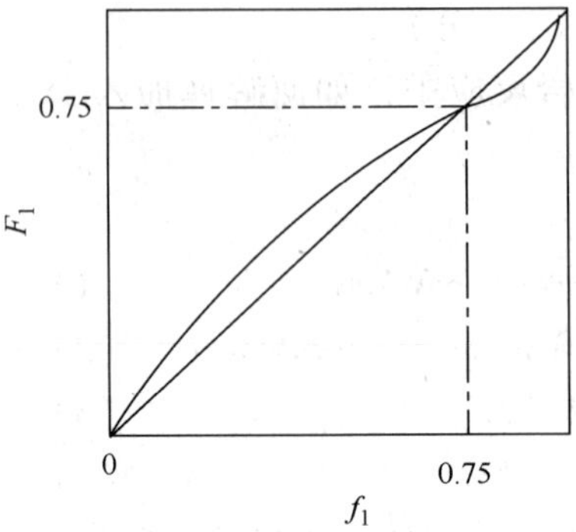

图附录-9　共聚物组成曲线

(3) $f_1^0=[M_1]/([M_1]+[M_2])=0.7/(0.7+0.3)=0.7$

代入下式

$$F_1=\frac{r_1f_1^2+f_1f_2}{r_1f_1^2+2f_1f_2+r_2f_2^2}=0.71(4\text{ 分})$$

4. 用 2.6mol 邻苯二甲酸酐与 1mol 乙二醇、1mol 丙三醇进行缩聚，用 Carothers 方程计算凝胶点。(8 分)

解：邻苯二甲酸酐的官能团数 $N_Af_A=2.6\times2=5.2$

乙二醇的官能团数 $N_Bf_B=1\times2=2$

甘油的官能团数 $N_Cf_C=1\times3=3$

$N_Bf_B+N_Cf_C=2+3=5<N_Af_A$(2 分)

$f=2(N_Bf_B+N_Cf_C)/(N_A+N_B+N_C)=2\times5/(2.6+1+1)=2.17$(4 分)

$P_c=2/f=0.92$(2 分)

高分子化学试题、答案及评分标准(10)

一	二	三	四	五	六	总分

一、名词解释(每小题2分，共14分)

1. 动力学链长

每个活性种从引发阶段到终止阶段所消耗的单体分子数定义为动力学链长。

2. 悬浮聚合

悬浮聚合一般是单体以液滴状悬浮在水中的聚合，体系主要由单体、水、油溶性引发剂、分散剂四部分组成。

3. 引发效率

引发聚合部分引发剂占引发剂分解消耗总量的分率称为引发剂效率。

4. 竞聚率

是均聚和共聚链增长速率常数之比，$r_1=k_{11}/k_{12}$，$r_2=k_{22}/k_{21}$。竞聚率用来直观地表征两种单体的共聚倾向。

5. 反应程度

参加反应的官能团数占起始官能团数的分率。

6. 活性聚合

当单体转化率达到100%时，聚合仍不终止，形成具有反应活性聚合物(活性聚合物)的聚合称作活性聚合。

7. 自动加速现象

聚合中期随着聚合的进行，聚合速率逐渐增加，出现自动加速现象。自动加速现象主要是体系黏度增加所引起的。

二、填空(每空1分，共10分)

1. 乳液聚合体系由单体、水、<u>乳化剂</u>、<u>水溶性引发剂</u>组成、聚合场所在<u>胶束</u>内。

2. 分子量分布指数用来表示<u>分子量分布的宽度和多分散性</u>。

3. 两单体共聚，其竞聚率分别为 $r_1=0$，$r_2=0$，则所获得共聚物类型为<u>交替共聚物</u>。

4. 体型缩聚反应对单体的官能度要求为<u>至少有一种单体的官能度大于2</u>。

5. 自由基聚合中，在单体浓度一定时，为提高聚合速率而采用的方法是<u>提高引发剂浓度</u>、<u>升高温度</u>。

6. 在自由基聚合反应中，烯类单体取代基的共轭效应越强，其自由基的活性<u>越低</u>。

7. 引发剂的用量一般为由单体量的<u>0.1%~2%</u>。

三、单项选择(每题1分，共10分)

1. 哪种聚合物热降解时，所得到的单体产率最高<u>A</u>。

A. 聚甲基丙烯酸甲酯　B. 聚氯乙烯　C. 聚苯乙烯　D. 聚乙烯

2. 三种自由基聚合的引发剂，在60℃下的半衰期如下，活性最高的引发剂是__C__。

A. 70h　　B. 40h　　C. 2h

3. 自由基聚合反应中，链转移反应使聚合物的分子量__A__。

A. 减少　　B. 增加　　C. 不变

4. 合成高分子量的聚丙烯，应采用的聚合方式是__C__。

A. 自由基聚合　　B. 阳离子聚合　　C. 配位聚合

5. 等物质的量的二元酸和二元醇进行缩聚，$K=4$，在密闭体系中不除去副产物水，反应程度能达到__C__。

A. 0.9　　B. 0.92　　C. 0.67　　D. 1.0

6. 自由基聚合反应，聚合物的分子量随聚合时间的增加而__B__。

A. 增加　　B. 几乎不变　　C. 减少

7. 自动加速现象在__C__中出现得早。

A. 不良溶剂　　B. 良溶剂　　C. 非溶剂

8. 悬浮法生产聚氯乙烯的分子量调节，采用__B__方法。

A. 引发剂浓度　　B. 温度　　C. 时间

9. 无终止的阴离子聚合，调节聚合物分子量的有效手段是__B__。

A. 聚合反应温度　　B. 引发剂浓度　　C. 溶剂的性质

10. 生产高密度聚乙烯，应选用的引发剂为__C__。

A. 少量氧气　　B. $TiCl_3-Al(Et)_3$　　C. $TiCl_4-Al(Et)_3$

四、判断下列烯类单体能否进行自由基聚合，说明理由（10分）

$CH_3CH=CHCH_3$　$CH_2=C(CH_3)_2$　$CH_2=CH(CH_3)$　$CH_2=C(CN)_2$　$CH_2=CHC_6H_5$

答：$CH_3CH=CHCH_3$：不能。结构对称。(2分)

$CH_2=C(CH_3)_2$：不能。两个供电子基甲基(CH_3)。(2分)

$CH_2=CH(CH_3)$：不能。甲基(CH_3)供电性弱。(2分)

$CH_2=C(CN)_2$：不能。两个强的吸电子基团(CN)。(2分)

$CH_2=CHC_6H_5$：三种机理均可，共轭体系。(2分)

五、正确书写下列聚合反应方程式，指出聚合机理，并且为单体及聚合物命名。(12分)

1. $n CH_2=CH-CH=CH_2 + n CH_2=CHC_6H_5 \longrightarrow \lbrack CH_2-CH=CH-CH_2-CH_2-\underset{\displaystyle C_6H_5}{\underset{|}{CH}} \rbrack_n$

丁二烯(1分)　　苯乙烯(1分)　　丁苯橡胶(1分)连锁聚合(1分)

(方程式2分)

2. $n HO-R-OH + n Cl-CO-Cl \longrightarrow \lbrack O-R-O-\overset{\displaystyle O}{\overset{\|}{C}}-O \rbrack_n$ (方程式2分)

二元醇(1分)　光气(1分)　　聚碳酸酯(1分)　逐步聚合(或缩聚)(1分)

六、问题讨论(20分)

1. 为什么要控制共聚物组成？控制共聚物组成的方法有哪些？(5分)

答：由于两单体的活性不同，其竞聚率也不同，因此共聚物组成与单体配比不同，并随着转化率而变，为获得均一组成的共聚物，必须控制共聚物组成。(2分)

控制方法：

① 按恒比点投料。(1 分)

② 控制转化率的一次投料法。(1 分)

③ 补加活泼单体法。(1 分)

2. 以偶氮二异丁腈为引发剂，写出氯乙烯聚合的各基元反应。(5 分)

答：(1)链引发(2 分)

$$\mathrm{CH_3-\underset{CN}{\underset{|}{C}}-N{=}N-\underset{CN}{\underset{|}{C}}-(CH_3)_2 \longrightarrow 2(CH_3)_2-\underset{CN}{\underset{|}{C}}-N\cdot\ (R\cdot)}$$

$$\mathrm{R\cdot + CH_2{=}\underset{Cl}{\underset{|}{CH}} \longrightarrow R-CH_2-\underset{Cl}{\underset{|}{CH}}\cdot}$$

(2) 链增长(1 分)

$$\mathrm{R-CH_2-\underset{Cl}{\underset{|}{CH}}\cdot + CH_2{=}\underset{Cl}{\underset{|}{CH}} \longrightarrow R-CH_2-\underset{Cl}{\underset{|}{CH}}\!\left(CH_2-\underset{Cl}{\underset{|}{CH}}\right)_{\!n}CH_2-\underset{Cl}{\underset{|}{CH}}\cdot}$$

(3) 链终止(偶合)(1 分)

$$\mathrm{\sim\sim CH_2-\underset{Cl}{\underset{|}{CH}}\cdot + \cdot\underset{Cl}{\underset{|}{CH}}-CH_2\sim\sim \longrightarrow \sim\sim CH_2-\underset{Cl}{\underset{|}{CH}}-\underset{Cl}{\underset{|}{CH}}-CH_2\sim\sim}$$

(4) 向单体的链转移(1 分)

$$\mathrm{\sim\sim CH_2-\underset{Cl}{\underset{|}{CH}}\cdot + CH_2{=}\underset{Cl}{\underset{|}{CH}} \longrightarrow \sim\sim CH_2-\underset{Cl}{\underset{|}{CH_2}} + CH_2{=}\underset{Cl}{\underset{|}{C}}\cdot}$$

3. 线型缩聚反应的首要条件是什么？反应控制分子量的方法有哪些？(5 分)

答：首要条件：2-2 或 2 官能度体系。(1 分)

控制方法：①2-2 官能度反应体系中，两单体的基团数不相等。(2 分)

② 2-2 或 2 官能度体系，加单官能团物质。(2 分)

4. 写出阴离子和阳离子聚合的总反应通式，并指出阴离子聚合应用在哪些方面？(5 分)

答：阴离子聚合：(2 分)

$$\mathrm{A^{\ominus}B^{\oplus}+M \longrightarrow AM^{\ominus}B^{\oplus} \xrightarrow{M} AM_n^{\ominus}B^{\oplus}}$$

阳离子聚合：(2 分)

$$\mathrm{A^{\oplus}B^{\ominus}+M \longrightarrow AM^{\oplus}B^{\ominus} \xrightarrow{M} AM_n^{\oplus}B^{\ominus}}$$

阴离子聚合应用于制备单分散聚合物(或嵌段共聚物、遥爪聚合物)。(1 分)

七、计算(24 分)

1. 己二胺和己二酸缩聚合成聚酰胺，另加少量的单官能团化合物 C，若起始的投料己二胺：己二酸：C=3.0：3.0：0.02(摩尔比)，试计算 $P=0.995$ 时，产物的聚合度为多少？添加单官能团 C 的目的是什么？(6 分)

解：$r=N_a/(N_a+2N'_b)=3.0\times2/(3.0\times2+2\times0.02)=0.993$(2 分)

$$\overline{X}_n=\frac{1+r}{1+r-2rP}$$

$=1+0.993/(1+0.993-2\times0.993\times0.995)$

$=118$(3 分)

添加单官能团 C 的目的是封闭聚酰胺的端基，以控制聚合物的分子量。(1 分)

2. 一对单体进行自由基共聚，竞聚率分别为 $r_1=0.91$，$r_2=0.37$，起始时单体配比为 $f_1^0=0.3$。(1)计算恒比共聚点；(2)计算起始时的共聚物组成 F_1；(3)画出共聚物的组成曲线，并分析共聚物组成 F_1 随转化率的变化趋势。(6 分)

解：

(1) 由于 $r_1<1$，$r_2<1$，$r_1 \cdot r_2<1$，为有恒比共聚点的非理想共聚。

恒比点

$F_1=f_1=(1-r_2)/(2-r_1-r_2)=(1-0.37)/(2-0.91-0.37)=0.875$(2 分)

(2) 共聚物组成曲线见图附录-10(2 分)

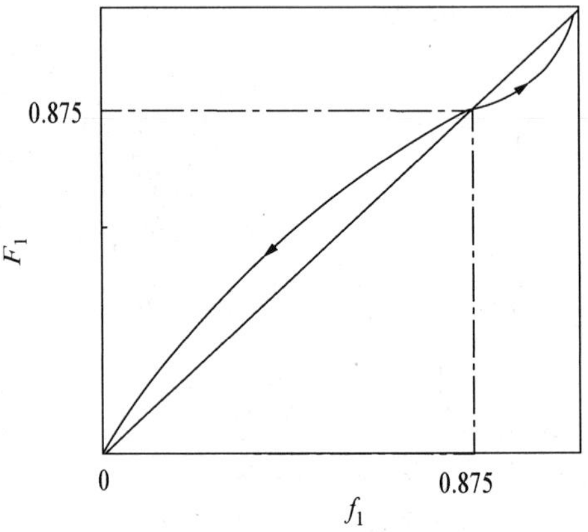

图附录-10　共聚物组成曲线

(3) $f_1^0=0.3$

带入下式

$$F_1=\frac{r_1f_1^2+f_1f_2}{r_1f_1^2+2f_1f_2+r_2f_2^2}=0.43(2\text{ 分})$$

初始投料比在恒比点的下方，初始共聚物组成 $F_1>f_1^0$，共聚物组成 F_1 随转化率升高而降低，如图箭头所示。

3. 苯乙烯在 60℃时用 AIBN 引发聚合，测得 $R_p=2.55\times10^{-5}$ mol/L·s，$\overline{X_n}=2460$，如不考虑向单体链转移，设苯乙烯聚合为双基偶合终止，试求：

(1) 动力学链长 ν；(2)引发速率 R_i(保留 4 位有效数字)；

(3) 已知 AIBN 60℃时 $K_d=1.16\times10^{-5}\text{s}^{-1}$，$f=0.8$，计算理论上需要 AIBN(以 mol/L 表示)的量。(保留 4 位有效数字)(6 分)

答：(1) 双基偶合终止

$$\nu=\frac{\overline{X_n}}{2}=1230(2\text{ 分})$$

(2) 由于

$$\nu=\frac{R_p}{R_i}$$

$R_i=R_p/\nu=2.55\times10^{-5}/1230=2.073\times10^{-8}$ mol/(L·s)(2 分)

(3) $R_i=2fK_d[\text{I}]$

$[I]=R_i/2fK_d=2.073\times10^{-8}/(2\times0.8\times1.16\times10^{-5})=1.117\times10^{-3}$ mol/L(2 分)

4. 邻苯二甲酸酐、乙二醇和甘油的摩尔比为 1.5：0.002：0.98，按 Carothers 法求凝胶点。(6 分)

解：邻苯二甲酸酐的官能团数 $N_Af_A=1.5\times2=3.0$

乙二醇的官能团数 $N_Bf_B=0.002\times2=0.004$

甘油的官能团数 $N_Cf_C=0.98\times3=2.94$

$N_Bf_B+N_Cf_C=2.94+0.004=2.944<N_Af_A$

$f=2(N_Bf_B+N_Cf_C)/(N_A+N_B+N_C)=2\times2.944/(1.5+0.002+0.98)=2.37$(4 分)

$P_c=2/f=0.84$(2 分)

高分子化学试题、答案及评分标准(11)

一、多项选择(每题1分，共25分)

1. 己二胺和癸二酸进行缩聚，所得产物称（　A　D　）。

A. 聚酰胺　　B. 尼龙106　　C. 尼龙6　　D. 尼龙610

2. 氯乙烯悬浮聚合采用的分散剂为(　B　D　)。

A. OP-10　　B. 聚乙烯醇　　C. 十二烷基磺酸钠　D. 明胶

3. 下列发生体型缩聚反应的官能度为(C　D　)。

A. 1-2　　B. 2-2　　C. 3-2　　D. 2-4

4. 水溶性引发剂可用于(　A　C　)聚合体系。

A. 乳液　　B. 悬浮　　C. 溶液聚合　　D. 本体

5. 乳液聚合体系常用的阴离子乳化剂为(　A　B　)。

A. $C_{12}H_{25}SO_4Na$　　B. $C_{12}H_{25}SO_3Na$

C. $R(OC_2H_4)_nOH$　　D. 聚氧乙烯烷基酚混合物

6. 在缩聚反应中，延长反应时间主要作用是(　B　C　D　)。

A. 排除小分子　　B. 提高单体转化率

C. 提高分子量　　D. 提高反应程度

7. 两单体共聚，其竞聚率分别为 $r_1=0$，$r_2=0$，则所获得共聚物的行为是(　B　D　)。

A. 理想恒比共聚　　B. $F_1=0.5$

C. 非理想共聚　　D. 理想交替共聚

8. 能够进行自由基聚合的单体为(　A　B　D　)。

A. 共轭二烯烃　　B. $CF_2=CFCl$

C. 1，2-双取代单体　　D. $CH_2=C(CH_3)COO\ CH_3$

9. 下列属于聚酯的聚合物为(　A　B　C　)。

A. 不饱和聚酯　　B. 涤纶树脂　　C. 醇酸树脂　　D. 聚氨酯

10. 缩聚中的副反应有(A　B　D　)。

A. 水解　　B. 链交换反应　　C. 脱氯化氢　　D. 脱酸

11. 实施逐步聚合的方法中，(　A　C　)最常用。

A. 熔融聚合　　B. 界面缩聚　　C. 溶液聚合　　D. 固相聚合

12. 获得高分子量缩聚物的必要条件是(A　B　D　)。

A. 减压脱除小分子　　B. 单体纯度高

C. 某一基团过量　　D. 两基团数相等

13. 下列现象中属于凝胶化现象的是(　A　B　C　)。

A. 体系黏度大　　B. 体系中有溶胶

C. 体系中有交联现象　　D. 体系中气泡消失

14. 出现凝胶化现象时的反应程度称作(　B　D　)。

A. 自动加速现象　　B. 临界反应程度　　C. 凝胶效应　　D. 凝胶点

15. 制备高分子量的尼龙66采用的聚合措施为(　A　B　)。

A. 溶液预聚合 B. 采用尼龙66盐

C. 在240~250℃熔融聚合 D. 体系最终聚合压力为30Pa

16. 制备不饱和聚酯的原料组成为(A B D)。

A. 乙二醇 B. 马来酸酐 C. 甘油 D. 苯乙烯

17. 苯乙烯悬浮聚合可采用的引发剂为(A B)。

A. BPO B. AIBN C. $K_2S_2O_8$ D. $NaHSO_3$

18. 欲采用直接法生产高分子量的聚酯，需要采取(A D)措施。

A. 高度减压 B. 终缩聚脱除水

C. 终缩聚压力为2000~3000Pa D. 终缩聚温度为280~285℃

19. 推导二元共聚物组成微分方程的假设条件为(B C D)。

A. 活性链的活性与末端单元结构无关

B. 活性链的活性与链长无关

C. 共聚物聚合度很大，引发和终止对共聚物组成无影响

D. 两种活性链端相互转变的速率相等

20. 两单体共聚，其竞聚率分别为 $r_1=0.2$，$r_2=0.5$，则所获得共聚物类型为(A B)。

A. 非理想共聚 B. 有恒比点的共聚

C. 交替共聚物 D. 理想共聚

21. 下列哪几种情况下，共聚物的组成不随单体转化率的变化而变化？(A C D)。

A. $r_1=r_2=1$ B. $r_1=0.2$，$r_2=5$

C. 理想交替共聚 D. 在恒比点投料

22、关于自由基聚合机理，其正确的说法是(B C)。

A. 增加反应时间是为了提高分子量

B. 增加反应时间是为了提高单体转化率

C. 链引发是控制速率的关键步骤

D. 加入封端剂终止反应

23、下列物质中属于自由基聚合反应的链转移剂的是(A C D)。

A. 十二硫醇 B. 氢气 C. 四氯化碳 D. 苯

24、悬浮聚合中影响和控制粒度的两大重要因素为(A D)。

A. 搅拌 B. 温度 C. 水-单体比 D. 分散剂

25、共聚物组成和单体组成均随转化率的变化而变化的主要原因是(A C)。

A. 两单体活性不同 B. 反应时间增加

C. 竞聚率不同 D. 初始单体配比不同

二、单项选择(每题1分，共25分)

1. 顺丁橡胶、聚丙烯、涤纶、尼龙66的分子量不同，其中___C___的分子量最小。

A. 顺丁橡胶 B. 聚丙烯 C. 尼龙66 D. 涤纶

2. 自由基共聚中，苯乙烯单体是乙酸乙烯酯聚合的阻聚剂，其含义为___B___。

A. 苯乙烯单体和苯乙烯自由基反应

B. 苯乙烯单体和乙酸乙烯酯自由基反应

C. 乙酸乙烯酯单体和苯乙烯自由基反应

D. 乙酸乙烯酯单体和乙酸乙烯酯自由基反应

3. 涤纶纤维常采用逐步聚合的＿B＿方法。

A. 溶液聚合　　B. 熔融聚合　　C. 固相缩聚　　D. 界面聚合

4. 合成聚氯乙烯，其分子量的控制主要是控制＿C＿。

A. 反应时间　　B. 引发剂量　　C. 温度　　D. 单体量

5. 苯乙烯($r_1=55$)与乙酸乙烯酯($r_2=0.01$)共聚，其后期产物为＿B＿。

A. 苯乙烯-乙酸乙烯酯共聚物

B. 聚乙酸乙烯酯

C. 聚苯乙烯

D. 苯乙烯-乙酸乙烯酯共聚物和聚乙酸乙烯酯的混合物

6. 哪种聚合物热降解时，所得到的单体产率最高＿D＿。

A. 聚乙烯　　B. 聚氯乙烯　　C. 聚苯乙烯　　D. 聚甲基丙烯酸甲酯

7. 悬浮法生产聚氯乙烯发生链转移，主要向＿C＿转移。

A. 引发剂　　B. 溶剂　　C. 单体　　D. 大分子

8. 下列＿A＿单体自动加速现象出现较晚?

A. 苯乙烯　　B. 甲基丙烯酸甲酯　　C. 氯乙烯　　D. 丙烯腈

9. 线型缩聚反应的首要条件是＿A＿。

A. 2-2 体系　　B. 2-1 体系　　C. 2-3 体系　　D. 2-4 体系

10. 自由基聚合反应，产生自动加速现象时，所得到的聚合物的分子量分布＿B＿。

A. 不变　　B. 变宽　　C. 变窄　　D. 基本不变

11. 合成聚乙烯醇所用的单体为＿A＿。

A. 乙酸乙烯酯　　B. 乙烯醇　　C. 环氧乙烷　　D. 维尼纶

12. 三种自由基聚合的引发剂，在60℃下的半衰期如下，活性最高的引发剂是＿C＿。

A. 70h　　B. 40h　　C. 1h　　D. 2h

13. 自由基聚合反应中，链转移反应使聚合物的分子量＿B＿。

A. 增加　　B. 减少　　C. 不变　　D. 基本不变

14. 自动加速现象在＿A＿中出现得早。

A. 沉淀剂　　B. 良溶剂　　C. 非溶剂　　D 不良溶剂

15. 传统乳液聚合最终乳胶粒径为＿B＿。

A. 8~80nm　　B. 100~150nm　　C. 10nm　　D. 200~500nm

16. 瓶级聚酯常采用逐步聚合的＿C＿方法。

A. 熔融聚合　　B. 溶液聚合　　C. 固相聚合　　D. 界面聚合

17. 合成热塑性酚醛树脂，下列正确说法是＿B＿。

A. 甲醛过量　　B. 苯酚过量

C. 固化时不用固化剂　　D. 预聚阶段需要控制凝胶点

18. 采用下列＿D＿单体制备缩聚物，其熔点较高。

A. 己二胺和己二酸　　B. 己二胺和癸二酸

C. 己二酸和己二醇　　D. 己二胺和对苯二甲酸

19. 四种自由基聚合的引发剂，活性最高的引发剂是＿A＿。

A. 氧化-还原引发体系　　B. BPO

C. AIBN　　D. 过氧化氢

20. 取代基对单体活性和自由基活性的影响，说法正确的是 A 。

A. 单体活性高，其自由基活性小　B. Q 值相差大，容易共聚

C. e 值相差大，不容易共聚　D. Q 值和 e 值相近的单体容易交替共聚

21. 用作聚氯乙烯抗冲击改性剂的是 C Cl 的 CPE。

A. 含 10%～20%　B. 20%～30%　C. 30%～40%　D. 40%～50%

22. 自由基共聚中，活性较大的是 B 。

A. 苯乙烯单体和苯乙烯自由基　B. 苯乙烯单体和乙酸乙烯酯自由基

C. 乙酸乙烯酯单体和苯乙烯自由基　D. 乙酸乙烯酯单体和乙酸乙烯酯自由基

23、橡胶塑炼属于 C 种降解。

A. 化学降解　B. 热降解　C. 力化学降解　D. 氧化降解

24、自由基聚合中存在链转移，偶合终止时，动力学链长 ν 和聚合度 $\overline{X}_n$ 的关系为 A 。

A. $\overline{X}_n=2\nu$　B. $\overline{X}_n=\nu$

C. $\nu=2\overline{X}_n$　D. $\overline{X}_n=3\nu$

25、聚乙烯、聚氯乙烯、涤纶、聚丁二烯这些聚合物中耐老化性能最好的是 B 。

A. 涤纶　B. 聚乙烯　C. 聚氯乙烯　D. 聚丁二烯

三、判断题（每题 1 分，共 25 分）

1. 从聚合机理角度，体型缩聚研究的主要内容为凝胶点的控制。（ √ ）

2. 自由基聚合中，在单体浓度一定时，为提高聚合速率而采用的最好方法是提高温度。（ × ）

3. 悬浮聚合的反应机理为自由基聚合。（ √ ）

4. 己内酰胺在水及酸作用下的聚合反应机理为开环聚合。（ × ）

5. 两单体共聚，其竞聚率分别为 $r_1=2$，$r_2=0.5$，则所获得共聚物类型为理想共聚。（ √ ）

6. 在自由基聚合反应中，烯类单体取代基的共轭效应越强，其自由基的活性越低。（ √ ）

7. 分子量分布指数的值大，用来表示聚合物的分子量分布窄。（ × ）

8. 乳液聚合的聚合场所在单体液滴内。（ × ）

9. 引发剂的作用是引发聚合反应。常用的油溶性引发剂为 BPO 和过硫酸钾。（ × ）

10. 抗冲聚苯乙烯（HIPS）是通过聚合物的接枝反应制备的，接枝产物的主链为聚苯乙烯，支链为聚丁二烯。（ × ）

11. 降解是聚合度分子量变小的化学反应的总称。（ √ ）

12. 自由基共聚中，苯乙烯单体是乙酸乙烯酯聚合的阻聚剂，说明苯乙烯单体活泼。（ √ ）

13. 合成聚合物如塑料、橡胶和合成纤维的分子量分布指数不同，其中合成纤维的分布宜窄。（ √ ）

14. 过氧化苯甲酰引发剂在 50～60℃温度下聚合比较有效。（ × ）

15. 悬浮法生产聚氯乙烯，引发剂浓度增加，其分子量增加。（ × ）

16. 自由基聚合用的引发剂 BPO 和过硫酸盐-亚硫酸氢钠中，活性最高的引发剂是过硫

酸盐-亚硫酸氢钠。(　√　)

17. 一对单体共聚，聚合温度对竞聚率 r_1 和 r_2 的影响很大。(　×　)

18. 合成低密度聚乙烯，应采用的聚合方式是自由基聚合。(　√　)

19. 等物质的量二元酸和二元胺进行缩聚，$K=400$，在开放体系中除去副产物水，欲获得数均聚合度为100，则体系中残留的水分至少为0.04mol/L。(　√　)

20. 聚乙烯、聚氯乙烯热解的特点分别是无规断链、基团脱除。(　√　)

21. 橡胶塑炼的目的是降低分子量，提高在成型加工中的塑化程度。(　√　)

22. 聚合物的化学反应包括基团反应以及交联、接枝、嵌段和扩链这些分子量变大的反应。(　√　)

23. 纤维用聚乙烯醇的醇解度为 $DH>90\%$，悬浮聚合分散剂用的聚乙烯醇的醇解度为 $DH=80\%$。(　√　)

24. 纤维素溶胀、醚化、硝酸化的目的是提高纤维素在水中或有机溶剂中的溶解性。(　√　)

25. 橡胶硫化的目的是双键交联，提高橡胶的弹性和强度，如乙丙橡胶、丁腈橡胶、天然橡胶。(　×　)

高分子化学试题、答案及评分标准(12)

一、多项选择(每题1分，共25分)

1. 采用乳液聚合方法制备聚合物的单体为(A　D)。

A. 苯乙烯和丙烯酸丁酯共聚　　B. 丙烯

C. 氯乙烯　　D. 乙酸乙烯酯

2. 悬浮聚合采用的分散剂可以为(　A　C　D　)。

A. 聚乙烯醇(醇解度为80%)　　B. 聚乙烯醇(醇解度为99%)

C. 明胶　　D. 碳酸镁

3. 下列能够发生体型缩聚反应的官能度体系为(　B　C　)。

A. 乙二醇和苯胺　　B. 甘油和己二胺

C. 邻苯二甲酸酐和甘油　　D. 季戊四醇和苯胺

4. 过氧化二苯甲酰(BPO)引发剂可用于(　A　B　)聚合体系。

A. 本体　　B. 悬浮　　C. 乳液　　D. 溶液聚合

5. 乳液聚合体系中常用的阴离子型表面活性剂为(　A　C　)。

A. $C_{12}H_{25}SO_4Na$　　B. $R(OC_2H_4)_nOH$ C

C. $C_{12}H_{25}SO_3Na$　　D. 聚氧乙烯烷基酚混合物

6. 在平衡缩聚条件下，下列说法正确的是(A　B　D　)。

A. 反应程度增加，聚合度增加

B. 单体浓度增加，聚合度增加

C. 两个单体的基团数比越大，聚合度越大

D. 残留小分子的量越少，聚合度越大

7. 两单体共聚，其竞聚率分别为$r_1=1$，$r_2=1$，则所获得共聚物的行为是(　A　C　D　)。

A. 理想恒比共聚

B. 共聚物组成与单体组成随单体转化率的增加而增加

C. 共聚物组成曲线为对角线

D. 乙烯-乙酸乙烯酯的组成由单体配比来控制

8. 能够进行自由基聚合的单体为(　A　B　C　)。

A. 苯乙烯　　B. $CH_2{=}CH{-}CN$

C. $CH_2{=}CH{-}COOC_2H_5$　　D. $CH_2{=}CH{-}CH_3$

9. 下列属于聚酯的聚合物为(A　C　)。

A. 聚碳酸酯　　B. 环氧树脂　　C. 醇酸树脂　　D. 酚醛树脂

10. 关于聚酯化说法正确的有(　B　C　)。

A. 酯化的平衡常数大　　B. 酯化的平衡常数小

C. 酯化反应活性小，需要加酸作催化剂　　D. 体系中对残留水分子的含量要求不高

11. 尼龙66逐步聚合的方法中，采用(　A　C　)方法。

A. 熔融聚合　　B. 界面缩聚　　C. 溶液聚合　　D. 固相聚合

12. 获得高分子量聚酰胺的必要条件是(　B　C　D)。

A. 单官能团封端　B. 两单体等摩尔比　C. 单体纯度高　D. 减压脱除小分子

13. 下列现象中属于凝胶化现象的是(A B D)。

A. 体系黏度大　B. 体系中有溶胶　C. 没有交联结构　D. 反应程度大于凝胶点

14. 关于凝胶点的计算，说法正确的有(B C)。

A. 平均官能度小于 2　B. 可以采用 Carothers 方法

C. 可以采用 Flory 方法　D. 凝胶点理论计算值小于实测值

15. 高分子化合物的分子量分布由(C D)来表明。

A. 数均分子量和重均分子量之比　B. 重均分子量和黏均分子量之比

C. 分子量分布指数　D. 重均分子量和数均分子量之比

16. 可作为泡沫材料的聚合物是(A B)。

A. PS　B. PU　C. PMMA　D. PVC

17. 下列引发剂中，可用作食品有关聚合物合成的引发剂是(A B D)。

A. BPO　B. $K_2S_2O_8$

C. AIBN　D. $(NH_4)_2S_2O_8$

18. 下列产品中，其材质为聚酯的有(A D)。

A. 饮料瓶　B. 农用大棚膜　C. 塑料窗　D. 电影胶片

19. 下列物质中可以作为阻聚剂的是(A B C D)。

A. 对苯二酚　B. 苯醌　C. DPPH　D. 氧气

20. 两单体共聚，其竞聚率分别为 $r_1=0.8$，$r_2=0.5$，则说法正确的为(A C)。

A. $K_{11}<K_{12}$　B. 理想共聚

C. 有恒比点的非理想共聚　D. 交替共聚物

21. 与单体转化率有关的共聚物的组成包括(B D)。

A. $r_1=1$，$r_2=1$　B. 平均组成　C. $F_1=0.5$　D. $r_1=0.2$，$r_2=5$

22. 关于自由基聚合机理，其正确的说法是(B C D)。

A. 增加反应时间是为了提高分子量　B. 增加反应时间是为了提高单体转化率

C. 链引发是控制速率的关键步骤　D. 瞬间就能达到很高分子量

23. 可用作黏合剂的聚合物为(A B C D)。

A. 聚氨酯　B. 聚乙酸乙烯酯　C. 环氧树脂　D. 酚醛树脂

24、本体聚合中为防止自动加速现象而采取的措施为(A C D)。

A. 溶剂为良溶剂　B. 控制单体转化率大于 20%

C. 及时散热，防止暴聚　D. 控制温度

25. 按反应机理分，聚合反应可以分为逐步聚合和(A B C)。

A. 自由基聚合　B. 离子聚合　C. 配位聚合　D. 溶液聚合

二、单项选择(每题 1 分，共 25 分)

1. 丁苯橡胶、聚丙烯、涤纶、尼龙 66 的分子量不同，其中丁苯橡胶的分子量最大，为__A__。

A. 15 万~20 万　B. 25 万~30 万　C. 5 万~10 万　D. 2 万~6 万

2. 自由基共聚中，丁二烯单体是乙酸乙烯酯聚合的阻聚剂，其含义为__A__。

A. 丁二烯单体和乙酸乙烯酯自由基反应快

B. 丁二烯单体活性小

C. 乙酸乙烯酯单体活性大

D. 乙酸乙烯酯单体和丁二烯自由基反应快

3. 涤纶纤维常采用逐步聚合的__B__方法。

A. 溶液聚合　　B. 熔融聚合　　C. 固相缩聚　　D. 界面聚合

4. 合成聚氯乙烯，其主要的链终止方式为__A__。

A. 向单体转移　　B. 向引发剂转移　　C. 向溶剂转移　　D. 双基终止

5. 苯乙烯($r_1=55$)与乙酸乙烯酯($r_2=0.01$)共聚，其前期产物为__B__。

A. 苯乙烯-乙酸乙烯酯共聚物　　B. 聚苯乙烯

C. 聚乙酸乙烯酯　　D. 苯乙烯-乙酸乙烯酯共聚物和聚乙酸乙烯酯的混合物

6. 聚氯乙烯在成型加工时，需要加入热稳定剂，其原因是__A__。

A. 受热发生氯化氢脱除反应　　B. 发生解聚

C. 发生水解　　D. 发生无规断裂

7. 乳液聚合的特点为__C__。

A. 聚合速率慢　　B. 产物分子量低　　C. 在低温下聚合　　D. 不容易散热

8. 2mol 二元酸和 2mol 二元胺进行缩聚，$K=400$，在敞开体系中聚合度为 150 时，体系残留水为__A__。

A. 0.036mol/L　　B. 0.038mol/L　　C. 0.039mol/L

9. 自由基聚合的机理特征是__B__。

A. 快引发、慢增长、速终止　　B. 慢引发、快增长、速终止

C. 慢引发、快增长、易终止

10. 表征聚合物分子量的物理量是__C__。

A. K_d　　B. $t_{1/2}$　　C. $\overline{X}_n$　　D. K_p

11. 聚乙烯醇可以作为悬浮聚合的__A__。

A. 分散剂　　B. 乳化剂　　C. 表面活性剂　　D. 保护胶体

12. 三种自由基聚合的引发剂，在 60℃ 下的半衰期如下，活性最高的引发剂是__C__。

A. 70h　　B. 40h　　C. 1h　　D. 2h

13. 下列聚合物中不是热塑性塑料用的聚合物是__C__。

A. 聚乙烯　　B. 聚氯乙烯　　C. 不饱和聚酯　　D. 聚苯乙烯

14. 聚合度基本不变的化学反应是__A__。

A. PVAc 的醇解　　B. 聚氨酯的扩链反应

C. 高抗冲聚苯乙烯的制备　　D. 环氧树脂的固化

15. 传统悬浮聚合最终粒径为__C__。

A. 8~80nm　　B. 10nm　　C. 0.05~2mm　　D. 200~500nm

16. 两单体 M_1，M_2共聚，$r_1=1.38$，$r_2=0.78$，以 M_1为主，若得到组成均匀聚合物，采用的手段是__A__。

A. 一次加料，控制单体转化率　　B. 恒比点加料

C. 恒比点附近加料　　D. 补加活性单体

17. 合成热固性酚醛树脂，下列不正确的说法是__B__。

A. 甲醛过量　　B. 苯酚过量

C. 固化时不用固化剂　　D. 预聚阶段需要控制凝胶点

18. 在自由基共聚中，e 值相差较大的单体，易发生__B__。

A. 理想共聚　　B. 交替共聚　　C. 非理想共聚　　D. 嵌段共聚

19. EVA 共聚物的单体原料为__C__。

A. 乙烯和丙烯　　B. 苯乙烯和乙烯

C. 乙烯和乙酸乙烯酯　　D. 氯乙烯和乙酸乙烯酯

20. 一对单体共聚合的竞聚率 r_1 和 r_2 将随__A__而变化。

A. 聚合温度　　B. 聚合时间　　C. 单体的配比不同　D. 引发剂的浓度不同

21. 顺丁橡胶接枝苯乙烯共聚物用下列__C__符号表示。

A. 顺丁橡胶-b-苯乙烯　　B. 苯乙烯-b-顺丁橡胶

C. 顺丁橡胶-g-苯乙烯　　D. 苯乙烯-co-顺丁橡胶

22. 自由基共聚中，活性较大的是__B__。

A. 苯乙烯单体和苯乙烯自由基　　B. 苯乙烯单体和乙酸乙烯酯自由基

C. 乙酸乙烯酯单体和苯乙烯自由基　　D. 乙酸乙烯酯单体和乙酸乙烯酯自由基

23. 对涤纶树脂的回收利用使用__A__。

A. 化学降解　　B. 力化学降解　　C. 热降解　　D. 氧化降解

24. 自由基聚合中存在链转移，歧化终止时，动力学链长 ν 和聚合度 $\overline{X}_n$ 的关系为__A__。

A. $\overline{X}_n=\nu$　　B. $\overline{X}_n=2\nu$　　C. $\nu=2\overline{X}_n$　　D. $\overline{X}_n=3\nu$

25. 聚乙烯、聚氯乙烯、涤纶、聚丁二烯这些聚合物中耐老化性能最不好的是__D__。

A. 涤纶　　B. 聚乙烯　　C. 聚苯乙烯　　D. 聚丁二烯

三、判断题（每题 1 分，共 25 分）

1. 从聚合机理角度，体型缩聚研究的主要内容为凝胶点的控制。（ √ ）

2. 自由基聚合中在单体浓度一定时，为提高聚合速率而采用的最好方法是提高引发剂浓度。（ √ ）

3. 制备 PMMA 的聚合方法为本体聚合。（ √ ）

4. 聚氨酯的聚合反应机理为逐步聚合。（ √ ）

5. 两单体共聚，其中一种单体的竞聚率为 $r_1=0$，则该单体只能进行均聚。（ × ）

6. 在自由基聚合反应中，烯类单体取代基的共轭效应越大，其单体的活性越低。（ × ）

7. 采用自由基聚合制备的聚合物，当发生自动加速现象时，聚合物的分子量分布变宽。（ √ ）

8. 采用乳液聚合制备的聚合物胶乳可直接作为黏合剂和涂料使用。（ √ ）

9. 引发剂的选择原则有四个方面：溶解类型、半衰期、物性要求、使用量。（ √ ）

10. ABS 树脂是通过聚合物的接枝反应制备的，接枝产物的主链为聚苯乙烯，支链为聚丁二烯和聚丙烯腈。（ × ）

11. 逐步聚合和连锁聚合一样，分子量随时间的增加而逐渐增大，最后达到高分子量。（ × ）

12. 乳液聚合配方由单体、水、水溶性引发剂和水溶性乳化剂组成。（ √ ）

13. 合成塑料、橡胶和合成纤维的分子量分布指数不同，其中合成纤维的分布宽。（ × ）

14. 聚合物的降解反应包括热降解、氧化降解、化学降解、光降解等。（ √ ）

15. 自动加速现象产生的原因是体系黏度增大引起的，因此悬浮聚合能避免自动加速现

象。(×)

16. 自由基聚合用的引发剂 BPO 通常在 60~80℃使用，若温度升高到 90℃，则聚合速率增大，聚合度增加。(×)

17. 一对单体共聚，两单体的活性大小与竞聚率 r_1 和 r_2 有关。(√)

18. 合成聚丙烯，应采用的聚合方式是自由基聚合。(×)

19. 等物质的量二元酸和二元胺进行缩聚，$K=400$，在密闭体系中，其数均聚合度最多达到 21。(√)

20. 聚乙烯热解的特点分别是无规降解，主要产物为不同聚合度的低聚物。(√)

21. 1. 8mol 甘油、1. 1mol 乙二醇和 3. 6mol 邻苯二甲酸酐进行缩聚反应，凝胶点 P_c 为 0. 91。(√)

22. 聚合物的化学反应包括降解和老化这些分子量变小的反应。(√)

23. 影响线型缩聚物相对分子量的因素有反应程度、平衡常数和基团数比，其中，反应程度为控制因素。(×)

24. 由 2. 5mol 癸二酸和 2. 5mol 丁二醇合成$\overline{M_n}=7000$ 的聚酯，终止缩聚时的反应程度 P 为 0. 982。(√)

25. 橡胶硫化的目的是双键交联，提高橡胶的弹性和强度，如丁腈橡胶、天然橡胶。(√)

参 考 文 献

[1] 潘祖仁．高分子化学[M]．第 5 版．北京：化学工业出版社，2014.
[2] 周其凤，胡汉杰．高分子化学[M]．北京：化学工业出版社，2001.
[3] 王槐三，王亚宁，寇晓康．高分子化学教程[M]．第 3 版．北京：科学出版社，2011.
[4] 潘才元．高分子化学[M]．合肥：中国科学技术大学出版社，1997.
[5] 余木火．高分子化学[M]．北京：中国纺织出版社，1999.
[6] 何旭敏，董炎明．高分子化学学习指导[M]．北京：科学出版社，2007.
[7] 焦书科．高分子化学习题及解答[M]．北京：化学工业出版社，2004.
[8] 贾红兵. 高分子化学导读与题解[M]．第 4 版．北京：化学工业出版社，2009.
[9] 王久芬．高分子化学学习指南[M]．北京：国防工业出版社，2009.